U0363223

内 容 简 介

本书主要介绍了瘦肉型猪的品种、猪场建筑设计和设备、猪的营养与饲料、猪的繁殖技术、饲养管理技术、生态养猪技术、猪病防治、猪产品加工、猪场经营管理等。全书紧紧围绕瘦肉型猪生产饲养过程不同阶段的特点，重点阐述了其中关键性技术、增产措施以及经营方法，以达到高产高效生产的目的，内容系统、丰富，知识先进、实用，便于读者看得懂、学得会、用得上，可供广大养猪专业人员特别是养猪专业户学习和参考。

瘦肉型猪快速饲养与疾病防治

第二版

陈明勇　王宏辉　主编

中国农业出版社

主　编　陈明勇　王宏辉

编　者　刘锁柱　王宏辉　周友明

　　　　曾清华　丁明忠　陈明勇

　　　　张　冰　夏　荣　张桂云

本书有关用药的声明

　　兽医科学是一门不断发展的学问。标准用药安全注意事项必须遵守，但随着最新研究及临床经验的发展，知识也不断更新，因此治疗方法及用药也必须或有必要做相应的调整。建议读者在使用每一种药物之前，参阅厂家提供的产品说明以确认推荐的药物用量、用药方法、所需用药的时间及禁忌等。医生有责任根据经验和对患病动物的了解决定用药量及选择最佳治疗方案。出版社和作者对任何在治疗中所发生的对患病动物和/或财产所造成的伤害或损害不承担任何责任。

中国农业出版社

第二版前言

为了满足广大养猪专业户的要求，进一步提高广大养猪专业户的养殖技术，促进我国肉猪饲养进一步走向科学化、规范化，使广大养殖场和养殖专业户获得最佳经济效益，我们决定对本书进行修订。第二版图书是在第一版图书的基础上编写完成的，但进行了部分内容的修改。修订的原则是保持原版写作风格，凝练图书内容，精简文字，适当增加新内容。保留了原书中猪的品种、猪场建筑设计和设备、猪的饲料、饲养管理技术、繁殖技术、猪病防治、猪产品加工、猪场经营管理等主要内容，增加了生态养猪技术、猪病免疫接种技术、猪病治疗技术、猪病常用药物以及新近流行的猪传染病防治等，同时对原书第一章等概述性、原理性知识进行了删减，力求做到内容系统、丰富，知识先进。目的在于使广大养猪专业户看得懂、学得会、用得上，为广大养猪专业人员，特别是养猪专业户提供一本有价值的参考书。

本书在编写过程中参阅了大量国内养猪专家、教授的著作和论文，在此表示最诚挚的谢意。

由于作者水平有限，时间仓促，书中错误或不妥之处，敬请广大读者批评、指正。

编　者
2013 年 7 月

我国是世界上的养猪大国之一，猪的年存栏数、出栏数和猪肉产量都位居世界第一，养猪业在我国的畜牧业生产中占有十分重要的地位。搞好养猪生产，对于发展农村经济，改善人民群众的物质生活，促进农民致富奔小康有着重要的意义。

目前我国养猪生产从业人数众多，但猪品种杂、养猪水平不高、生产管理水平低下、科技含量不高、出栏率低等是造成部分养殖企业和养殖专业户经济效益不佳的主要原因。

为了进一步提高广大养猪专业人员的养殖技术，促进我国肉猪饲养逐步走向科学化、规范化，使广大养殖场和养殖专业户获得最佳经济效益，根据我国养猪生产实际状况，针对目前养猪生产中存在的突出问题，我们收集整理了国内外关于肉猪饲养的文献资料，结合编者多年的养猪生产经验，编写了本书，以供广大养猪专业人员，特别是养猪专业户参考。

本书主要内容有：猪的品种、猪场建设和设备、营养和饲料、饲养管理技术、繁殖技术、猪病防治、猪产品加工、养猪生产的经营管理等。全书紧紧围绕瘦肉型猪生产饲养过程不同阶段的特点，重点阐述了其关键性技术、增产措施以及经营方法，以达到高产高效的目的，便于读者看得懂、学得会、用得上，对养猪专业户具有一定的指导作用和实用价值。

由于作者水平有限，时间仓促，出现错误或不妥之处，敬请广大读者批评、指正。本书编写过程中参阅了大量国内养猪专家、教授的著作和论文，在此向他们表示最诚挚的谢意。

编　者

2008 年 8 月

目 录

前言

第一章
猪的生物学特性与行为特点

第一节　猪的生物学特性

一、繁殖力强，世代间隔短

　　猪一般4~6月龄性成熟，6~8月龄可以初次配种。猪的妊娠期短，只有114天，1岁或更小时即可产仔，一年可产2~2.5窝，每窝产仔10头左右，高的可达15头以上，一胎产活仔的最高纪录为42头，平均每头母猪每年可提供断乳仔猪20头以上。

　　猪的性成熟早、妊娠期短、生长快，因此，世代间隔短。猪的繁殖潜力很大，还有待进一步挖掘。只要采取适当措施，改善营养，加强饲养管理，采用先进的选育方法，还可进一步提高猪的繁殖性能。

二、生长期短，周转快

　　在肉用家畜中，猪和马、牛、羊相比，无论是胚胎生长期还是出生后生长期都最短，生长强度却最高。初期骨骼生长快，中期肌肉生长迅速，肥育期脂肪沉积加速，符合小猪长骨、大猪长肉、肥猪长膘的生长特点。猪对营养要求迫切，环境要适宜，管理要得当。同时，由于猪的生长期，特别是育肥期短，所以周转快。从经济学观点讲，有利于降低成本和提高经济效益。而其他家畜的生长期与育肥期较长，如肉牛的出栏日龄一般在10~20

月龄，所以周转较慢。

三、食性广，饲料利用率高

猪属杂食动物，食性广，饲料利用率高。

猪的门齿、犬齿和臼齿很发达，喜欢吃颗粒饲料。

猪舌长而尖薄，表面有一层黏膜，上面形成舌乳头，大部分舌乳头有味蕾，味觉非常敏感，能辨别口味，也能适应多种口味，但特别喜欢甜食。

猪的唾液腺发达，能分泌较多含有淀粉酶的唾液，除浸润饲料便于吞咽外，还可将少量淀粉转化成可溶性糖。

猪是杂食动物，猪胃容量 7～8 升，能广泛和高效地利用各种动植物饲料和矿物质饲料，但由于猪不具备反刍动物的瘤胃，盲肠也不如马、驴等草食动物的发达，所以，对含粗纤维较多和体积较大的粗饲料利用能力较差，对于优质青粗饲料，如能正确加工调制，合理搭配，喂量适当，也可有效利用。

猪肠较长，约为体长的 20 倍；饲料通过消化道的时间短，一般为 30～36 小时，牛为 168～192 小时，马为 72～96 小时；饲料消化吸收速度快，利用效率高，屠宰率与出肉率均高。

四、嗅觉和听觉灵敏，视觉不发达

猪鼻发达，嗅区广阔，鼻黏膜的绒毛面积大，嗅神经分布密集，嗅觉非常灵敏。一个猪群，个体之间、母仔之间主要靠嗅觉保持联系和相互识别分辨。通过嗅觉寻找和定位自己的睡卧处和排泄处，嗅觉在公、母猪的性联系中也起着重要作用。因此，可以在生产上从实行寄养仔猪、混群并窝、更换饲料、繁殖管理等方面加以利用。

猪的耳朵大，外耳腔深广，搜索音响的范围大，听觉非常灵敏，即便微弱的声响都能察觉到，并可准确辨别声音的来源、强度、音调和节律。通过呼名、口令或声音刺激的调教，可很快建立起条件反射。仔猪初生后几分钟就能对声音有反应，几小时可分辨出不同的声音，3～4月龄辨别速度已非常快。猪对与吃喝有关的声响最为敏感，一旦听到，立即站起望食，发出饥饿叫声。猪对意外声响特别敏感，即便熟睡时，一旦有异常响动，都会立即苏醒、站立并保持警惕或惊跑跳圈，生产中应加以注意，以免影响生产性能。猪的叫声差别很大，所以，听觉也是传递信息、相互识别和往来的重要途径。

猪的视力差，视距短，视野范围小，对光线强弱和物体形象的分辨能力不强，辨色能力也差。生产上调动猪群时应注意用声音引导，利用该特点还可以用假台猪采精训练公猪。

五、分布广，适应性强

猪因适应性很强而成为世界上分布最广、数量最多的家畜之一，除因宗教和社会习俗而禁止养猪的地区外，世界上只要有人烟的地方，几乎都有猪的踪迹。从生态适应性看，主要表现对气候、饲料多样性、饲养方式方法等的适应，这是它们饲养广泛的主要原因。

六、温度适应性差

由于成年猪皮下脂肪厚，汗腺退化，体热散发比较困难，另外，猪皮薄毛稀，对热辐射的保护能力比较差，因此，猪怕热，猪的适宜环境温度是20～25℃，所以夏天温度很高时一定注意做好防暑降温工作。而仔猪皮下脂肪少，皮薄毛稀，体表面积相对较大，仔猪怕冷怕湿，所以冬天要做好小猪的保暖工作。

第二节　猪的行为特点

猪的行为，有的取决于先天遗传的内在因素，有的取决于后天的调教、训练等外来因素。我们在设计猪舍和设备及制定饲养工艺时，首先要考虑到猪的行为习性，最大限度地创造适于猪习性的环境条件，提高猪的生产性能，以获得最佳的经济效益。

一、采食行为

猪的采食行为包括摄食和饮水。

拱土觅食是猪采食行为的一个突出特征，喂食时，猪都力图占据食槽的有利位置，有时将前肢踏入食槽，以吻突沿食槽拱动，将饲料搅弄出来。因此，在食槽设计上应注意加设挡栏。

猪对饲料具有选择性，一般最喜欢甜食。颗粒料与粉料相比，猪爱吃颗粒料；干料与湿料相比，猪爱吃湿料，且采食时间短。

猪自由采食时，白天6～8次，夜间4～6次，每次10～20分钟，限饲时采食时间少于10分钟。猪采食时具有竞争性，群饲猪较单饲猪吃得快、吃得多、增重也快。猪的采食量随体重的增长而增加，生长猪的采食量一般为体重的3.5%～4.5%。

吃干料的小猪每昼夜饮水9～10次，吃湿料的平均2～3次。吃干料的猪每次采食后立即饮水，任意采食的猪通常采食与饮水交替进行。限饲时，猪则吃完所有饲料后才饮水。

仔猪吃料时的饮水量为干粉料的3倍，成年猪的饮水量在很大程度上取决于环境温度，60千克的猪在20℃时每日饮水量在

5 千克左右，30℃时为 7 千克左右。妊娠后期母猪每天饮水量可达 25 千克，泌乳母猪可达 35 千克。

二、排 泄 行 为

猪一般喜欢清洁，不在吃睡地方排粪尿，并表现一定的粪尿排泄规律。生长猪在采食中一般不排粪，饱食后约 5 分钟开始排泄一两次，至多三四次，多为先排粪后排尿；喂料前易排泄，多为先排尿后排粪；在两次喂食的间隔里只排尿，很少排粪；夜间一般进行两三次排粪；猪还习惯于在睡觉刚起来饮水或起卧时排泄粪尿，其中早起后排泄量最大，并喜欢在圈角、门口、潮湿、荫蔽、有粪便气味处排泄。当猪圈过小、猪群密度过大、环境温度过低时其排泄习性易受到干扰破坏。

三、活 动 与 睡 眠 行 为

猪的活动与睡眠有明显的昼夜节律，猪的活动大部分在白天。温暖季节和夏天夜间也有活动或采食，遇上阴冷天气，活动时间缩短。

哺乳母猪睡卧休息有两种，一种属静卧，姿势多为侧卧，少有伏卧，呼吸轻微而均匀，虽闭眼但易惊醒；一种为熟睡，多为侧卧，呼吸浑长，有鼾声且常有皮毛抖动，不易惊醒。睡卧时间随哺乳天数的增加而逐渐减少。在管理上应根据其睡眠习惯，保持分娩舍内安静。

仔猪出生后 3 天内，除吮乳和排泄外，几乎全是酣睡不动。随日龄的增长，活动增加，睡眠减少。40 日龄后睡眠又有所增加。

猪是多相睡眠动物，一天内活动与睡眠交替几次。睡眠时全身肌肉松弛，发出鼾声，并经常成群同时睡眠。

四、群居行为

猪具有合群性，习惯于成群活动、居住和睡卧。结对是一种突出的交往活动，群体内个体间表现身体接触并保持听觉的信息传递，彼此能和睦相处，但也有竞争习性，大欺小，强欺弱，群体越大，这种现象越明显。同一群猪活动时彼此距离不远，若受惊吓，会立即聚集一起或成群逃跑，转群调圈时应注意，单头猪调离困难。

猪具有定居性。野生状态下，常3头母猪带领它们的仔猪为一群，定居于某处，活动于1 000米^{2}的范围内。舍饲条件下，猪仍固定位置躺卧。管理上应根据猪的习性人为合理安排。

五、争斗行为

争斗行为包括进攻、防御、躲避和守势的活动。生产中见到的争斗行为主要是为争夺群体内等级、争夺地盘和争食。

等级争斗发生在刚合群时，在以后的相处中，便能和睦相处。猪群过大或密度过高时等级关系不稳定，也时常发生争斗。

群体等级体系建立之后，也发生为饲料或地盘的争斗，但一般不激烈，往往是优等猪发出尖锐响亮的呼噜声恐吓或用其吻突佯攻，即可代替争斗，次等猪马上退却。

仔猪生后几小时内，为争夺乳头发生争斗，通常体重大的和优先出生的仔猪占优势，多抢占前中部泌乳量较高的乳头。

公猪一般单圈饲养，两头公猪不宜见面，特别是刚配过种的公猪，以免发生激烈争斗，造成伤亡。

六、性行为

性行为包括发情、求偶和交配行为。母猪在发情期，可以见到特异的求偶表现，有静立反应。公猪也表现一些交配前的行为，如追逐母猪，嗅其体侧肋部和外阴部，口吐白沫，发出哼哼声；兴奋时，出现有节奏的排尿现象。

七、探究行为

探究行为包括探查活动和体验行为。猪的一般活动大部分来源于探究行为，通过看、听、闻、嗅、啃、拱等感官探究地面上的物体，表现出发达的探究动力，通过探究以获得对环境的认识和适应。

猪对探究发现的许多新事物，表现出好奇和亲近两种反应。如仔猪对小环境中的事物都很好奇，而对同窝仔猪表示亲近。探究行为在仔猪中最为明显，主要是靠鼻拱和口咬周围环境中所有新的东西来表示，其持续时间甚至超过玩耍的时间。

在猪栏内一般划为明显的采食、睡觉和排泄区域，其定位和辨别主要通过嗅觉进行探查实现。

在猪活动严格受到限制的场所，猪群连续探究时就可能对物体造成破坏，或出现咬尾恶癖。如果额外提供吊链或轮胎供猪探查，有时可转移猪的探查目标，避免损失。

第二章
猪的育种和杂交利用

第一节 猪的选种

一、猪的选种方法

（一）猪的外形选择 猪的外形不仅反映了猪的经济类型、品种特征，而且还在一定程度上反映了猪的生长发育、生产性能、健康状态和对外界环境的适应能力。

1. 头、颈 要求头较细微、轻小而宽短，占体躯的比例不宜太大。鼻嘴长短适中，口角深，上、下颌吻合良好。眼距离宽。耳的大小薄厚视猪品种而异。颈前承头部，后接躯干，要求位置、方向端正，与头和躯干接合良好，长短适中而丰满多肉。

2. 躯干 躯干的形状、容积与心脏器官的发育和功能相关，同时，躯干是产肉的重要部位，因此，躯干的发育状况，直接影响猪的产肉性能。躯干包括以下部位。

（1）胸 要求宽深且圆，肋骨开张，肩宽，肌肉附着良好，肩背结合良好。

（2）鬐甲 鬐甲的基础是胸椎脊突和横突及两侧肩胛骨的上缘，它是颈、背和前肢肌肉的附着处，也是躯体运动的一个支点。肉猪的鬐甲较低，宽平且与背成一直线。

（3）背、腰、肷 要求背腰宽长而平直或稍有弓起，肌肉丰满与臀部结合良好，无凹陷。肷部短而丰满，无皱褶。

（4）臀、大腿 要求臀部长短适宜，平直或稍显倾斜，宽而多肉。大腿发育良好，丰满多肉，不凹陷，大腿至飞节部衔接良好，无凹陷。尾根粗，着生高，尾尖较细，尾长不过飞节。

（5）乳房、乳头　要求乳腺发育良好，乳头不少于 12～14 个，两排乳头距离较宽，分布均匀，大小长度适中，无瞎奶头（附生乳头）。

（6）生殖器　要求外生殖器发育良好，母猪阴唇外形正常，阴户大而明显。公猪睾丸大小一致，无单睾或隐睾，阴囊紧缩不松弛。

3. 四肢　要求四肢结实而直立，前、后肢开张，肢长不过高，骨骼细致结实。系部直立，蹄质细致坚实，不卧系不踏蹄，飞节发育良好。

4. 皮毛　要求皮肤较薄而致密，皮下脂肪较多。被毛顺贴于体表，油润而有光泽。

（二）猪的生长发育　猪的生长发育与生产性能和体质外形密切相关，特别与生产性能关系更大。一般来说，生长发育快的猪，肥育期的日增重、饲料报酬均高，表现良好的肥育性能。猪的生长发育一般要在成年或经济成熟期才完全定型，而且生长发育容易度量，从小到大都可以进行研究，特别是种猪尚在幼年，生产性能尚未表现出来之前，生长发育就成了选种的主要依据。

对种猪生长发育的测定，一般是定期称取猪只的体重和测量体尺。选种时，在同龄同期、饲养管理条件一致条件下，以体重、体尺大的为优。

1. 体重　指测定时称取的猪的活重。在早饲前空腹称重。直接用秤称重。用千克表示。

2. 体长　体长与胴体瘦肉率的遗传相关性强，且遗传力高，选择效果好，故在瘦肉型猪选育中较为重要。猪体长是从耳根连线的中点，沿背线至尾根的长度，用厘米表示。测定时要求猪的下颌、颈部和胸部呈一条直线。用皮尺测量。

3. 胸围　用以表示猪胸部发育状况。用皮尺沿肩胛骨后角量取胸部周径。测量时，皮尺要紧贴体表，勿过松过紧，以将被毛压贴于体表为度。

4. 体高　表示猪的高度。用测杖量取自鬐甲最高点至地面的垂直距离。目前，对猪体高的选择趋于向矮化方向发展。

5. 腿臀围　自左侧膝关节前缘，经肛门绕至右侧膝关节前缘的距离。用皮尺量取。腿臀围反映了猪后腿和臀部发育状况，它与胴体后腿比例有关，在瘦肉型猪选育中颇受重视。

（三）猪的生产性能　生产性能是代表猪个体品质最有意义的指标，是猪最重要的经济性状，它是种猪选择的重要依据。

1. 繁殖力　包括产仔数、初生重、初生窝重和断奶窝重等。

（1）产仔数　指初生时母猪一窝所产仔猪的总数。它包括所产的死胎和木乃伊在内。初生时一窝所产的活仔猪数，则称为活产仔数。产仔数主要受母猪的胎次、年龄、营养状况、配种时期、配种方法、公猪精液品质等因素影响，其遗传力低，一般为 0.1～0.15。

我国地方品种猪的产仔数，一般优于外国猪品种。太湖猪、广东地方品种猪、华北型猪品种，产仔数均在 12 头以上，尤其以太湖猪产仔数最高，经产母猪平均产仔数为 14.95 头，这是一项宝贵的遗传资源。

（2）初生重和初生窝重　仔猪在出生后 12 小时内（吃初乳前）按个体称取的重量，为初生重，全窝初生仔猪的总重为初生窝重。初生重的遗传力较低，为 0.1～0.15，但初生窝重的遗传力较高，为 0.24～0.42。

（3）断奶窝重　指 45～60 天断奶时全窝仔猪的总重量。断奶窝重主要受断奶前母猪泌乳力和补饲的影响，故遗传力较低（0.17）。但它与初生仔猪数、断奶仔猪数、断奶成活率、哺乳期增重和断奶个体重等性状都显著相关，是评价母猪繁殖力的一个最好指标。

2. 肥育性能　肥育性能是猪最重要的经济性状，肥育期平均日增重和每千克增重的饲料消耗量是评价肥育性能的主要指标。

（1）平均日增重　从断奶后 15～30 天起，至体重达 75～100 千克时的整个肥育期内，平均每日体重的增长量，用克/日为单位。

（2）饲料利用率　指肥育期内育肥猪每增加 1 千克活重的饲料消耗量，亦称为料重比。

3. 胴体品质　胴体品质亦是重要的经济性状，它是衡量肉产品质量的指标。胴体性状的遗传力较高，通过个体选择可以获得显著的改进。

（1）宰前活重　肥育猪达到经济利用时期，绝食 24 小时所称取的体重，以千克表示。

（2）屠宰率　肥育猪经放血，煺毛，切除头、蹄和尾，开膛除去内脏（保留肾脏和板油），劈半，冷却后分别称取左右两半片屠体的重量，其总重为胴体重。胴体重占宰前活重的百分比为屠宰率。

（3）胴体瘦肉率　胴体中瘦肉量占胴体重的百分比为胴体瘦肉率。一般只测左侧半片胴体。将左侧半片胴体皮、骨、肉、脂分离，分别称重。用其中瘦肉重占胴体重的百分比表示瘦肉率。

（4）胴体长　从耻骨联合前缘中心点至第一颈椎底部前缘的长度，为胴体直长；从耻骨联合前缘中心点至第一肋骨与胸骨接合处中心点的长度，为胴体斜长。胴体长是高遗传力性状，遗传力为 0.62，选择效果好，同时，它与背膘厚呈负的遗传相关，因而，提高胴体长可以降低背膘厚，从而提高胴体瘦肉率。

（5）背膘厚　指第 6 和第 7 胸椎接合处垂直于背部的皮下脂肪层厚度，或测定肩部最厚处、胸腰椎接合处和腰荐结合处三点的平均值表示。如用活体测膘仪，可以直接测量种猪的背膘厚度。背膘厚的遗传力为 0.5，选择效果明显，由于它与胴体瘦肉率呈负相关，因而在瘦肉型猪选育中，坚持低背膘厚的选择，可以降低胴体脂肪量，提高瘦肉率。

（6）皮厚　指第 6 和第 7 胸椎结合处背部皮肤的厚度。在肉猪选育中，皮厚为负向选择指标。

（7）眼肌面积　指左半侧胴体胸腰椎结合处背最长肌的横断面积。眼肌面积遗传力高，选择效果好。眼肌面积与胴体瘦肉率呈强正相关，与肥育期饲料消耗量呈负相关。

（8）腿臀比例　在最后腰椎与荐椎结合处垂直切割下的后部分胴体的重量为腿臀重，腿臀重占胴体重的百分比为腿臀比例。

二、猪的选种程序

在现代化养猪生产中，无论是种猪场还是商品猪场，都要对猪进行不断选择，才能为生产者带来最大利润。

（一）后备猪的选择　通常分为以下几个阶段。

1. 窝选　当配种前选留的种猪配种、产仔后，应考查这些猪本身及其后代的生产力表现。要求种猪的生产力高，后代生长发育良好、无畸形及其他遗传性疾患。符合要求者可留作种用，不符合要求者应及时淘汰。

2. 断奶前　主要根据怀孕母猪和配种公猪的已有生产性能初步对仔猪进行选择，通常着眼于父代、母代、同胞生产性能高的窝作为留种的范围。要在生产性能良好、遗传性能稳定的公母猪的后代中和断奶窝重大、发育整齐、没有遗传缺陷的窝中挑选符合要求的仔猪。选留的仔猪数应多于实际需要种猪数量的 2~5 倍。

3. 4~6 月龄　断奶时测定留下的仔猪称测 4 月龄体重，将其中体重大、性情活泼、体质结实、发育匀称、健康无病的仔猪继续饲养；发育较差的仔猪去势后转入育肥猪群。到 6 月龄时再进行一次同样选择淘汰。

4. 配种时　选择体形外貌正常、生长发育良好的个体参加配种繁殖。有繁殖疾患、生长发育不良的猪应及时去势转入肥育群。

总之，选留后备种猪时要坚持分阶段、多留严选的原则。规模化猪场应重视猪群的年龄结构，种猪一般使用 2～3 年即行淘汰，以保持猪场生产成绩稳定和提高。

（二）种公猪的选择　在猪场中公猪虽然较少，但承担着贡献下一代一半的遗传基因的任务，一头公猪可以配 20 头以上母猪。因此，公猪的优良与否，相对母猪来讲更为重要。在种猪场中，应按上述各阶段对猪进行多阶段筛选。筛选时，应特别注意以下问题。

1. 从外形上，要求无缺陷，且符合品种特征。

2. 生产性能方面，重点选择背膘薄、生长速度快、饲料报酬高等性状，可采用个体选择、同胞选择、后裔选择结合进行。

3. 繁殖性能，在配种前主要注意其睾丸发育程度，要求睾丸发育良好。在有配种记录后，要求所选公猪性欲旺盛，精液品质良好。

4. 体质方面，要求选择身体强壮的公猪，特别应注意其肢蹄端正、健壮。蹄形差、肢势异常、过分的弓背直腿都不利于公猪配种。

（三）种母猪的选择　母猪是仔猪的直接生产者。无论在种猪场还是商品猪场，对母猪的选择都是经常性的工作，对猪群不断选择可使猪群生产性能稳定提高。选留后备母猪应注意以下几个方面。

1. 外形符合品种要求。

2. 无缺陷，乳头数 7 对以上，无瞎乳头，乳房结实，外生殖器正常。

3. 体质结实、健康，发育正常。

4. 初情期不晚于 6 月龄。

5. 考察其祖先。没有出现过遗传缺陷的个体，其母亲有较强的适应性；初情期较早的窝产仔数多，每窝仔猪大小均匀，断奶窝重较大，断奶后第一次发情受孕率高。

第二节 猪的杂交利用

一、杂交方式

1. **二元杂交** 二元杂交又称为单杂交或单交。二元杂交的方法是利用两个亲本种群，以其中一个为父本，另一个为母本进行杂交，由杂交所获得的杂种后代仔猪，无论公母都不作种用，全部用作育肥。

在我国养猪生产杂种优势利用的初级阶段所推行的养猪"三化"，即"公猪良种化、母猪本地化、肉猪杂种一代化"，就是二元杂交方法的具体实施。它用引进的优良品种为父本，用本地品种为母本，由杂交所产生的杂种一代仔猪，无论公母，全部作商品肉猪育肥。

二元杂交方法简单，容易推广。从各地的养猪生产实践和研究报道来看，二元杂交种猪在生长速度（日增重）、饲料利用率和胴体品质等经济性状上均有较好的杂种优势表现。

2. **三元杂交** 三元杂交是利用 3 个品种杂交。首先利用两个品种杂交，在获得杂种一代后，从中选择出繁殖性能优良的杂种母猪，作为继续杂交的母本，将杂种中的全部公猪和不符合留种的母猪作肉猪育肥。所选出的杂种母猪再与第三个品种的公猪杂交，产生的三元杂种仔猪，全部作为肉猪育肥。

当前，我国推广的三元杂交模式，一般是以本地品种为母本，一个引入品种为父本（称第一父本）进行单杂交，产生杂种一代后，从中选出繁殖性能好的杂种母猪，再与另一个引入品种公猪（第二父本）杂交，生产商品肉用仔猪。三元杂交中以大约克夏猪和长白猪等品种为第一父本较好，而第二父本品种宜选用杜洛克猪。

三元杂交利用了杂种母猪产仔数多、哺育能力强的特点，加上第二次杂交使仔猪又获得了生活力和生长势两方面的优势。因此，三元杂交的效果一般超过二元杂交。

3. 四元杂交　它是以两个二元杂交为基础，由其中一个二元杂交后代中的公猪作父本，另一个二元杂交后代中的母猪作母本，再进行一次简单杂交，所得四元杂种全部作商品育肥猪。

4. 轮回杂交　用两个或三个品种逐代轮流杂交，各世代的杂种母猪除选留一部分优秀个体作继续杂交的母本外，其余杂种母猪和全部杂种公猪均作肉猪肥育。

轮回杂交从每个世代中选留杂种母猪，因而可以充分利用杂种后代，长期保持杂种优势。同时，这种杂交只需要每代引入少量纯种公猪或利用配种站的公猪即可，不需要每个场站都维持几个纯种群，减少组织工作和经济负担。所以，一般猪场或专业养猪户均可采用这种方法，尤其是在猪品种比较混杂的猪场或地区，采用这种方法可以充分利用现有杂种母猪群。但是，所选用的公猪品种必须具有良好的性能。

5. 配套系杂交　配套系杂交方法是通过品系繁育的手段，培育出高产的、生产性能各具特点的专门化品系，根据这些品系间的配合力测定成绩，确定其作父系或母系，再配套成优良的杂交组合，通过系间杂交，获得优良的杂种仔猪，供作育肥猪用。在养猪生产中利用专门化品系配套杂交代替品种间杂交。它比品种间的二元杂交和三元杂交有更好的杂种优势产生，是实现养猪现代化的重要标志。

二、猪的杂交繁育体系

（一）杂交繁育体系的概念　杂交繁育体系是指为了展开某个地区的猪育种和杂种优势利用工作，在明确了用什么品种、采用什么样的杂交方式的前提下，经过统一规划建立起来的以原种场（育种场或核心群）为核心、繁殖场（纯种母猪繁殖场和杂种母猪繁殖场）为中介和商品场（生产群）为基础的金字塔式统一运营系统。这种塔式繁育体系能够把原种的选育与改良、良种的扩大繁育和杂交商品猪的生产有机地联系起来，使原种猪的遗传改良成果迅速传递到杂交商品生产猪群以转化为生产力。

（二）杂交繁育体系的组成　以三元杂交为例，一个完整的繁育体系，应包括原种猪场、纯种母猪繁殖场、杂种母猪繁殖场和商品猪场，它们的性质、规模、任务都各不相同，并根据商品育肥猪的生产量和所采用的杂交方式而不同。

1. **原种猪场**　又称核心群，原种场在塔式繁育体系中处于塔尖位置，主要任务是从事纯种（系）的选育提高和按照不断变化的市场需求培育新品系；经过选择的幼猪除了保证本群的更新替补以外，主要向下一阶层（繁殖场）提供优良的后备公母猪，以更新替补繁殖场原有猪群；同时，它也向商品场提供优良的终端父本品种（系）。

原种场要求有较强的技术力量、先进的育种手段和育种方法，技术档案应齐全，并建立有严格的卫生消毒及防疫制度，保证猪群的健康水平，不得有某些特定的传染病。

原种场的数量应根据所采用的杂交方式、所用的品种数量及每年出栏的商品猪总量来定。二元杂交时需建立两个原种场，三元杂交时建立 3 个，四元杂交时建立 4 个，生产上有时将 2 个甚至 3 个品种放在一个原种场。每个原种场所养的品种及数量要求不同，选种的重点也不一样。

2. **繁殖猪场**　又称繁殖群，繁殖场在塔式繁育体系中处于中间阶层，起着承上（原种场）启下（商品场）的作用。有时我们把繁殖场又划分为纯种母猪繁殖场和杂种母猪繁殖场。纯种繁殖场基本任务是将原种场所培育的纯种猪进行扩大繁殖，并向杂种繁殖场提供小母猪；杂种繁殖场的基本任务是接受原种场提供的小公猪和纯种繁殖场提供的小母猪，按照统一计划进行杂交而生产杂种幼母猪，提供给商品场以替补原有杂种母猪。对繁殖群的选择不要求像原种场那样精细，一般只要求做好系谱登记和性能记录，及时淘汰老弱病残猪，保证猪群壮龄化即可。

3. 商品猪场　又称生产群，商品场在塔式繁育体系中处于底层，构成繁育体系的基础。基本任务是接受繁殖场提供的杂种幼母猪和原种场提供的终端父本猪，生产商品杂交猪。由于饲养规模大，可以由若干个猪场或专业户组成，工作重点放在充分挖掘母猪的繁殖潜力，尽可能缩小繁殖猪在群比例，改进肥育技术，提高肥育性能方面。

（三）杂交繁育体系的猪群结构　杂交繁育体系的猪群结构是指原种场、繁殖场和商品场的繁殖母猪数量分别占完整体系内繁殖母猪总头数的份额（以百分数表示）。因为其他猪群的数量均决定于母猪群的数量，母猪群的规模一旦确定，就可依据配种方式（本交或人工授精）确定公母比例，算出公猪群规模；同样，母猪群规模确定后，可以按照各品种的繁殖性能、猪场的饲养管理等条件计算出各类幼猪群的数量。合理的猪群结构是实现繁育体系的协同运作和高效益生产的基本条件。

在确定好杂交方式和选定所用品种后，为了建立繁育体系合理的猪群结构，必须根据所设计的品种及其杂种猪的生产性能和历年生产记录，以及可能提供的环境条件、饲养管理水平及改良提高的潜力，了解和掌握猪群的经济技术参数，包括配种方式、性别比例、年龄结构、繁殖利用年限、淘汰率、母猪平均年提供肥猪数等指标。

三、国内外猪的杂交效果

国内外已普遍利用杂种优势来提高养猪生产的经济效益，在经济杂交方面积累了大量的科学研究资料，并总结出了一些经济杂交的规律。

据国外多年积累的大量杂交资料，综合分析了二元、三元和四元杂交的杂交效果。结果见表 2-1。

表 2-1 不同杂交方式的杂交效果比较（%）

项　　目	纯种猪	二元杂交	三元杂交	四元杂交
窝产仔数	100	101	111	113
21 日龄仔猪数	100	109	123	123
21 天窝重	100	110	128	128
56 日龄成活率	100	107	125	126
56 日龄个体重	100	108	110	109
154 日龄体重	100	114	113	111
达 100 千克日龄	100	107.5	107	107
饲料利用率	100	102	101	101
每头母猪提供猪肉量	100	122	140	140
背膘厚	100	101.5	101.5	101.5
眼肌面积	100	101	102	102

　　由表 2-1 可见，猪的增重具有明显的杂种优势，但多元杂交并不比二元杂交优越；在繁殖性能上，二元杂交效果比纯种好，三元和四元杂交效果比较接近，并明显优于二元杂交，可见母本杂种优势在繁殖性能上具有重要作用，父本杂种优势未显示出明显作用，但四元杂交在杂交繁育体系的建设上要复杂得多。所以，综合考虑，以三元杂交较为高效适用。

第三章
猪 的 品 种

第一节 猪的经济类型

猪的经济类型可分为脂肪型、瘦肉型和兼用型三类。

1. 脂肪型猪 脂肪型，又称脂用型，这类猪的胴体脂肪多，瘦肉少。外形特点是体躯宽、深而短，全身肥满，头颈较重，四肢短，体长与胸围相等或相差 2～3 厘米。胴体瘦肉率为 45％以下。我国的绝大多数地方品种属于脂肪型。

2. 瘦肉型猪 瘦肉型，又称肉用型。这类猪的胴体瘦肉多，脂肪少。外形特点与脂肪型相反，头颈较轻，体躯长，四肢高，前后肢间距宽，腿臀发达，肌肉丰满，胸腹肉发达。体长比胸围长 15 厘米以上，胴体瘦肉率 55％以上。外国引进的长白猪、大约克夏猪、杜洛克猪和汉普夏猪，以及我国培育的三江白猪和湖北白猪均属这个类型。

3. 兼用型猪 兼用型猪的外形特点介于瘦肉型和脂肪型之间，胴体中肉和脂肪的比例是肉稍多于脂肪，胴体中瘦肉率在 45％～55％。我国培育的大多数猪种属于兼用型猪种。

第二节 中国优良地方猪品种

我国大多数地方猪品种属于脂肪型。这种类型的猪能生产较多的脂肪，胴体瘦肉率低。其主要特点是成熟较早，繁殖力高，母性好，适应性强。

一、太 湖 猪

（一）**产地和特点**　太湖猪原产于江苏、浙江和上海交界的太湖流域。由二花脸猪、枫泾猪、梅山猪、嘉兴黑猪等地方类型组成，统称为太湖猪。现有种猪 60 多万头。太湖猪是全世界猪品种中繁殖力最高、产仔数最多的品种，而且肉质也好。

（二）**体型外貌**　太湖猪的体型中等，头大额宽，额部皱褶多、深，耳特大、软而下垂，形似大蒲扇。全身被毛黑色或青灰色，毛稀疏或丛密，腹部皮肤多呈紫红色，也有鼻吻白色或尾尖白色的。梅山猪的四肢末端为白色。乳头多为 8～9 对。

（三）**生产性能**　太湖猪性成熟早，繁殖力强。据对产区几个主要育种场统计，母猪头胎产仔数 12.14 头，二胎 14.88 头，三胎及以上 15.83 头。

在一般饲养条件下，梅山猪在体重 25～90 千克阶段，日增重 439 克，每千克增重耗消化能 51.63 兆焦；枫泾猪在体重 15～75 千克阶段，日增重 332 克；嘉兴黑猪在体重 25～75 千克阶段，日增重 444 克，每千克增重耗消化能 45.38 兆焦。75 千克肥育猪屠宰率 69.4%，胴体瘦肉率 40%～45%。

太湖猪与国外瘦肉型猪杂交后，杂种一代的日增重有较大的提高，料重比下降，胴体的瘦肉量和瘦肉率均有很大提高。据报道，二元杂种猪的日增重以杜洛克×太湖猪的杂种一代为最高（610 克），但其产死胎较多。从综合成绩看，长白猪×太湖猪的杂种一代和大约克夏猪×太湖猪杂种一代的日增重虽不及杜洛克×太湖猪的杂种一代，但产死胎较少。二元杂种猪的瘦肉率比纯种太湖猪大约提高 10 个百分点，每头猪多长瘦肉 10 千克左右。

杜洛克猪×长白猪·太湖猪或杜洛克猪×大约克夏·太湖猪三元杂交的效果更好。杂种后代日增重分别为 628 克和 623 克，胴体瘦肉率分别为 58.07% 和 58.83%，比纯种太湖猪高出 14 个百分点左右，每头猪多长瘦肉 12～14 千克。是目前比较理想的杂交组合。

由于太湖猪的繁殖力高，从 20 世纪 70 年代以来国内外许多地方都引入太湖猪与当地品种进行杂交，对改良当地品种繁殖性能取得了良好效果。

二、荣 昌 猪

（一）产地和特点　荣昌猪原产于重庆市荣昌县和四川省隆昌县，后又分布到泸县、内江、重庆市大部分地区，还推广到全国 20 多个省、市和自治区。据不完全统计，产区共有荣昌猪种猪 50 多万头。

（二）体型外貌　荣昌猪体型较大，两眼周围及头部有大小不等的黑斑，其余全身被毛为白色，也有极少数在尾根及体躯出现赤斑或全身被毛为纯白。农村群众习惯把荣昌猪的毛色分为金架眼、小黑眼膛、大黑眼膛、小黑头、大黑头、两头黑、单边照、飞花、铁嘴、洋眼 10 种类型。荣昌猪头大小适中，面微凹，耳中等大、下垂，额部有横行皱纹，还有毛旋。体躯较长，发育匀称，背部微凹，腹大而深，臀部稍倾斜。四肢细致、结实。乳头 6～7 对。

（三）生长性能　荣昌猪性成熟早，公猪 4 月龄性成熟，6～8 月龄体重 60 千克以上可开始配种。母猪初情期为 71～113 天，初配以 6～8 月龄、50～60 千克较为适宜。荣昌猪母猪初产仔数平均为 8.56 头，经产母猪平均产仔数 11.7 头。

在较高营养水平，体重 15～90 千克阶段，日增重 623 克，每千克增重耗混合料 3.3 千克，青料 3.88 千克，折合消化能 50 兆焦。以 7～8 月龄体重达 80 千克左右为屠宰适期，屠宰率 68.9%，瘦肉率 46.8%。

荣昌猪鬃毛洁白、刚韧，每头猪能产鬃 200～300 克，净毛率达 90%，在国际市场享有盛誉。

荣昌猪适应性强，推广遍及全国 20 多个省、市和自治区。尽管这些地区的海拔高度、气候条件、饲料种类和饲养管理水平等差异较大，但荣昌猪均能正常生长、繁殖。

三、东北民猪

（一）**产地和特点**　东北民猪原产于东北和华北部分地区。现有繁殖母猪近 2 万头，广泛分布于辽宁、吉林、黑龙江和河北北部等地区。民猪分为大、中、小 3 个类型。体重 150 千克以上的大型猪称大民猪；体重 95 千克左右的中型猪称二民猪；体重 65 千克左右的小型猪称荷包猪。

（二）**体型外貌**　民猪头中等大，面直长，耳大下垂。体躯扁平，肋骨弯曲度小，背腰狭窄，臀部倾斜，四肢粗壮。全身被毛为黑色，毛密而长，猪鬃发达，冬季密生绒毛。乳头 7～8 对。

（三）**生产性能**　民猪性成熟早，母猪 4 月龄左右出现初情，发情表现明显，配种受胎率高。公猪一般在 9 月龄、90 千克左右开始配种；母猪在 8 月龄、80 千克左右初配。母猪头胎产仔数 11.04 头，二胎 11.48 头，三胎 11.93 头，四胎以上 13.54 头。

据测定，民猪在体重 18～92 千克阶段日增重 458 克，每千克增重耗消化能 51.34 兆焦。在 90 千克时屠宰，屠宰率为 72.5%，胴体瘦肉率 46.13%，脂肪率 35.88%。

以民猪为母本，分别与大约克夏、长白、苏联大白猪、巴克夏、东北花猪和哈白公猪杂交，所得杂种猪肥育期日增重分别为 560、544、499、466、526 和 575 克。每千克增重耗消化能分别为 44.77、47.49、45.61、53.89、52.68 和 53.89 兆焦。而以民猪为父本，分别与东北花猪、哈白猪和长白猪杂交，所得反交一代杂种肥育期日增重分别为 615、642 和 555 克，超过相应的正交一代杂种。

四、内江猪

（一）**产地和特点**　内江猪原产于四川省内江市，分布于内江、资中、资阳、简阳等市、县，曾经推广到全国各地，产区种猪约有 12.5 万头，目前有大幅下降趋势。

（二）**体型外貌**　内江猪体型较大，体质疏松。头大，嘴筒短，额面横纹深陷成沟，额皮中部隆起成块。耳中等大、下垂。体躯宽深，背腰微凹，腹大不拖地，四肢粗壮。皮厚，全身被毛黑色，鬃毛粗长。乳头多在 7 对左右。群众习惯按头形分为狮子头、二方头、毫杆嘴三种类型。其中以二方头猪种最多。成年公猪体重 169 千克，成年母猪体重 155 千克。

（三）**生长性能**　内江猪也具有性早熟的特点，在农村小母猪一般于 6～7 月龄开始配种，小公猪多在 5～6 月龄开始初配。初产母猪平均窝产仔数 9.35 头，二胎 9.83 头，三胎及以上 10.4 头。

在中等营养条件下限量饲养，体重 13～90 千克阶段，日增重 410 克，每千克增重耗混合饲料 3.51 千克、青料 4.93 千克。在体重 90 千克时屠宰，屠宰率 67.49%，胴体瘦肉率 37.01%，脂肪率 39.34%。

内江猪曾在国内广泛推广，以内江猪作父本，与我国的民猪、八眉猪、乌金猪、藏猪等地方品种及北京黑猪、新金猪等培育品种进行二元杂交，其杂种后代的日增重和每千克增重耗料均有一定杂种优势。

近年来用长白、杜洛克、汉普夏等瘦肉型良种公猪与内江猪进行二元和三元杂交，也获得了较好的效果。其中以杜洛克×内江猪、杜洛克×长白·内江猪组合效果最好，瘦肉率分别为 57.6% 和 58.09%。

五、金 华 猪

（一）产地和特点 金华猪原产于浙江省金华地区的义乌、东阳和金华三个县。现已推广到浙江全省 20 多个市、县和省外部分地区。种猪数据产区 3 个县统计为 5 万多头。金华猪具有皮薄、骨细和肉脂品质好的特点，用其后腿制作的金华火腿质佳味香，外形美观，在国内外享有盛誉。

（二）体型外貌 金华猪体型中等偏小，毛色除头颈和臀尾为黑色外，其余均为白色，故有两头乌之称。在黑白交界处有黑皮白毛的晕带。耳中等大、下垂，额上有皱纹，颈粗短，背微凹，腹稍微下垂，臀较倾斜，四肢较短，蹄坚实，皮薄毛稀。乳头多为 7～8 对。

金华猪按头形可分为寿字头和老鼠头两种类型。寿字头形猪分布于金华和义乌等地，个体较大，生长较快，头短，额部有粗深皱纹，背微宽，四肢较粗壮。老鼠头形猪分布在东阳等地，个体较小，头长，额部皱纹较浅或无皱纹，背较窄，四肢高而细。

（三）生长性能 金华猪具有性成熟早、性情温驯、母性好和产仔多等优良特性。在农村饲养条件下，三胎以上母猪平均窝产仔数 11.92 头，据金华猪场 157 窝统计，平均窝产仔数 14.25 头。

金华猪在每千克配合饲料含消化能 12.56 兆焦、粗蛋白质 14％和精、青料比例 1∶1 的营养条件下，在体重 17～78 千克阶段，平均饲养期 127 天，日增重 464 克，每千克增重耗消化能 51.41 兆焦，可消化粗蛋白质 425 克，75 千克体重屠宰，屠宰率 72.55％，瘦肉率 43.36％。

长白猪×苏联大白猪·金华猪，大约克×苏联大白猪·金华猪三元杂种猪的效果优于二元杂交。日增重分别达 614 克和 698

克，瘦肉率比纯种金华猪提高 5%～9%。

六、大花白猪

（一）产地和特点　大花白猪产于广东珠江三角洲一带。主要分布在广东省的乐昌、仁化、顺德和连平等 42 个市、县。产区现有母猪 44 万头左右。大花白猪具有耐潮湿、耐热，性成熟早，繁殖力高，早熟易肥和沉积脂肪能力强等特点。

（二）体型外貌　大花白猪体型中等大，毛色为黑白花，头部和臀部有大块黑斑，在黑白交界处有黑皮白毛的灰带环绕，被毛稀疏，耳稍大、下垂，额部多有横行皱纹，背、腰较宽，微凹，腹较大。乳头多为 7 对。

（三）生长性能　大花白猪繁殖力较高，据广东省农业科学院畜牧所测定，初产母猪平均产仔 11.7 头，二产 12.9 头，经产 13.8 头。

大花白猪在较好的饲养条件下，体重 20～90 千克阶段，平均日增重 519 克。67.5 千克的肥育猪屠宰率 70.7%，胴体瘦肉率 43.2%。

用大花白猪做母本，与杜洛克、汉普夏进行二元杂交，效果较好，一代杂种猪体重 20～90 千克阶段，日增重分别为 583 克和 584 克，每千克增重耗消化能分别为 44.17 兆焦和 43.67 兆焦，耗粗蛋白质分别为 458 克和 452 克，体重 90 千克时屠宰，屠宰率分别为 70% 和 71%，胴体瘦肉率分别为 48.5% 和 48.6%。

第三节　国外引入优良猪品种

目前在我国影响较大的国外引入品种有大约克夏、长白猪、杜洛克、汉普夏和皮特兰五个品种。引入品种的共同特点是：

①生长速度快，在标准饲养条件下，育肥猪从 20～90 千克阶段的日增重在 550～650 克，高的可达 700 克以上；②胴体瘦肉率高，一般在 55%～62%，优秀的高达 65% 以上；③屠宰率较高，体重在 90 千克左右，屠宰率可达 70%～72%；④产仔数较少，母猪通常发情不明显，配种较难；⑤肉质较差，肌肉纤维较粗，肌间脂肪较少，出现 PSE 或 DFD 劣质肉的比例较高；⑥对饲养管理要求较高，每头猪每天需精料量较多。在较低的饲养水平下，生长发育缓慢，有时生长速度还不及我国地方品种。对猪舍建筑要求亦高。

一、大约克夏猪

（一）**产地和特点**　大约克夏猪原产于英国，于 18 世纪育成，是世界上著名的瘦肉型猪种。我国先后从英国、法国、美国和加拿大引进了英系、法系、美系和加系等品系的大约克夏种猪，这 4 个系种猪的主要优点是生长快、饲料利用率高、产仔较多、胴体瘦肉率高。由于为不同国家所培育，每个品系又都有各自的特点。

（二）**体型外貌**　体型大、匀称。耳直立，鼻直，四肢较长。全身被毛白色，故又称为大白猪。成年公猪体重 250～300 千克，成年母猪体重 230～250 千克。

（三）**生产性能**　母猪妊娠期平均 115 天，发情周期 18～22 天，发情持续期 3～4 天，初产母猪产仔数 9～10 头，经产母猪产仔数 10～12 头，产活仔数 10 头左右。165 日龄体重可达 100 千克以上，胴体瘦肉率在 64% 以上。

（四）**建议**　大约克夏猪是世界上四大名猪之一，主要利用它作第一母本生产三元杂交猪，通常利用的杂交方式是杜洛克×长白猪×大约克夏。国内许多地方也用大约克猪做父本，改良本地猪，进行二元杂交或三元杂交，效果也很好。

二、兰德瑞斯猪

（一）产地和特点 兰德瑞斯猪又称长白猪，原产于丹麦，是世界上著名的瘦肉型猪之一。我国最早引入的长白猪是英瑞系，即老三系，现在被后引进的丹系（新三系）所取代。最近我国又从加拿大引进加系长白种猪。长白猪的特点是胴体瘦肉率较高，产仔数较多，生长发育快，节省饲料，但抗逆性差，对饲料营养要求较高。丹系长白猪四肢相对较弱，加系长白猪较强壮。

（二）体型外貌 头小、清秀、颜面平直。耳向前倾，平伸略下耷。大腿和整个后躯肌肉丰满，体躯前窄后宽呈流线型。体躯长，有16对肋骨，全身被毛白色。

（三）生长性能 性成熟较晚，公猪一般在生后6月龄时性成熟，8月龄时开始配种，母猪发情周期为21～23天，发情持续期2～3天，妊娠期为112～116天。初产母猪产仔数8～10头，经产母猪产仔数9～13头。生长育肥168天，可达95千克以上，瘦肉率达到65%。

（四）建议 长白猪做第一父本生产三元杂交猪，其杂交方式为杜洛克×长白猪×大约克夏。国内许多地方用长白猪做父本进行两品种或三品种杂交，改良本地品种，提高瘦肉率和生长速度。

三、杜洛克猪

（一）产地和特点 杜洛克猪原产于美国东北部的新泽西州等地，俗称红毛猪。前些年从美国、匈牙利和日本等国引入我国，现在已遍布全国。其特点是：体质健壮，抗逆性强，饲养条件比其他瘦肉型猪要求低。生长速度低，饲料利用率高，胴体瘦肉率高，肉质较好。在杂交利用中一般作为父本。

（二）**体型外貌**　全身被毛呈金黄色或棕红色，色泽深浅不一。两耳中等大，略向前倾，耳尖稍下垂。头小清秀，嘴短直。背腰在生长期呈平直状态，成年后稍呈弓形。胸宽而深，后躯肌肉丰满，四肢粗大结实，蹄呈黑色、多直立。

（三）**生产性能**　性成熟较晚。母猪一般在 6～7 月龄开始第一次发情，发情周期 21 天左右，发情持续期 2～3 天，妊娠期平均 115 天，初产母猪产仔数 9 头，经产母猪产仔数 10 头左右。6 月龄体重达到 100 千克以上，胴体瘦肉率在 65％以上，肉质佳。

（四）**建议**　杜洛克猪母性较差，产仔数不多。一般杜洛克猪只用做终端父本生产杂交猪，主要杂交方式为杜洛克×长白猪×大约克夏。

四、汉普夏猪

（一）**产地和特点**　汉普夏猪原产于美国肯塔基州，是美国分布最广的瘦肉型猪种之一。1978 年以后，我国陆续从英国、日本、匈牙利、美国引入该品种。主要特点是：生长发育较快，抗逆性强，饲料利用率较高，胴体瘦肉率较高，肉质较好，但产仔数量较少。

（二）**体型外貌**　头、中躯、后躯被毛黑色，肩颈结合处有一白带，包括肩和前肢。头中等大，耳直立，嘴较长且直，体躯较杜洛克稍长。背宽大略呈弓形，体质强健，体形紧凑。成年公猪体重 315～410 千克，成年母猪体重 250～340 千克。

（三）**生产性能**　性成熟较晚。母猪一般在 6～7 月龄，体重 90～110 千克时开始发情，发情周期 19～22 天，发情持续期 2～3 天，妊娠期 112～116 天。初产母猪产仔数 7～8 头，经产母猪产仔数 8～9 头。生长育肥猪 180 日龄体重达到 95 千克以上，胴体瘦肉率可达 61％以上。

（四）**建议**　汉普夏猪产仔数较少，但具有生长快、瘦肉率高和肉质好等优点，在杂交利用中一般只用做终端父本。

五、皮特兰猪

（一）**产地和特点**　皮特兰猪原产于比利时的布拉邦特省，是由法国的贝叶交猪与英国的巴克夏猪进行回交，然后再与英国的大白猪杂交育成的。主要特点是：瘦肉率高，后躯和双肩肌肉丰满。

（二）**体型外貌**　毛色呈灰白色并带有不规则的深黑色斑点，偶尔出现少量棕色毛。头部清秀，颜面平直，嘴大且直，双耳稍微向前；体躯呈圆柱形，腹部平行于背部，肩部肌肉丰满，背直而宽大。体长 1.5～1.6 米。

（三）**生产性能**　公猪一旦达到性成熟就有较强的性欲，母猪母性不亚于我国的地方品种。母猪的初情期一般在 190 日龄，发情周期 18～21 天，产仔数 10 头左右，产活仔数 9 头左右，生长育肥 180 日龄体重达到 90 千克，胴体瘦肉率高达 70%。

（四）**建议**　皮特兰猪是目前瘦肉率最高的猪种。主要利用它作父本进行二元杂交或三元杂交来提高猪瘦肉率。

第四节　中国优良培育猪品种

一、三江白猪

（一）**产地和特点**　分布于黑龙江东部合江地区境内的国有农牧场及其附近的县、乡猪场，产区为著名的三江平原地区。三江白猪是由长白猪×民猪正反交产生的一代杂种母猪再与长白猪回交，从其后代中择优组成零世代猪群，连续进行 5～6 世代的选育和横交固定育成的新品种。

（二）**体型外貌**　三江白猪被毛全白，头轻嘴直，耳较大、下垂或前倾。背腰宽平，腿臀丰满，四肢粗壮，蹄质坚实，乳头一般为 7 对，排列整齐，毛丛稍密。

（三）生产性能 三江白猪成年体重，公猪 187 千克，母猪 138 千克。性成熟较早，初情期 4 月龄左右，发情表现明显。初产母猪平均产仔 10.2 头，经产母猪平均产仔 12.4 头。

按三江白猪饲养标准饲养，6 月龄肥育猪体重可达 90 千克，平均日增重 666 克，每千克增重耗混合精料 3.5 千克，胴体长 95 厘米，平均背膘厚 3.25 厘米，腿臀比为 29%，瘦肉率为 58.6%，眼肌面积 29.4 厘米^2。肉质良好。

二、湖北白猪

（一）产地和特点 湖北白猪产于湖北武昌地区，主要分布于华中地区。湖北白猪是通过大约克×长白猪·本地猪杂交和群体继代选育法，闭锁繁育育成的。为我国新培育瘦肉型猪种之一。

（二）体型外貌 湖北白猪除个别猪眼角、尾根有少许暗斑外，其余全身被毛白色。头较轻，大小适中，鼻直、稍长，耳向前倾或下垂，背腰平直，中躯较长，腿臀丰满，肢蹄结实，有效奶头 6 对以上。

（三）生产性能 湖北白猪成年体重，公猪 230 千克，母猪 200 千克，初产母猪平均产仔数为 10.5 头，经产母猪平均产仔数为 12.5 头。

湖北白猪育肥到 180 日龄体重可达 90 千克左右，日增重 620 克左右，每千克增重耗配合饲料 3.5 千克以下，屠宰率 72% 左右，胴体瘦肉率 60% 左右，膘厚 2.5 厘米，眼肌面积 32 厘米^2，后腿比例 31% 以上。

湖北白猪与杜洛克、汉普夏和长白猪杂交都有较好的杂交效果，其中以杜洛克×湖北白猪组合最优，杂种后代日增重 650～

750 克，饲料利用率为（3.1~3.3）：1，瘦肉率在 62% 以上。

三、北京黑猪

（一）产地和特点　北京黑猪产于北京市双桥农场和北郊农场。主要分布在北京市朝阳区、海淀区、昌平区、顺义区、通州区等京郊各区。并推广于河北、河南、山西等省。北京黑猪是在北京本地黑猪引入巴克夏、中约克夏、苏联大白猪、高加索猪进行杂交后系统选育而成。

（二）体型外貌　北京黑猪全身被毛黑色，体质结实，结构匀称。头大小适中，两耳向上方直立或平伸，面部微凹，额较宽，颈肩结合良好，背腰较平直且宽，腿臀较丰满，四肢健壮。乳头多为 7 对。

（三）生产性能　北京黑猪成年体重，公猪 262 千克，母猪236 千克。初产母猪平均窝产仔数 10 头，经产母猪平均窝产仔数 11.52 头。

据测定，20~90 千克体重阶段，平均日增重为 609 克，每千克增重耗混合料 3.70 千克。屠宰率为 72.4%，胴体瘦肉率 51.5%。

长白猪×北京黑猪一代杂种猪体重 20~90 千克阶段，日增重 650~700 克，每千克增重耗配合饲料 3.2~3.6 千克，胴体瘦肉率 55% 左右。杜洛克×长白猪·北京黑猪和大约克夏×长白猪·北京黑猪三元杂交后代，日增重 600~700 克，每千克增重耗配合饲料 3.2~3.5 千克。体重 90 千克时屠宰胴体瘦肉率58% 以上。

四、哈白猪

（一）产地和特点　哈尔滨白猪简称哈白猪，产于黑龙江省南部和中部地区，以哈尔滨及其周围各县为中心产区。广泛分布于滨州、滨绥、滨北和牡佳等铁路沿线。哈白猪是由不同类型约克夏×东北民猪杂交选育而形成。

（二）**体型外貌** 哈白猪体形较大，全身被毛白色，头中等大小，两耳直立，面部微凹。背腰平直，腹稍大但不下垂，腿臀丰满，四肢健壮，体质结实。乳头7对以上。

（三）**生产性能** 哈白猪成年体重，公猪222千克，母猪176千克，据对380窝初产母猪的统计，平均产仔数9.4头，1 000窝经产母猪统计平均产仔11.3头。

哈白猪在每千克混合精料含消化能12.56兆焦、粗蛋白质16%的营养条件下，体重14.95～120.6千克阶段平均日增重587克，每千克增重耗配合饲料3.7千克和青饲料0.6千克。屠宰率74%，膘厚5厘米，眼肌面积30.81厘米^2，后腿比例26.45%，90千克屠宰胴体瘦肉率45%以上。

哈白猪与民猪、三江白猪和东北花猪进行正反交，其杂种猪在肥育期的日增重和饲料利用率均呈现较强的杂种优势。用长白猪公猪与哈白猪母猪杂交，杂种猪日增重平均623克，料重比3.6：1，杂种猪90千克时屠宰胴体瘦肉率达50%以上。

五、上海白猪

（一）**产地和特点** 上海白猪产于上海和宝山两地，主要分布于上海市近郊各县。上海白猪主要是由约克夏、苏联大白猪和太湖猪杂交培育而成。现有生产母猪2万头左右。

（二）**体型外貌** 上海白猪体型中等偏大，被毛白色，体质结实。头面平直或微凹，耳中等大略向前倾，背宽，腹稍大，大腿较丰满，平均乳头数7对。

（三）**生产性能** 上海白猪成年体重，公猪258千克，母猪 177 千克。初产母猪产仔数 9.43 头，经产母猪产仔数 12.93 头。

上海白猪在每千克配合饲料含消化能 11.7 兆焦的营养条件下，体重 20～90 千克阶段日增重 615 克，每千克增重耗配合饲料 3.62 千克。体重 90 千克时屠宰率 70%，眼肌面积 26 厘米²，腿臀比例 27%，胴体瘦肉率 52.5%。

利用杜洛克公猪或大约克夏公猪与上海白猪母猪杂交，一代杂种在每千克配合饲料含消化能 12.56 兆焦、18% 粗蛋白质，自由采食条件下，体重 20～90 千克阶段日增重为 700～750 克，每千克增重耗配合饲料 3.1～3.5 千克。90 千克时屠宰，胴体瘦肉率达 60% 以上。

六、广西白猪

（一）产地和特点　广西白猪是用长白猪、大约克夏猪的公猪与当地陆川猪、东山猪的母猪杂交培育而成。广西白猪的体型比当地猪高、长，肌肉丰满，繁殖力好，生长发育快，饲料利用率好。作为母猪与杜洛克公猪杂交，其杂种猪生长发育快，省饲料，杂种优势明显。

（二）体型外貌　广西白猪头中等长，面侧微凹，耳向前伸。肩宽胸深，背腰平直或稍弓，身躯中等长。腮肉及腹部腩肉较少。全身被毛呈白色。成年公猪平均体重 270 千克，体长 174 厘米；成年母猪平均体重 223 千克，体长 155 厘米。

（三）生产性能　广西白猪出生后 173～184 日龄体重达 90 千克。体重 25～90 千克育肥期，日增重 675 克以上，每千克增重消耗配合饲料 3.62 千克。体重 95 千克屠宰，屠宰率 75% 以上，胴体瘦肉率 55% 以上。据经产母猪 215 窝的统计，平均每胎产仔数 11 头左右，初生窝重 13.3 千克，20 日龄窝重 44.1 千克，60 日龄窝重 103.2 千克。用杜洛克猪公猪配广西白猪母猪，其两品种杂种猪日增重的杂种优势率为 14% 左右，饲料利用率的杂种优势率为 10% 左右；用广西白猪母猪先与长白猪公猪杂交，再用杜洛克猪为终端父本杂交，其三品种杂种猪日增重平均为 646 克，每千克增重消耗配合饲料 3.55 千克。体重 90 千克屠宰，屠宰率 76%，胴体瘦肉率 58% 以上。

第四章
猪的营养和饲料

第一节　猪的常用饲料

猪的常用饲料按分类方法不同可分为能量饲料、蛋白质饲料、青饲料、青贮饲料、粗饲料、矿物质饲料和饲料添加剂等。以下将分述各类饲料的营养特性和利用方法。

一、能量饲料

能量饲料是指粗纤维含量低于 18％、粗蛋白质含量低于 20％的饲料，其营养特性是含有丰富的易于消化的淀粉，是猪所需能量的主要来源。但这类饲料蛋白质、矿物质和维生素的含量低，主要包括禾谷类籽实及其加工副产品、淀粉质的块根块茎等。

（一）禾谷类籽实　禾谷类籽实指禾本科植物成熟的种子，包括有玉米、高粱、大麦、燕麦、小麦、稻谷、小米等。这类饲料的特点是含有丰富的无氮浸出物，占干物质的 70％～80％，其中主要是淀粉，占 80％～90％。其消化率很高，消化能大都在 13 兆焦/千克以上。缺点是蛋白质含量低，为 8.5％～12％。单独使用该类饲料不能满足猪对蛋白质的需要；赖氨酸、蛋氨酸含量也较低；缺钙、缺磷，钙磷比例也不适宜，缺乏维生素 A 和维生素 D。

1. 玉米　玉米是养猪生产中最常用的一种能量饲料，具有很好的适口性，消化率高。在所有能量饲料中，玉米消化能含量最高。粗纤维含量低，仅 2% 左右，而含无氮浸出物为 70% 左右，主要含淀粉，其消化率可达 90% 左右。玉米的脂肪含量为 3.5%~4.5%，是小麦或大麦的 2 倍。玉米亚油酸含量可达 2%，是所有谷实类饲料中含量最高者。亚油酸不能在动物体内合成，只能靠饲料提供，是必需脂肪酸。但玉米的蛋白质含量低，为 8.6% 左右，比小麦、大麦类谷实的含量少，但与高粱、糙大米、碎大米等的含量接近。玉米的氨基酸组成不良，赖氨酸、蛋氨酸和色氨酸不足。因此，用玉米喂猪时，必须与豆粕（饼）、蚕蛹等动、植物性蛋白质饲料配合，以补充蛋白质和氨基酸的不足，才能获得良好的饲养效果。由于玉米的色氨酸含量不足，为使色氨酸得以很好的利用，应在添加剂预混料中增大烟酸或烟酰胺的用量。玉米的核黄素和泛酸含量都较少，烟酸也处于被束缚状态，都需要在配制饲料时注意解决。

2. **高粱** 高粱籽实代谢能水平，因品种而异，壳少的籽实，代谢能水平并不比玉米低多少，是很好的能量饲料。我国东北所产高粱，质量较好。但是，华北区二十多年以来推广的杂交高粱，出粉率不高，含单宁过多，适口性较差，单独饲喂，动物拒食，只能在饲粮中限量使用，一般不超过饲粮的 20%。品质好的高粱籽实，含代谢能 13.81 兆焦/千克，品质差的不及 12.55 兆焦/千克。

高粱的粗脂肪含量不高（2.8%~3.3%），含亚油酸也少，约为 1.13%。蛋白质含量也低，其含量与玉米近似。氨基酸组成的特点与玉米一样，也缺乏赖氨酸、蛋氨酸、色氨酸和苏氨酸。含单宁多的品种，蛋白质消化率明显降低。

3. **大麦** 大麦籽实有两种，带壳者称草大麦，不带壳者称裸大麦。带壳大麦，即通常所说的大麦，其代谢能水平较低，约为 11.51 兆焦/千克。适口性好，含粗纤维 5% 左右，可促进动物肠道的蠕动，使消化机能正常。大麦是猪只较为喜爱的一种饲料。

大麦的蛋白质含量较高，约为 11%，赖氨酸、色氨酸和异亮氨酸的含量都比玉米籽实高，但按动物需要量计算，仍然不足。粗脂肪含量约 2%，脂肪酸中一半以上为亚油酸。

大麦不宜用于仔猪，但若是裸大麦或经脱壳、压片及蒸汽处理后的则可取代部分玉米饲喂仔猪。以大麦喂育肥猪，日增重与玉米相当，但饲料转化率不如玉米。猪饲料中以不超过 25% 为宜。由于大麦脂肪含量低，蛋白质含量高，是猪育肥后期的理想饲料，能获得脂肪白、硬度大、背膘薄、瘦肉多的猪肉。我国著名的金华火腿产区，历史上曾将大麦作为养猪必备的精料之一。

4. 小麦　小麦是我国人民的主食，极少用作饲料。但在某些地区，小麦价格低于玉米，也有用小麦作饲料的。欧洲北部国家的能量饲料主要是麦类，其中小麦的用量较大。

我国小麦的粗纤维含量与玉米相当，粗脂肪含量低于玉米，但蛋白质含量高于玉米，为 14% 左右，是谷实类中蛋白质含量较高者。小麦的能值也较高，为 14.36 兆焦/千克，仅次于玉米。但必需氨基酸含量较低，尤其是赖氨酸含量较低。小麦与玉米一样，钙少磷多，且磷主要是植酸磷（约 1.8%）。微量元素铁、铜、锰、锌的含量较少。小麦含 B 族维生素和维生素 E 多，而维生素 A、维生素 D、维生素 C 极少。

猪对小麦的适口性优于玉米，整粒和碾碎的为好，但磨得过细则不好。在等量取代玉米饲喂育肥猪时，可能因能值低于玉米而降低了饲料的利用率，但可节约部分蛋白饲料，并改善屠体品质，防止背膘变厚。

（二）糠麸类

1. 麦麸　麦麸是小麦的果皮、种皮、糊粉层和未剥脱干净的胚乳粉粒所组成。因具有一定的能值，含粗蛋白质也较多，兼之价格比较便宜，故在饲料中应用广泛。麦麸含 B 族维生素很高。最大缺点是钙少磷多，比例极不平衡（1∶8）。粗纤维含量较多。由于质地蓬松，适口性好，具轻泻性，是妊娠后期和哺乳母猪的良好饲料。喂肥育猪效果稍差，但能产生白色硬体脂。对幼猪喂量不能太多，以免消化不良。麦麸吸水力强，大量干饲容易造成便秘。贮存时注意通风干燥，否则易发霉变质。

2. 次粉　次粉是在小麦加工精面粉时得到的副产品。次粉的规格目前尚未统一，用作饲料时，一般粗蛋白质和粗纤维含量较麦麸稍低，而含无氮浸出物较高，是一种较好的能量饲料。应当注意，由于粒度细、散落性差，在制作配合饲料时容易造成结块现象。在仔猪和生长速度较快的肥育猪日粮中，其比例分别以不超过15％和25％为宜。

3. 米糠　米糠是糙米加工成白米时分离出来的种皮、糊粉层与胚的混合物。加工白米越精，含胚乳物质越多，米糠的能量价值越高。与稻谷及玉米比较，干物质中的粗蛋白质、粗脂肪、粗纤维和粗灰分含量都高。新鲜的米糠适口性好。由于含油脂较多，同时钙少镁多，用量要适当，一般控制在占日粮的25％～30％，过多会引起腹泻，用于育肥猪后期会导致屠体肉质松软。同时米糠不易贮藏，长时间放置会变质。此外，磷多钙少，比例不当。

4. 糠饼　糠饼是米糠榨油后的产品，因蛋白质含量达不到标准，不属于油饼类，故称之为脱脂米糠，其性质由于油脂减少而能量下降，其他和米糠相同。用脱脂米糠喂仔猪适口性好，也不会引起腹泻，较米糠耐贮藏。

（三）淀粉质块根块茎类

1. 甘薯（红苕）　甘薯在其产区是喂猪的常用饲料。产量高，以块根中干物质计算，比水稻、玉米产量高得多。茎叶是良好的青饲料。薯块含水分高且淀粉多，粗纤维少，是很好的能量饲料，但粗蛋白质含量低，钙也较少，富含钾盐。黄心甘薯含胡萝卜素较多。

用薯块喂猪，生喂或熟喂猪都喜食，对肥育猪和母猪，有促进消化和增加乳量的效果。染有黑斑的甘薯有苦味，含有毒性酮，不宜使用。

2. 木薯　木薯是热带多年生灌木，薯块富含淀粉，叶片可以养蚕，制成干粉含有相当多的蛋白质，可以用作猪饲料。

木薯块中含有氰化物 10～370 毫克/千克，多食可使猪只中毒。为了去毒，可削去木薯皮或切成片浸在水中 1～2 日，或切片晒干磨粉，放在无盖锅内煮沸 3～4 小时。在猪日粮中不超过 25%。

木薯的蛋白质中缺乏蛋氨酸、胱氨酸和色氨酸，还有一定量的非蛋白氮，如亚硝酸和硝酸态氮等。

3. 南瓜　南瓜多用作蔬菜，也是喂猪的优质高产饲料。南瓜中无氮浸出物含量高，其中多为淀粉和糖类，还含有丰富的胡萝卜素，各类猪都可喂，特别适于繁殖和泌乳母猪。喂南瓜的肥育猪肉质具有香味，但肉色会发黄。

南瓜应充分成熟时收获，即此时瓜面出现白粉，外皮硬化，瓜梗变硬；过早收获，含水量大，干物质少，适口性差，不耐贮藏。

4. 饲用甜菜　饲用甜菜在我国南北方都有栽培，以北方为主。饲用甜菜中的无氮浸出物主要是糖分（蔗糖），也含有少量淀粉与果胶物质。

甜菜适用于喂肥猪，成年猪日喂量 5.0～7.5 千克，幼猪酌减，切碎或打浆投给。收获的甜菜如立即喂猪，易引起腹泻，须经短暂贮存后再喂，因其中大部分硝酸盐经过贮存可转化为无害的天门冬酰胺。甜菜青贮，一年四季都可喂猪。

二、蛋白质饲料

猪的生长发育和繁殖以及维持生命都需要大量蛋白质，一般通过饲料来供给。若蛋白质供应不能满足需要，就会使猪消瘦，生长停滞，生产性能下降，容易发病，甚至死亡。蛋白质营养的必需性和不可代替性，使蛋白质饲料在养猪生产中占有特别重要的地位。我国养猪生产中主要用作蛋白质饲料的有：植物性蛋白质饲料、动物性蛋白质饲料和单细胞蛋白质饲料三大类。

（一）植物性蛋白质饲料　植物性蛋白质饲料主要来源于榨油工业的副产品和叶蛋白质类饲料，如豆粕（饼）、花生粕（饼）、棉籽粕（饼）、亚麻仁饼、玉米胚芽饼、芝麻饼等。

1. 豆科籽实　豆科籽实常用作饲料的有大豆、豌豆和蚕豆（胡豆）。在我国，大豆的种植面积较大，总产量比豌豆、蚕豆多，添加量为饲料的 30％。这类饲料除具有植物性蛋白质饲料的一般营养特点外，最大的优点是蛋白质品质好，赖氨酸含量接近 2％，与能量饲料配合使用，可弥补部分赖氨酸缺乏的弱点。但该类饲料含硫氨基酸受限。另一特点是脂溶性维生素 A、维生素 D 较缺乏。豌豆、蚕豆的维生素 A 比大豆稍多，B 族维生素也仅略高于谷实类。

豆科籽实含有抗胰蛋白酶、皂角素、血细胞凝集素和引起甲状腺肿的物质，它们影响该类饲料的适口性、消化率以及动物的一些生理过程，这些物质经适当热处理即会失去作用。因此，这类饲料应当熟喂，且喂量不宜过高，一般在饲粮中配给10％～20％。否则，会使肉质变软，影响胴体品质。

2. 大豆饼（粕）　豆粕和豆饼是制油工业不同加工方式的副产品。豆粕是浸提法或预压浸提法去油后的副产物，粗蛋白质含量在 43％～46％。豆饼的加工工艺是经机械压榨浸油，粗蛋白质含量一般在 40％以上。豆粕（饼）是最优质的植物性蛋白质饲料，富含赖氨酸和胆碱，适口性好，易消化等，但蛋氨酸不足，含胡萝卜素、硫胺素和核黄素较少。豆粕（饼）的质量与加工工艺条件有关。品质良好的豆粕颜色应为淡黄色至淡褐色。太深表示加热过度，蛋白质品质变差；太浅可能加热不足，大豆中的抗胰蛋白酶灭活不足，影响消化，使用时易导致仔猪拉稀。未经榨油的大豆经过适当处理（如炒熟、膨化或110℃高温处理数分钟）后，由于富含油脂（18%）和蛋白质（38%），香味浓，可作为猪饲料的良好组成成分。大豆饼（粕）适口性好，不同生理阶段的猪均可食用。仔猪配合饲料中，大豆饼（粕）用量15%～25%；生长育肥猪前期用量10%～25%，后期用量6%～13%，不能过高，否则产生软脂猪肉；妊娠母猪配合饲料中用量4%～12%；哺乳母猪用10%～20%。

3. 菜籽饼（粕）　菜籽饼（粕）是我国南方地区最有潜力的蛋白质饲料资源，年产量近700万吨，其中仅5%～10%用作饲料。

菜籽饼（粕）均含有较高的蛋白质，达34%～38%。氨基酸组成较平衡，含硫氨基酸含量高是其突出的特点，且精氨酸与赖氨酸之间较平衡。

菜籽饼（粕）的粗纤维含量较高，影响其有效能值。菜籽饼粕磷含量较高，磷高于钙，且大部分是植酸磷。微量元素中含铁量丰富，而其他元素则含量较少。

菜籽饼（粕）不脱毒只能限量饲喂，生长育肥猪的配合饲料中用量一般为10%～15%；繁殖母猪配合饲料中用量以3%～5%为宜。在国外，生长育肥猪的用量控制在10%以内，繁殖母猪用量3%。

菜籽饼可用水洗法进行脱毒。具体方法是按菜籽饼与水1：6的比例浸泡1天后换水，连续泡3天后即可喂猪；或按菜籽饼与温水1：4的比例浸泡，保持水温40℃左右，夏季泡1天，冬季泡2天，取出后用清水冲洗过滤两次即可喂猪。

菜籽饼（粕）的蛋白组成中，赖氨酸、蛋氨酸含量较高，精氨酸含量较低，若与棉籽饼（粕）配合使用，可改善饲料营养价值。

4. 棉籽饼（粕）　棉籽饼（粕）在我国产量较多，年产约400万吨，用于饲料的仅占16%左右。因此，棉籽饼（粕）也是一种很有开发潜力的植物性蛋白饲料资源。

棉籽饼（粕）粗蛋白质含量为 36%～41%，氨基酸组成中赖氨酸较缺乏；粗纤维含量为 10%～14%，含消化能 12.13 兆焦/千克左右；矿物质含量很不平衡，钙低（0.16%）、磷高（1.2%）。

棉籽饼（粕）含有游离棉酚等毒素，必须限量饲喂，在猪日粮中不能超过 10%；或先加热脱毒处理后与其他饲料配合饲喂。

5. 花生仁饼（粕） 我国花生仁饼（粕）产量仅次于大豆饼（粕）、菜籽饼（粕），是居第四位植物性蛋白质饲料资源，年产量约 125 万吨，黄淮海平原地区是主产区，年产量约 103 万吨。

花生仁饼（粕）粗纤维含量低，蛋白质含量高，富含精氨酸、组氨酸，但赖氨酸、蛋氨酸较缺乏，是猪喜爱的一种植物性蛋白质饲料。但因其脂肪含量高，且饱和性低，喂量不宜过多。生长肥育猪饲粮中用量不超过 15%，否则胴体软化；仔猪、繁殖母猪的饲量中用量低于 10%为宜。花生仁饼（粕）、鱼粉、血粉等配合饲喂，或加入氨基酸添加剂，以补充赖氨酸和蛋氨酸。

花生仁饼（粕）宜贮藏在低温干燥处，高温高湿条件下易感染黄曲霉而产生黄曲霉毒素，导致猪黄曲霉毒素中毒，干热和蒸煮均无法去毒，幼猪最为敏感。因此，切忌饲喂霉变的花生仁饼（粕）。

6. 葵籽饼（粕） 脱壳向日葵籽饼（粕）蛋白质含量为 36%～40%，粗纤维为 11%左右，但带壳者分别为 20%以下和 22%左右。营养成分与棉籽饼（粕）相似。在蛋白质组成上以蛋氨酸高、赖氨酸低为主要特点（与豆粕相比，蛋氨酸高 53%，赖氨酸低 47%）。与豆粕配合使用时（取代豆粕 50%左右），能使氨基酸互补而得到很好的饲养效果，但不宜作为饲粮中蛋白质的唯一来源。带壳饼（粕）的用量不超过 5%。

7. 芝麻饼（粕） 芝麻饼（粕）的蛋氨酸是所有饼粕中含

量最高的，比豆粕、棉籽粕高 2 倍，比菜籽粕、葵籽粕高 1/3，色氨酸含量也很丰富，粗蛋白质含量高达 40%，粗纤维 8%，矿物质含量丰富。但因种壳中含草酸和植酸，影响矿物质的利用，一般不能作为蛋白质的唯一来源，猪饲粮中的适宜用量为 7.5%。用量达 15% 时，只要与豆饼、鱼粉配合使用，使氨基酸平衡，就也可获得较好的饲喂效果。

8. **玉米面筋粉**　玉米面筋粉是在湿法制造淀粉或玉米糖浆时，原料玉米除去淀粉、胚芽及玉米皮后所剩下的产品，有蛋白质含量 40% 以上和 60% 以上两种。在氨基酸组成中以含大量蛋氨酸、胱氨酸、亮氨酸为特点，但赖氨酸、色氨酸明显不足。用量应限制在 5% 以下为宜。

（二）动物性蛋白质饲料　动物性蛋白质饲料资源十分有限，主要来源于屠宰厂、水产品加工厂和皮革厂的下脚料、鱼粉及蚕蛹等。

1. **鱼粉**　鱼粉的种类很多，因鱼的来源和加工过程不同，饲用价值各异。鱼粉除具有动物性蛋白质饲料的营养特点以外，还富含脂溶性维生素 A 和维生素 D。

通常使用的鱼粉有进口鱼粉和国产鱼粉两种。进口鱼粉粗蛋白质含量在 40% 以上，粗纤维含量 5%～8%，水分含量 10% 左右，质量较好；国产鱼粉粗蛋白质含量多在 40% 以下，粗纤维含量高，且含较多盐分。因此，使用时应分别对待。鱼粉营养价值虽高，但因含脂量较高而易酸败，喂量过多会使猪肉产生鱼腥味。一般饲粮中鱼粉用量为：仔猪 8%～10%，繁殖公母猪 5%～6%，生长肥育猪前期用量 5%～8%，后期用量 3%～5%，宰前 1 个月停用。使用国产鱼粉时要注意检测，防止食盐中毒。

2. **蚕蛹**　蚕蛹除具有动物性蛋白质饲料的一般营养特点以外，脂肪含量较高（10% 以上），具有特殊气味，影响适口性。因产量少，价格高，饲粮中仅使用 3%～5%。

3. **肉粉和肉骨粉**　肉粉是动物炼油的加工副产品，由哺乳动物体组织构成。由于原料来源、加工方法以及掺假情况等不同，品质变化相当大。肉骨粉粗蛋白质含量高达 60% 左右，消化率也高，肉骨粉矿物质含量也很高。肉骨粉不但可以补充及平衡谷物中的氨基酸，更能为猪提供钙、磷及其他微量元素，尤其是猪所需的锌。猪配合日粮以加入 5%～10% 为宜。

4. 血粉　血粉是很有开发潜力的动物性蛋白质饲料之一。据统计，我国每年屠宰肉猪可得血 40 万吨，折合蛋白质 7.2 万吨，相当于 12 万～15 万吨鱼粉，但用作饲料的仅是很少的一部分。

血粉除具有动物性蛋白质饲料的营养特点外，消化率低，异亮氨酸受限。猪配合饲料中可加 5% 左右。近年来推广发酵血粉，发酵既可提高蛋白质的消化率，又可提高日增重 9%～12%，降低饲料消耗。血粉与花生仁饼（粕）或棉籽饼（粕）搭配效果更好。

5. 羽毛粉　羽毛粉是禽类屠宰后干净及未变质的羽毛经过高压处理的产品。羽毛的基本成分为蛋白质，其中主要为角蛋白。在天然状态下角蛋白质不能在胃中消化。现代加工技术将羽毛在高压下蒸汽处理，使羽毛中蛋白质局部水解，从而将羽毛纤维的化学结构分解。以上工序生产的羽毛粉适口性好，可流性强，较易被猪所消化。

现世界已公认羽毛粉为高价值而可靠的饲料资源。如同其他饲料一样，适当加工处理的羽毛粉成分变异低。由于羽毛粉所含蛋白质单一，其所含的氨基酸相对稳定。在生长育肥猪饲料中用量以 3% 左右为宜。

（三）单细胞蛋白质饲料　单细胞蛋白质饲料主要包括一些微生物和单细胞藻类，如各种酵母、蓝藻、小球藻类等。

单细胞蛋白质饲料的营养价值较高，且繁殖特别快，是蛋白质饲料的重要来源，很有开发利用价值。

根据单细胞饲料的营养特点，在猪配合饲料中宜与饼（粕）

类饲料搭配使用，并平衡钙磷比例。

我国发展饲料酵母生产资源丰富，各类糟渣均可用于生产酵母。酵母喂猪效果好。生长育肥猪前、后期饲粮中分别配用6%和4%的酒精酵母，可提高猪日增重和饲料利用率。

（四）氨基酸饲料　氨基酸饲料主要包括赖氨酸、蛋氨酸、苏氨酸和色氨酸。

1. 赖氨酸　赖氨酸是猪饲料中第一限制性氨基酸。在动物性蛋白质饲料和豆饼粕中赖氨酸含量比较高，其余的植物性蛋白质饲料含量比较低。国家标准级赖氨酸盐酸盐为白色或淡褐色粉末，无味或有微特殊气味，易溶于水。在缺乏动物性蛋白质饲料和豆饼（粕）时，必须添加赖氨酸以提高猪的生产性能和饲料利用率。

2. 蛋氨酸　蛋氨酸是猪饲料中第二限制性氨基酸。植物性蛋白质饲料中大部分缺乏蛋氨酸。如果能适量添加蛋氨酸，对日粮氨基酸的平衡，促进猪生长具有良好的作用。通常在饲料中添加的氨基酸是人工合成的蛋氨酸。蛋氨酸和胱氨酸都是含硫氨基酸，猪的需要常用蛋氨酸＋胱氨酸表示。

3. 色氨酸　色氨酸是属于最易缺乏的限制性氨基酸，具有典型的特有气味，为无色或微黄色晶体，溶于水。玉米、肉粉、肉骨粉中色氨酸含量较低，仅能满足猪需要量的60%～70%，大豆饼粕中含量较高。

4. 苏氨酸　苏氨酸是一种必需氨基酸，是幼猪生长阶段的一种限制性氨基酸，在低苏氨酸的日粮中，必须添加苏氨酸，才能保证断奶仔猪的良好发育。

三、糟渣类饲料

糟渣类饲料系指某些食品工业如酿造业、制糖业、制粉业、豆腐坊等的副产品，如粉渣、粉浆、豆腐渣、甜菜渣、糖浆等。糟渣类饲料的营养价值因制作方法不同差异很大。

1. 粉渣　粉渣是淀粉生产过程中的副产物，干物质中主要成分为无氮浸出物、水溶性维生素，蛋白质和钙、磷含量少。鲜粉渣含可溶性糖，经发酵产生有机酸，pH 一般为 4.0～4.6，存放时间越长，酸度越大，易被腐败菌和霉菌污染而变质，丧失饲用价值。用粉渣喂猪必须与其他饲料搭配使用，并注意补充蛋白质和矿物质等营养成分。在猪的配合饲粮中，小猪不超过 30%，大猪不超过 50%，哺乳母猪饲料中不宜加粉渣，尤其是干粉渣，否则乳中脂肪变硬，易引起仔猪下痢。鲜粉渣宜青贮保存，以防止霉败。

2. 豆腐渣　豆腐渣饲用价值高，干物质中粗蛋白质和粗脂肪含量多，适口性好，消化率高。但也含有抗胰蛋白酶等有害因子，宜熟喂。生长育肥猪饲粮中可配入 30% 的豆腐渣，喂量过多会导致屠体脂肪恶化。鲜豆腐渣因水分含量高易酸败变质，宜加入 5%～10% 的碎秸秆青贮保存。

3. 啤酒糟　鲜啤酒糟的营养价值较高，粗蛋白质含量占干重的 22%～27%，粗脂肪占 6%～8%，无氮浸出物占 39%～48%，亚油酸占 3.23%，钙多磷少。鲜啤酒糟含水分 80% 左右，易发酵而腐败变质，直接饲喂效果最好，或青贮一段时间后饲喂，或将鲜啤酒糟脱水制成干啤酒糟再喂。啤酒糟具有大麦芽的芳香味，含有大麦芽碱，适于喂猪，尤其是生长育肥猪，但不宜喂小猪。粗纤维含量较多，在猪饲料中只能用 15% 左右，且宜与青、粗饲料搭配使用。

4. 白酒糟　白酒糟的营养价值因原料和酿造方法不同而有较大差异。由于酒糟是原料发酵提取碳水化合物后的剩余物，粗蛋白质、粗脂肪、粗纤维等成分所占比例相应提高，无氮浸出物含量则相应降低，B 族维生素含量较高。营养物质的消化率与原料相比，没有较大的差异。

白酒糟作为猪饲料可鲜喂、打浆喂或加工成干酒糟饲喂。生长育肥猪饲粮中可加鲜酒糟 20%，干酒糟粉宜控制在 10% 以内。

含有大量谷壳或麦壳的酒糟，用量应减半。酒糟喂猪，营养不全，有"火性饲料"之称，喂量过多易引起便秘或酒精中毒。仔猪、繁殖母猪和种公猪不宜喂酒糟，因酒精会影响仔猪的生长发育和种猪的繁殖力。

5. 酱糟及醋糟　这两种糟的营养价值也因原料和加工工艺不同而有差异，粗蛋白质、粗纤维、粗脂肪含量都较高，无氮浸出物含量较低，维生素也较缺乏。醋糟中含醋酸，有酸香味，能增进猪的食欲，但不能单一饲喂，最好与碱性饲料混喂，防止中毒。酱糟含盐量高，一般为7%左右，适口性差，饲用价值低，但产量较高。酱糟喂猪宜与其他能量饲料搭配使用，同时多喂青绿多汁饲料，防止食盐中毒，生长育肥猪饲粮中用量不超过10%。

四、青 饲 料

凡用作饲料的绿色植物，如人工栽培牧草、野草、野菜、蔬菜类、作物茎叶、水生植物等都可作为猪的青饲料。

（一）**牧草**　牧草的利用因时因地而异。猪可利用的牧草主要有禾本科、豆科、菊科和莎草科四大类。对猪而言，禾本科和豆科牧草适口性好，饲用价值高；菊科和莎草科牧草粗蛋白质含量介于豆科和禾本科之间，但因菊科有特殊气味，莎草科牧草质硬且味淡，饲用价值较低。

1. **豆科牧草**　有苜蓿、紫云英、蚕豆苗、三叶草、苕子等。该类牧草除具有青饲料的一般营养特点外，钙含量高，适口性好。豆科牧草生长过程中，茎木质化较早较快，现蕾期前后粗纤维含量急剧增加，蛋白质消化率急剧下降，从而降低营养价值。因此，用豆科牧草喂猪要特别注意适时刈割。

2. **禾本科牧草**　主要有青饲玉米、青饲高粱、燕麦、大麦、黑麦草等。这类牧草幼苗阶段是猪喜食的青绿饲料。该类牧草富含糖类，蛋白质含量较低，粗纤维含量因生长阶段不同而异，幼嫩期喂猪适口性好，也是调制优质青贮饲料和青干草粉的好材料。

（二）青饲作物 青饲作物包括叶菜类（白菜、甘蓝、牛皮菜等）、根茎叶类（甘薯藤、甜菜叶、瓜类茎叶等）和农作物叶类（油菜叶等）。

该类饲料干物质营养价值高，粗蛋白质含量占干物质的 $16\%\sim30\%$，粗纤维含量变化较大，为 $12\%\sim30\%$。粗纤维含量较低的叶菜类可生喂，粗纤维含量较高的茎叶类可青贮或制成干草粉饲喂。

（三）水生饲料 主要有水浮莲、水葫芦、水花生和水浮萍。含水量特别高，能量价值很低，只在饲料很紧缺时适当补饲，长期饲喂易发生寄生虫病。

五、青贮饲料

青饲料生长有季节性，为了让猪常年吃上青绿饲料，可将青饲料在厌氧条件下经乳酸菌发酵而调制成可保存的青绿多汁饲料。青贮的目的是防止饲料养分继续氧化分解而损失，保质保鲜。

青贮饲料是一种良好的饲料，但不是唯一的饲料，必须按营养需要与其他饲料搭配使用。青贮原料来源极广，常用的有甘薯藤叶、白菜叶、萝卜缨、甘蓝叶、青刈玉米、青草等。豆科植物如苜蓿、紫云英等含蛋白质多，含碳水化合物少，单独青贮效果不佳，应与可溶性碳水化合物多的植物，如甘薯藤叶、青刈玉米等混匀青贮。单独用甘薯藤叶青贮时，因它含可溶性碳水化合物多，贮后酸度过大，应适当加粗糠混贮或分层加粗糠混贮。青贮1个月后即可开封启用，饲用量应逐渐增加。仔猪和幼猪宜喂块根、块茎类青贮饲料。生长肥育猪用量以 $1\sim1.5$ 千克/（日·头）为宜；哺乳母猪以 $1.2\sim2.0$ 千克/（日·头）；妊娠母猪以 $3.0\sim4.0$ 千克/（日·头）为宜，妊娠最后1个月用量减半。

青贮饲料不宜过多饲喂，否则可能因酸度过高而影响胃内酸度或体内酸碱平衡，降低采食量。质量差的青贮饲料按一般用量饲喂，也可能产生不适或引起代谢病。

青贮饲料一旦开封启用，就必须连续取用，用多少取多少。由表及里一层一层取用，使青贮料始终保持一个平面，切忌打洞取用。取料后立即封盖，以防二次发酵或雨水浸入，使青贮料腐烂。发现霉烂变质的青贮饲料，应及时取出抛弃，防止猪食用后中毒。

六、粗 饲 料

凡饲料干物质中粗纤维含量在 18% 以上的一类体积大、质地粗硬、不易消化、营养价值较低的饲料称为粗饲料。这类饲料来源极广，包括青草粉、树叶粉、秸秆粉和秕壳粉。

(一) 青草粉 青草粉是将适时刈割的牧草快速干燥后粉碎而成的青绿色草粉，是重要的蛋白质、维生素饲料资源。优质青草粉在国际市场上的价格比黄玉米高 20% 左右。青草粉的营养特点是：

1. 可消化蛋白质含量高，为 16%～20%，各种氨基酸齐全。

2. 粗纤维含量较高，为 22%～35%，但消化率可达 70%～80%，有机物质消化率 46%～70%。

3. 矿物质、维生素含量丰富。豆科青草粉中，钙含量足以满足动物需要；所含维生素的种类多，有叶黄素、维生素 C、维生素 K、维生素 E、维生素 B_6 等。此外，还含有微量元素及其他生物活性物质。

所以，有人把青草粉称为蛋白、维生素补充料，作用优于精料，是畜禽配合饲料中不可缺少的部分。

根据青草粉的营养特点，可与以禾本科饲料为主的饲料配合使用，以提高饲粮的蛋白质含量。在配合饲粮中加入 15% 的青草粉，稍加饼粕类或动物性饲料，即可使粗蛋白质含量达到畜禽所需要的水平，大大节省粮食。但因青草粉粗纤维含量较高，配合比例不宜过大，2～4 月断奶仔猪宜控制在 10％以内为好。

（二）树叶粉 我国林业青绿饲料资源丰富，可作为饲料的木本植物有 400 余种，适于养猪的有松针、紫穗槐叶、槐树叶、银合欢叶、泡桐叶等。这些树叶可作为青绿饲料喂猪，但更多的是制成树叶粉加以利用。

七、矿物质饲料

来源于无机物的饲料叫矿物质饲料。矿物质又称灰分，如食盐、贝壳粉、骨粉、蛋壳粉、石灰石粉和脱氟磷酸钙等都属于矿物质饲料。

矿物质饲料的主要作用是弥补天然饲料中矿物质的不足，平衡饲料中的矿物质水平。

矿物质饲料的特点是营养物质单纯，用量也小，但不可缺少。配合饲料中常用的矿物质饲料以补充钙、磷、钠、氯为主。微量元素主要有铁、铜、锌、锰、碘、钴和硒等。

钙和磷是猪需要最多的两种矿物元素，占猪体矿物质总量的 65％～70％，其中 90％以上存在于骨骼中。石灰石粉、贝壳粉、蛋壳粉等主要成分是碳酸钙，钙含量为 30％～40％。猪体内每沉积 100 克蛋白质（约相当于 450 克瘦肉的含量）要沉积 6～8 克钙和 2.5～4 克磷。猪对饲粮中钙的吸收率为 30％～60％。生长猪需钙量多，故对钙的吸收率高于需钙量较少的成年猪。猪所吸收钙的 90％均可被利用，从尿中排出的钙仅占所吸收钙的 10％左右。猪对饲粮中含有的磷的吸收率为 50％左右。钙、磷两者按一定比例沉积在骨骼内。因此，饲粮中含有的钙、磷也应保持适当的比例，以保证猪的需要，常用的钙、磷比例为 2∶1。

食盐是钠和氯两种元素的来源，每千克食盐中含钠 380～390 克，含氯 585～602 克。食盐的用量，以占猪日粮风干物质的 0.25%～0.5%为宜。

八、饲料添加剂

饲料添加剂是指那些在常用饲料之外，为补充满足动物生长、繁殖、生产各方面营养需要或为某种特殊目的而加入配合饲料中的少量或微量的物质。其目的在于强化日粮的营养价值或满足养殖生产的特殊需要，如保健、促生长、增食欲、防饲料变质、保存饲料中某些活性物质、破坏饲料中的毒性成分、改善饲料及畜产品品质、改善养殖环境等。广义的饲料添加剂包括营养性和非营养性添加剂两大类。

（一）营养性饲料添加剂

1. 氨基酸添加剂　猪饲料主要是植物性饲料，最缺乏的必需氨基酸是赖氨酸和蛋氨酸。因此，猪用氨基酸添加剂主要有赖氨酸添加剂和蛋氨酸添加剂。这两种氨基酸添加剂都有 L 型和 D 型之分，猪只能利用 L 型赖氨酸，但 D 型和 L 型蛋氨酸却均能被利用。在具体使用时应注意三个问题：第一，适量添加。添加合成氨基酸来降低饲粮中的粗蛋白质水平，应有一定的限度，一般生长前期（60 千克前）粗蛋白质水平不低于 14%，后期不低于 12%。第二，应经济划算。如添加合成氨基酸后饲粮价格过高，经济上不划算，也没有实际意义。第三，人工合成的氨基酸大都是以盐的形式出售，如 L 型赖氨酸盐酸盐，其纯度为 98.5%，而其中 L 型赖氨酸的量只占 78.8%。添加时应注意效价换算。例如，饲料中拟添加 0.1% 的赖氨酸，则每吨饲料中 L 型赖氨酸盐酸盐的添加量为 $1 \div 0.985 \div 0.788 = 1.288$ 千克。

2. 维生素添加剂　随着集约化养猪的发展，长年不断而又大量地供给青绿饲料越来越受到了限制，因此，在饲粮中添加维生素添加剂，得到日益广泛的应用。现常用的维生素添加剂有维生素 A、维生素 D_3、维生素 E、维生素 K_3、B 族维生素（氯化胆碱、烟酸、泛酸、生物素）等。生产中多采用复合添加剂形式配制，把多种维生素配合加入饲粮中，其添加量仔猪为 0.2%～0.3%，肥育猪为 0.1%～0.2%。配制复合维生素时应注意维生素间的相互作用。

3. 微量元素添加剂　微量元素添加剂为常用添加剂，从化工商店买饲料级即可（不一定非要分析纯或化学纯）。目前，我国养猪生产中添加的微量元素主要有铁（Fe）、铜（Cu）、锰（Mn）、锌（Zn）、钴（Co）、硒（Se）、碘（I）等。饲料中的微量元素是由添加的矿物质盐类提供，其需要量只是对某元素（例如铁）的需要量，而不是对矿物质盐（硫酸亚铁）的需要量。作为添加剂使用时，必须注意以下两点：第一，充分粉碎，均匀混合。加入全价料中须先经石灰石粉等先稀释，后混合。第二，实际含量。不同产品，化学结构不同，杂质含量各异，应注意该元素在产品中的实际含量。部分元素在不同化学结构中的含量是有差异的，要根据矿物质盐中所含元素量计算出所需用该盐类的数量。常用微量元素化合物含量换算见表 4-1。

表 4-1　常用微量元素化合物中纯元素含量换算表

纯元素	化合物名称	纯元素含量（%）
铁	硫酸亚铁	20.1
	氧化铁	28.1
铜	硫酸铜	25.5
锌	硫酸锌	22.7
	氧化锌	62.1
锰	硫酸锰	22.8
	氧化锰	77.4
钴	硫酸钴	20.1
	氧化钴	69.9
碘	碘化钾	76.4
硒	亚硒酸钠	30
	硒酸钠	21.1

（二）非营养性饲料添加剂 非营养性饲料添加剂虽不是饲料中的固有营养成分，本身也没有营养价值，但却有特殊的、明显的维护机体健康、促进生长和提高饲料利用率等作用。

目前，属于这类添加剂的品种繁多，在实践中应用也不一致。对这种添加剂不应理解为配合饲料所必需的，但为了取得某种特定效果，它却是重要手段。

1. **抑菌促生长剂** 属于抑菌促生长的添加剂有抗生素类抑菌药物、砷制剂、高铜制剂等（表4-2）。这类物质的作用主要是抑制猪消化道内的有害微生物的繁殖，促进消化道的吸收能力，提高猪对营养物质的利用，或影响猪体内代谢速度，从而促进生长。

表4-2 允许使用的药物饲料添加剂

名　　称	含量规格	用法与用量（1 000千克饲料中添加量）	休药期	商品名
杆菌肽锌预混剂	10%或15%	4～40克（4月龄以下）		
黄霉素预混剂	4%或8%	仔猪10～25克，肥育猪5克		富乐旺
维吉尼亚霉素预混剂	50%	20～50克	1天	速大肥
喹乙醇预混剂	5%	1 000～2 000克，禁止用于体重超过35千克的猪	35天	
阿美拉霉素预混剂	10%	4月龄以内200～400克，4～6月龄100～200克		效美素
盐霉素钠预混剂	5%，12%，45%，50%	25～75克	5天	优素精赛可喜
硫酸黏杆菌素预混剂	2%，4%，10%	仔猪2～20克	7天	抗敌素
吉他霉素预混剂	2.2%，11%，55%	促生长，5～55克；防治疾病，80～330克，连用5～7天	7天	
金霉素预混剂	10%，15%	25～75克	7天	

名　　称	含量规格	用法与用量 （1 000千克饲料中添加量）	休药期	商品名
恩拉霉素预混剂	4%，8%	2.5～20克	7天	
杆菌肽锌、硫酸黏杆菌素预混剂	杆菌肽锌5%，硫酸黏杆菌素1%	2月龄以下2～40克，4月龄以下2～20克	7天	万能肥素

　　抗生素作为饲料添加剂已有50余年的历史。实践证明，抗生素对保护动物健康、促进生长和提高饲料利用率有一定效果。特别是在养殖环境较差、饲料水平较低时效果显著。20世纪60年代以后，抗生素作为添加剂使用引起了争论。首先是病原菌产生抗药性问题，由于长期使用抗生素会使一些细菌产生抗药性，而这些细菌又可把抗药性传给病原微生物，从而影响人畜疾病的防治。其次是抗生素在畜产品中的残留问题。残留有抗生素的肉类等畜产品，在食品烹调过程中不能完全使其"钝化"，影响人类健康。第三是有些抗生素有致突变、致畸和致癌作用。

　　因此，在使用抗生素饲料添加剂时，要注意下列事项。

　　第一，最好选用动物专用的、吸收和残留少的、不产生抗药性的品种。

　　第二，严格控制使用剂量，保证使用效果，防止不良副作用。

　　第三，抗生素的作用期限要作具体规定。研究证明，抗生素在动物体内蓄积到一定水平后就不再蓄积，此时食入量与排泄量呈平衡状态，如果停药，则体内残留的抗生素可以逐步排出。大多数抗生素消失时间需3～5天，故一般规定在屠宰前7天停止添加。

　　2. 驱虫保健剂　　驱虫保健剂主要用于预防和治疗猪寄生虫病。寄生于猪体的寄生虫，不仅大量消耗营养物质，而且使猪的健康和生产受到严重的危害。驱虫药一般需多次投药。第一次只能杀灭成虫或驱成虫，其后杀灭或驱赶卵中孵出的幼虫。在驱虫期间，畜舍要勤打扫，以防排出体外的成虫与虫卵再次进入猪体内。以饲料添加剂的形式连续用药，有较好的驱虫效果，是在大群体、高密度饲养管理条件下，预防和控制寄生虫方便而有效的方法。

目前我国批准使用的猪用驱虫性抗生素，只有两个品种即越霉素 A 和潮霉素 B。

此外，近年研制开发的阿维菌素、伊维菌素也是高效安全的体内外驱虫抗生素，但目前我国尚未批准作为饲料添加剂使用。

3. 微生态制剂　微生态制剂又名活菌制剂、生菌剂、益生素，即动物食入后，能在消化道中生长、发育或繁殖，并起有益作用的活体微生物饲料添加剂。这是自 1970 年以来为替代抗生素饲料添加剂开发的一类具有防止消化道疾病，降低幼畜死亡率，提高饲料利用效率，促进动物生长等作用，天然无毒，安全无残留，副作用少的饲料添加剂。这类产品在国外已开始应用。可选作活菌制剂的微生物种类很多，主要的菌种有乳酸杆菌属、链球菌属、双歧杆菌属、某些芽孢杆菌、酵母菌、无毒的肠道杆菌和肠球菌等，多来自土壤、腌制品和发酵食品、动物消化道、动物粪便的无毒菌株。在生产和选用这类产品时，绝对不能引入有毒、有害菌株；产品必须稳定存活且对消化道环境和饲料加工、贮存等因素有较强的抵抗能力。使用活菌制剂获得理想效果的关键是猪食入活菌的数量，一般认为每克日粮中活菌（或孢子）数以 $2 \times 10^5 \sim 2 \times 10^6$ 为佳。此外，与活菌制剂的菌种、动物所处的环境条件有关。当动物处于因断奶、饲料改变、运输等引起的应激状态或其消化道中存在着抑制动物生长的菌群时，使用活菌制剂效果才比较明显。

研究证明，在动物的消化道内存在的正常微生物群落对宿主具有营养、免疫、生长刺激和生物颉颃等作用，是维持动物良好健康状况和发挥正常生产性能所必需的条件。近年来，已开始采用寡糖等通过化学益生作用调控动物消化道的微生物群落组成。这些寡糖包括果寡糖、甘露寡糖、麦芽寡糖、异麦芽寡糖、半乳糖寡糖等。大量研究表明，在饲料中适量添加寡糖，可以提高猪生长速度，改善其健康状况，提高饲料利用率和免疫力，减少粪便及粪便中氨等腐败物质含量。

4. 酶制剂　猪对饲料养分的消化能力取决于消化道内消化酶的种类和活力。研究和实践证明，适合猪消化道内环境的外源酶能起到内源酶同样的消化作用。饲料中添加外源酶可以辅助猪消化，提高猪的消化力，能够改善饲料利用率，扩大对饲料物质的利用，扩大饲料资源，消除饲料抗营养因子和毒素的有害作用，全面促进饲粮养分的消化、吸收和利用，提高猪的生产性能和增进健康，减少粪便中的氮和磷等排出量，保护和改善生态环境等。

作为饲料添加剂的酶制剂多是帮助消化的酶类，主要有蛋白酶类、淀粉酶类、纤维素分解酶类、植酸酶等。

目前多从发酵培养物中提取酶，制成饲料添加剂，也有连同培养物直接制成添加剂的。由于酶活性受许多因素的影响，其作用具有高度的特异性。为了适应底物的多样性、复杂性和动物消化道内 pH 环境的变化，根据使用对象和使用目的的要求，选用不同来源、不同 pH 环境适应性的酶配制成的多酶系复合酶制剂，适应范围广，作用能力强，在饲料中的添加效果好，是较理想的酶添加剂产品。

5. 调味、增香、诱食剂　这种添加剂是为了增进动物食欲，或掩盖某些饲料组分的不良气味，或增加动物喜爱的某种气味，改善饲料适口性，增加饲料采食量。作为调味剂的基本要求是：第一，加入饲料后饲料的味道或气味更适合猪的口味，从而刺激猪食欲，提高采食量；第二，调味剂的味道或气味必须具有稳定性，在正常的加工贮存条件下，味道或气味既不被挥发掉，又不致变成另一种不被动物喜爱的味道或气味。

调味剂有天然和合成两大类，主要活性成分包括：香草醛、肉桂醛、茴香醛、丁香醛、果酯及其他物质。商品调味剂除含有提供特殊气味和味道的活性物外，一般还含有如助溶剂、表面活性剂、稳定剂、载体或稀释剂、抗黏剂等非活性的辅助剂。

饲料调味剂产品有固体和液体两种形式。液体形式的饲料调味剂为多种不同浓度的溶液，其溶剂的种类取决于活性物质的可溶性，一般有油、脂肪酸、水、丙二醇或它们的混合物。其添加方法通常是以喷雾法直接喷附在颗粒饲料表面或其饲料中，但这种添加方法对于饲料中香料的香气不能持久，故多用于浆状或液体饲料中。固体调味剂通常是以稻壳粉、玉米芯粉、麦麸粉以及蛭石等作为载体的粉状混合物。有的香料调味剂制成胶囊，可提高稳定性，延长香气持续时间。干燥固体调味剂较液体调味剂具有稳定性好，使用方便，不需喷雾设备，且易装运、贮存等优点。但液体调味剂一般较便宜、经济，添加于颗粒饲料方便，效果好。生产上需根据需要选用。

调味剂主要用于人工乳、代乳料、补乳料和仔猪开食饲料，使仔猪不知不觉地脱离母乳，促进采食，防止断奶期间生产性能下降。添加的香料主要为乳香型、水果香型，此外还有草香、谷实香等。常添加的除牛人工乳中的香源外，还有柑橘油、香兰素以及类似烧土豆、谷物类的香味都是猪所喜爱的。一般断奶前先在母猪饲料中添加，使仔猪记住香味，再加入人工乳中。开始以乳香型为主，随着日龄的增加，逐渐增加柑橘等果香味香料，后期逐渐转为炒谷物、炒黄豆等，使其逐渐转为开食料。

（三）其他非营养性生长促进剂 包括铜制剂、有机砷制剂等。如每吨日粮添加 150～250 克铜，可提高日增重 8% 左右，提高饲料利用率 5% 左右。

我国允许使用的饲料添加剂见表 4-3。

表 4-3 饲料添加剂允许使用品种目录

类　别	饲料添加剂名称
饲料级氨基酸（7种）	L-赖氨酸盐酸盐，DL-蛋氨酸，DL-羟基蛋氨酸，DL-羟基蛋氨酸钙，N-羟甲基蛋氨酸，L-色氨酸，L-苏氨酸
饲料级维生素（26种）	β-胡萝卜素，维生素 A，维生素 A 乙酸酯，维生素 A 棕榈酸酯，维生素 D_3，维生素 E，维生素 E 乙酸酯，维生素 K_3（亚硫酸氢钠甲萘醌），二甲基嘧啶醇亚硫酸甲萘醌，维生素 B_1（盐酸硫胺），硝酸硫胺，维生素 B_2（核黄素），维生素 B_6，烟酸，烟酰胺，D-泛酸钙，DL-泛酸钙，叶酸，维生素 B_{12}（氰钴胺），维生素 C（L-抗坏血酸），L-抗坏血酸钙，L-抗坏血酸-2-磷酸酯，D-生物素，氯化胆碱，L-肉碱盐酸盐，肌醇
饲料级矿物质、微量元素（46种）	硫酸钠，氯化钠，磷酸二氢钠，磷酸氢二钠，磷酸二氢钾，磷酸氢二钾，碳酸钙，碳酸氢钙，氯化钙，磷酸钙，乳酸钙，七水硫酸镁，一水硫酸镁，氧化镁，氯化镁，七水硫酸亚铁，一水硫酸亚铁，三水乳酸亚铁，六水柠檬酸亚铁，富马酸亚铁，甘氨酸亚铁，蛋氨酸铁，五水硫酸铜，一水硫酸铜，蛋氨酸铜，七水硫酸锌，一水硫酸锌，蛋氨酸锌，氧化锌，一水硫酸锰，氧化锰，碘化钾，碘酸钾，碘酸钙，六水氯化钴，一水氯化钴，亚硒酸钠，酵母铜，酵母铁，酵母锰，酵母硒，酵母铬，烟酸铬，吡啶铬
饲料级酶制剂（12类）	蛋白酶（黑曲霉，枯草芽孢杆菌），淀粉酶（地衣芽孢杆菌，黑曲霉），支链淀粉酶（嗜酸乳杆菌），果胶酶（黑曲霉），脂肪酶，纤维素酶，麦芽糖酶（枯草芽孢杆菌），木聚糖酶（腐质霉），β-葡聚糖酶（黑曲霉，枯草芽孢杆菌），甘露聚糖酶（缓慢芽孢杆菌），植酸酶（黑曲霉，米曲霉），葡萄糖氧化酶（青霉）
饲料级微生物添加剂（11种）	干酪乳杆菌，植物乳杆菌，粪链球菌，乳酸片球菌，枯草芽孢杆菌，纳豆芽孢杆菌，嗜酸乳杆菌，乳链球菌，啤酒酵母菌，产朊假丝酵母，沼泽红假单胞菌
抗氧化剂（4种）	乙氧基喹啉，二丁基羟基甲苯（BHT），丁基羟基茴香醚（BHA），没食子酸丙酯
防腐剂、电解质平衡剂（25种）	甲酸，甲酸钙，甲酸铵，乙酸，双乙酸钠，丙酸，丙酸钙，丙酸钠，丙酸铵，丁酸，乳酸，苯甲酸，苯甲酸钠，山梨酸，山梨酸钠，山梨酸钾，富马酸，柠檬酸，酒石酸，苹果酸，磷酸，氢氧化钠，碳酸氢钠，氯化钾，氢氧化铵
着色剂（6种）	β-阿朴-8-胡萝卜素醛，辣椒红，β-阿朴-8-胡萝卜素酸乙酯，虾青素，β-胡萝卜素，4-二酮，叶黄素

类　　别	饲料添加剂名称
调味剂、香料 （6类）	糖精钠，谷氨酸钠，5-肌苷酸二钠，5-鸟苷酸二钠，血根碱，食品用香料均可用作饲料添加剂
黏结剂、抗结块剂和稳定剂 （13种）	α-淀粉，海藻酸钠，羧甲基纤维素钠，丙二醇，二氧化硅，硅酸钙，三氧化二铝，蔗糖脂肪酸酯，山梨醇酐脂肪酸酯，甘油脂肪酸酯，硬脂酸钙，聚氧乙烯山梨醇酐脂肪酸酯，聚丙烯酸树脂

第二节　猪的饲养标准与营养需要

一、猪的饲养标准

（一）基本概念

1. 饲养标准　指猪在一定生理生产阶段，为达到某一生产水平和效率，每头每日供给的各种营养物质的种类和数量或每千克饲料中各种营养物质的含量或百分比。它加有安全系数（高于最低营养需要），并附有相应饲料成分及营养价值表。

2. 营养需要　指猪对各种营养物质的最低需要量，它反映的是群体平均需要量，未加安全系数。生产实际中应根据具体情况适当上调，满足猪对各种营养物质的实际需要量。

3. 营养供给量　根据猪的最低营养需要量，结合生产实际，加上保险系数后的人为供应量。它能保证群体大多数猪只的营养需要得到满足，安全系数过高也容易造成浪费。

（二）饲养标准的用途
饲养标准的用途主要是作为配合日粮、检查日粮以及对饲料厂产品检验的依据。它对于合理有效利用各种饲料资源，提高配合饲料质量，提高养猪生产水平和饲料效率，促进整个饲料行业和养殖业的快速发展具有重要作用。

（三）**饲养标准的形式**　猪的饲养标准是以营养科学的理论为基础，以科学实验和生产实践的结果为依据制订的。它是理论与实际结合的产物，具有很高的科学性和实用性。

世界上许多国家都制订有本国猪的饲养标准，例如我国1983年制订的《肉脂型猪的饲养标准》，1984年制订的《瘦肉型生长肥育猪的饲养标准》；美国国家研究委员会（NRC）1998年发表的第十版《猪的营养需要》、英国农业科委（ARC）1981年发表的第二版《猪的营养需要》。具有代表性的饲养标准有美国NRC《猪的营养需要》、英国ARC《猪的营养需要》和中国《肉脂型猪的饲养标准》等，营养需要和饲养标准的区别是前者为最低需要量，未加保险系数，后者为实际生产条件下的营养需要，加有保险系数。

二、猪的营养需要

养猪生产过程中，将猪划分为仔猪、生长猪（肥育猪和后备猪）、妊娠母猪、哺乳母猪和种公猪。不同生理阶段的猪营养需要不同。

（一）**仔猪的营养需要**　仔猪从出生到体重20千克左右可分为两个阶段，即初生至断奶的哺乳阶段，断奶到转群的保育阶段。

仔猪处于生长快、消化机能不完善而正在发育的阶段。哺乳仔猪体重最明显的变化是体脂猛增，出生时为1%～2%，到4周龄可达到18%，所以，仔猪对营养要求很高。在3周龄前，仔猪日增重不到200克，母猪的乳汁能满足需要；从3周龄起，只吃母乳已不能满足需要，需补料。仔猪对补饲料营养水平要求高，补饲料含消化能不能低于13.28兆焦/千克、粗蛋白质20%，断奶后保育期可降至18%。初生后2～3日龄还需要补铁150～200毫克。仔猪每日营养需要量及每千克饲粮中营养成分分别列于表4-4和表4-5。

表 4-4　肉脂型仔猪每日每头营养需要量

指 标 项 目	猪体重（千克）		
	1～5	5～10	10～20
预期日增重（克）	160	280	420
采食风干料量（千克）	0.20	0.46	0.91
消化能（兆焦）	3.35	7.03	12.59
代谢能（兆焦）	3.01	6.40	11.59
粗蛋白质（克）	54	100	175
赖氨酸（克）	2.8	4.6	7.1
蛋氨酸＋胱氨酸（克）	1.6	2.7	4.6
苏氨酸（克）	1.6	2.7	4.6
异亮氨酸（克）	1.8	3.1	5.0
钙（克）	2.0	3.28	5.8
磷（克）	1.6	2.9	4.9
食盐（克）	0.5	1.2	2.1
铁（毫克）	33	67	71
锌（毫克）	22	48	71
锰（毫克）	0.9	1.9	2.7
铜（毫克）	1.3	2.9	4.5
碘（毫克）	0.03	0.07	0.13
硒（毫克）	0.03	0.08	0.13
维生素 A（国际单位）	476	1 056	1 563
胡萝卜素（毫克）	1.9	4.2	6.3
维生素 D（国际单位）	48	106	107
维生素 E（国际单位）	2.4	5.3	9.8
维生素 K（毫克）	0.43	1.06	1.96
维生素 B_2（毫克）	0.65	1.44	2.68
烟酸（毫克）	4.8	10.6	16.1
泛酸（毫克）	2.9	6.2	9.8
维生素 B_{12}（微克）	4.8	10.6	13.23
维生素 B_1（毫克）	0.29	0.62	0.98
生物素（毫克）	0.03	0.05	0.09
叶酸（毫克）	0.13	0.29	0.54

表 4-5　肉脂型仔猪每千克饲粮中养分含量

指 标 项 目	猪体重（千克）		
	1～5	5～10	10～20
预期日增重（克）	160	280	420
饲料/增重（千克）	1.25	1.66	2.17
增重/饲料（千克）	800	600	462
消化能（兆焦）	16.74	15.15	13.85
代谢能（兆焦）	15.15	13.85	12.76
粗蛋白质（%）	27	22	19
赖氨酸（%）	1.4	1.00	0.78
蛋氨酸＋胱氨酸（%）	0.8	0.59	0.51
苏氨酸（%）	0.8	0.59	0.51
异亮氨酸（%）	0.9	0.67	0.55
钙（%）	1.0	0.83	0.64
磷（%）	0.80	0.63	0.54
食盐（%）	0.25	0.26	0.23
铁（毫克）	165	146	78
锌（毫克）	110	104	78
锰（毫克）	4.5	4.1	3.0
铜（毫克）	6.0	6.3	4.9
碘（毫克）	0.15	0.15	0.14
硒（毫克）	0.15	0.17	0.14
维生素 A（国际单位）	2 380	2 276	1 718
胡萝卜素（毫克）	9.3	9.1	6.9
维生素 D（国际单位）	240	228	197
维生素 E（国际单位）	12	11	11
维生素 K（毫克）	2.2	2.2	2.2
维生素 B_2（毫克）	3.3	3.1	2.9
烟酸（毫克）	24	23	18
泛酸（毫克）	15	13.4	10.8
维生素 B_{12}（微克）	24	23	15
维生素 B_1（毫克）	1.5	1.3	1.1
生物素（毫克）	0.15	0.11	0.10
叶酸（毫克）	0.65	0.63	0.59

（二）生长猪的营养需要　生长猪包括生长育肥猪和后备种猪，都是处于生长发育阶段，但育肥猪是生产猪肉，而后备猪是

配种繁殖，两类猪的营养需要既有共同点又各有差异。

1. 生长育肥猪 主要是要求用生长速度、饲料利用率和瘦肉率来体现生长育肥猪的效益。体重20～100千克这一生长过程中，多划分为生长期和肥育期两个阶段，一般以体重20～60千克（肉脂型为50千克）为生长期，后为肥育期。生长期要求能量和蛋白质水平高，促进肌肉和体重增长，肥育期则控制能量，减少脂肪沉积。

肥育猪饲粮含消化能12.55～13.28兆焦/千克，粗蛋白质水平在生长期为16％～18％，肥育期为13％～14％。以谷实、豆饼为基础的生长肥育饲粮，补加0.1％～0.15％赖氨酸，饲粮粗蛋白质水平可下降2个百分点。生长育肥猪每日营养需要量及每千克饲料含量见表4-6至表4-9。

表4-6 肉脂型生长育肥猪每日每头营养需要量

指标项目	猪体重（千克）		
	20～35	35～60	60～90
预期日增重（克）	500	600	650
采食风干料量（千克）	1.52	2.20	2.83
饲料/增重（千克）	3.04	3.67	4.35
增重/饲料（千克）	329	273	230
消化能（兆焦）	19.71	28.54	36.69
代谢能（兆焦）	18.33	26.61	34.23
粗蛋白质（克）	243	308	368
赖氨酸（克）	9.7	12.3	14.7
蛋氨酸＋胱氨酸（克）	6.4	8.1	7.9
苏氨酸（克）	6.1	7.9	9.6
异亮氨酸（克）	7.0	9.0	10.3
钙（克）	3.4	11.0	13.0
磷（克）	7.0	9.1	10.5
食盐（克）	4.6	6.6	8.5
铁（毫克）	84	101	105
锌（毫克）	84	101	105
锰（毫克）	3	4	6
铜（毫克）	6	7	6

指标项目	猪体重（千克）		
	20～35	35～60	60～90
碘（毫克）	0.20	0.29	0.37
硒（毫克）	0.23	0.33	0.28
维生素 A（国际单位）	1 812	2 622	3 359
维生素 D（国际单位）	278	301	323
维生素 E（国际单位）	15	22	28
维生素 K（毫克）	2.7	4.0	5.1
维生素 B_1（毫克）	1.5	2.0	2.8
维生素 B_2（毫克）	3.6	4.4	5.7
烟酸（毫克）	20.0	24.0	20.0
泛酸（毫克）	15.0	22.0	28.0
生物素（毫克）	0.14	0.30	0.36
叶酸（毫克）	0.84	1.21	1.56
维生素 B_{12}（微克）	15.0	22.0	28.0

表 4-7 肉脂型生长育肥猪每千克饲粮中养分含量

指标项目	猪体重（千克）		
	20～35	35～60	60～90
消化能（兆焦）	13.97	12.97	12.97
代谢能（兆焦）	12.05	12.09	12.09
粗蛋白质（%）	16	14	13
赖氨酸（%）	0.64	0.56	0.52
蛋氨酸＋胱氨酸（%）	0.42	0.37	0.28
苏氨酸（%）	0.41	0.36	0.34
异亮氨酸（%）	0.46	0.41	0.38
钙（%）	0.55	0.50	0.46
磷（%）	0.46	0.41	0.37
食盐（%）	0.30	0.30	0.30
铁（毫克）	55	46	37
锌（毫克）	55	46	37
锰（毫克）	2	2	2
铜（毫克）	4	3	3
碘（毫克）	0.16	0.13	0.13
硒（毫克）	0.15	0.15	0.10
维生素 A（国际单位）	1 192	1 192	1 187
维生素 D（国际单位）	183	137	114
维生素 E（国际单位）	10	10	10

指标项目	猪体重（千克）		
	20～35	35～60	60～90
维生素 K（毫克）	1.8	1.8	1.8
维生素 B$_1$（毫克）	1.0	1.0	1.0
维生素 B$_2$（毫克）	2.4	2.0	2.0
烟酸（毫克）	13.0	11.0	9.0
泛酸（毫克）	10.0	10.0	10.0
生物素（毫克）	0.09	0.09	0.09
叶酸（毫克）	0.55	0.55	0.55
维生素 B$_{12}$（微克）	10.0	10.0	10.0

注：每千克饲料的能量可按±2%浮动，粗蛋白质含量也等比例浮动。

表 4-8　瘦肉型生长育肥猪每日每头营养需要量

指标项目	猪体重（千克）				
	1～5	5～10	10～20	20～60	60～90
预期日增重（克）	160	280	420	550	700
采食风干料量（千克）	0.20	0.46	0.91	1.69	2.71
消化能（兆焦）	3.35	7.00	12.59	21.95	35.15
代谢能（兆焦）	3.20	6.70	11.62	21.07	33.80
粗蛋白质（克）	54	101	173	270	379
赖氨酸（克）	2.80	4.60	7.01	12.70	17.10
蛋氨酸＋胱氨酸（克）	1.60	2.70	4.60	6.40	8.70
苏氨酸（克）	1.60	2.70	4.60	7.60	10.30
异亮氨酸（克）	1.80	3.10	5.00	6.90	9.20
精氨酸（克）	0.70	1.20	2.09	3.90	4.90
钙（克）	2.00	3.80	5.80	10.10	13.60
磷（克）	1.60	2.90	4.90	8.50	10.80
食盐（克）	0.50	1.20	2.10	3.90	6.80
铁（毫克）	33	67	71	101	136
锌（毫克）	22	48	71	186	244
铜（毫克）	1.30	2.90	4.50	7.90	10.20
锰（毫克）	0.90	1.90	2.70	3.70	6.80
碘（毫克）	0.03	0.07	0.13	0.24	0.38
硒（毫克）	0.03	0.08	0.23	0.51	0.33
维生素 A（国际单位）	480	1 050	1 560	2 080	3 320
维生素 D（国际单位）	50	105	179	319	320

指标项目	猪体重（千克）				
	1～5	5～10	10～20	20～60	60～90
维生素 E（国际单位）	2.40	5.10	10.00	16.90	27.10
维生素 K（毫克）	0.44	1.00	2.00	3.40	5.40
维生素 B₁（毫克）	0.30	0.60	1.00	1.69	2.70
维生素 B₂（毫克）	0.66	1.40	2.60	4.20	5.70
烟酸（毫克）	4.80	10.60	16.40	22.00	24.90
泛酸（毫克）	3.00	6.20	9.80	16.90	27.10
生物素（毫克）	0.03	0.05	0.09	0.15	0.21
叶酸（毫克）	0.13	0.30	0.54	0.96	1.54
维生素 B₁₂（微克）	4.80	10.60	13.70	16.90	27.10

注：磷的给量中应有30%无机磷或动物性饲料来源的磷。

表4-9　瘦肉型生长育肥猪每千克饲料中养分含量

指标项目	猪体重（千克）				
	1～5	5～10	10～20	20～60	60～90
消化能（兆焦）	16.74	15.15	13.85	12.97	12.97
代谢能（兆焦）	15.15	13.85	12.76	12.47	12.47
粗蛋白质（%）	27	22	19	16	14
赖氨酸（%）	1.40	1.00	0.78	0.75	0.63
蛋氨酸＋胱氨酸（%）	0.80	0.59	0.51	0.38	0.32
苏氨酸（%）	0.80	0.59	0.51	0.45	0.38
异亮氨酸（%）	0.90	0.67	0.55	0.41	0.34
精氨酸（%）	0.36	0.28	0.23	0.23	0.18
钙（%）	1.00	0.83	0.64	0.60	0.50
磷（%）	0.80	0.63	0.54	0.50	0.40
食盐（%）	0.25	0.26	0.23	0.23	0.25
铁（毫克）	165	146	78	60	50
锌（毫克）	110	104	78	110	90
铜（毫克）	6.50	6.30	4.90	4.36	3.75
锰（毫克）	4.50	4.10	3.00	2.18	2.50
碘（毫克）	0.15	0.15	0.14	0.14	0.14
硒（毫克）	0.15	0.17	0.25	0.30	0.28
维生素 A（国际单位）	2 380	2 276	1 718	1 230	1 225
维生素 D（国际单位）	240	228	197	189	118
维生素 E（国际单位）	12	11	11	10	10

指标项目	猪体重（千克）				
	1～5	5～10	10～20	20～60	60～90
维生素 K（毫克）	2.20	2.20	2.00	2.00	2.00
维生素 B$_1$（毫克）	1.50	1.30	1.10	1.00	1.00
维生素 B$_2$（毫克）	3.30	3.10	2.90	2.50	2.10
烟酸（毫克）	24	23	18	13	9
泛酸（毫克）	15.0	13.4	10.8	10.0	10.0
生物素（毫克）	0.15	0.11	0.10	0.09	0.09
叶酸（毫克）	0.65	0.65	0.59	0.57	0.57
维生素 B$_{12}$（微克）	24	23	15	10	10

注：每千克饲料的能量可按±0.2%浮动，粗蛋白质含量也等比例浮动。

2. **后备猪** 要求生长发育正常，到配种时又不过肥。对国外引进品种可以有两种处理：一是按生长育肥猪饲养，到配种前2个月限饲以控制肥度；二是在整个培育期按标准限量饲喂，其生长速度控制在8～9月龄配种时体重达100～120千克。地方猪种沉积脂肪早，需限制饲养，以防配种时过肥。后备猪的营养需要及每千克饲粮养分含量见表4-10和表4-11。

表4-10　后备猪每日每头营养需要量

指标项目	小型猪体重（千克）			大型猪体重（千克）		
	10～20	20～35	35～60	20～35	35～60	60～90
预期日增重（克）	320	380	360	400	480	440
采食风干料量（千克）	0.90	1.20	1.70	1.26	1.80	2.10
消化能（兆焦）	11.30	15.06	20.05	15.82	22.22	25.48
代谢能（兆焦）	10.46	14.23	19.25	14.64	20.71	23.48
粗蛋白质（克）	144	168	221	202	252	273
赖氨酸（克）	6.3	7.4	8.8	7.8	9.5	10.1
蛋氨酸＋胱氨酸（克）	4.1	4.8	5.8	5.0	6.3	7.1
苏氨酸（克）	4.1	4.8	5.8	5.0	6.1	6.5
异亮氨酸（克）	4.5	5.4	6.5	5.7	6.8	7.1
钙（克）	5.4	7.2	10.2	7.6	10.8	12.6
磷（克）	4.5	6.0	8.8	6.5	9.0	10.5
食盐（克）	3.6	4.8	6.8	5.0	7.2	

指标项目	小型猪体重（千克）			大型猪体重（千克）		
	10～20	20～35	35～60	20～35	35～60	60～90
铁（毫克）	64	64	73	67	79	80
锌（毫克）	64	64	73	113	162	80
铜（毫克）	4.5	4.8	5.1	5.0	5.4	6.3
锰（毫克）	1.8	2.4	3.4	2.5	3.6	4.2
碘（毫克）	0.13	0.17	0.24	0.18	0.25	0.29
硒（毫克）	0.14	0.18	0.26	0.33	0.47	0.32
维生素 A（国际单位）	1 400	1 500	1 900	1 460	2 020	2 331
维生素 D（国际单位）	160	210	220	220	234	242
维生素 E（国际单位）	9	12	17	13	18	21
维生素 K（毫克）	1.8	2.4	3.4	2.5	3.6	4.2
维生素 B_1（毫克）	0.9	1.2	1.7	1.3	1.8	2.1
维生素 B_2（毫克）	2.4	2.8	3.4	2.9	3.6	4.0
烟酸（毫克）	9.5	12.6	17.0	15.1	18.0	18.9
泛酸（毫克）	9.0	12.0	17.0	13.0	18.0	21.0
生物素（毫克）	0.08	0.11	0.15	0.11	0.16	0.19
叶酸（毫克）	0.50	0.60	0.80	0.60	0.90	0.10
维生素 B_{12}（微克）	12.0	12.0	17.0	13.0	18.0	21.0

注：后备公猪的营养需要可在"大型"的基础上增加 10%～20%。

表 4-11　后备母猪每千克饲料中养分含量

指标项目	小型猪体重（千克）			大型猪体重（千克）		
	10～20	20～35	35～60	20～35	35～60	60～90
消化能（兆焦）	12.55	12.55	12.13	12.55	12.34	12.13
代谢能（兆焦）	11.63	11.72	11.34	11.63	11.51	11.34
粗蛋白质（%）	16	14	13	16	14	13
赖氨酸（%）	0.70	0.62	0.52	0.62	0.53	0.48
蛋氨酸＋胱氨酸（%）	0.45	0.40	0.34	0.40	0.35	0.34
苏氨酸（%）	0.45	0.40	0.34	0.40	0.34	0.31
异亮氨酸（%）	0.50	0.45	0.38	0.45	0.38	0.34

指标项目	小型猪体重（千克）			大型猪体重（千克）		
	10～20	20～35	35～60	20～35	35～60	60～90
钙（%）	0.6	0.6	0.6	0.6	0.6	0.6
磷（%）	0.5	0.5	0.5	0.5	0.5	0.5
食盐（%）	0.4	0.4	0.4	0.4	0.4	0.4
铁（毫克）	71	53	43	53	44	38
锌（毫克）	71	53	43	53	44	38
铜（毫克）	5	4	3	4	3	3
锰（毫克）	2	2	2	2	2	2
碘（毫克）	0.14	0.14	0.14	0.14	0.14	0.14
硒（毫克）	0.15	0.15	0.15	0.15	0.15	0.15
维生素 A（国际单位）	1 560	1 250	1 120	1 160	1 120	1 110
维生素 D（国际单位）	178	178	130	178	130	115
维生素 E（国际单位）	10	10	10	10	10	10
维生素 K（毫克）	2	2	2	2	2	1
维生素 B_1（毫克）	1	1	1	1	1	1.9
维生素 B_2（毫克）	2.7	2.3	2.0	2.3	2.0	1.9
烟酸（毫克）	16	12	10	12	10	9
泛酸（毫克）	10	10	10	10	10	10
生物素（毫克）	0.09	0.09	0.09	0.09	0.09	0.09
叶酸（毫克）	0.5	0.5	0.5	0.5	0.5	0.5
维生素 B_{12}（微克）	13	10	10	10	10	10

（三）母猪的营养需要

1. **妊娠母猪** 对妊娠母猪的营养供给的要求是保证胎儿发育，提高仔猪初生重和母猪产后泌乳的营养贮备。妊娠母猪增重约 40 千克，其中子宫内容物约 20 千克，胎儿的体重主要是在妊娠 80 天后增长，可以妊娠 80 天为界分为妊娠前期和妊娠后期，妊娠后期营养需要大于妊娠前期。在一个繁殖周期中，妊娠加上配种期约占 2/3 时间，以较少的饲料维持母猪的正常繁殖，是种猪生产中降低成本的重要技术环节。妊娠母猪的每日营养需要量及每千克饲粮养分含量见表 4-12 和表 4-13。

表 4－12　妊娠母猪每日每头营养需要量

指标项目	妊娠前期体重（千克）				妊娠后期体重（千克）			
	≤90	90～120	120～150	≥150	≤90	90～120	120～150	≥150
采食风干料量（千克）	1.50	1.70	1.90	2.00	2.00	2.20	2.40	2.50
消化能（兆焦）	17.57	19.92	22.26	23.43	23.43	25.77	28.12	29.29
代谢能（兆焦）	16.65	18.87	21.09	22.18	22.18	24.39	26.61	27.81
粗蛋白质（克）	165	187	209	220	240	264	288	300
赖氨酸（克）	5.30	6.00	6.70	7.00	7.20	7.90	8.60	9.00
蛋氨酸＋胱氨酸（克）	2.90	3.20	3.60	3.80	3.80	4.20	4.50	4.70
苏氨酸（克）	4.20	4.80	5.30	5.60	5.60	6.20	6.70	7.00
异亮氨酸（克）	4.70	5.30	5.90	6.20	6.20	6.80	7.40	7.80
钙（克）	9.2	10.4	11.6	12.2	12.2	13.4	14.6	15.3
磷（克）	7.4	8.3	9.3	9.8	9.8	10.8	11.8	12.3
食盐（克）	4.8	5.4	6.1	6.4	6.4	7.0	8.0	8.0
铁（毫克）	98	111	124	130	130	143	156	163
锌（毫克）	63	71	80	84	84	92	101	105
铜（毫克）	6	7	8	8	8	9	10	10
锰（毫克）	12	14	14	16	16	18	19	20
碘（毫克）	0.16	0.13	0.12	0.22	0.22	0.24	0.27	0.28
硒（毫克）	0.20	0.20	0.25	0.26	0.26	0.29	0.31	0.33
维生素 A（国际单位）	4 800	5 440	6 100	6 400	6 600	7 260	7 920	8 250
维生素 D（国际单位）	240	272	304	320	320	352	384	400
维生素 E（国际单位）	12	14	15	16	16	18	19	20
维生素 K（毫克）	2.6	2.9	3.2	3.4	3.4	3.7	4.1	4.3
维生素 B_1（毫克）	1.2	1.4	1.5	1.6	1.6	1.8	1.9	2.0
维生素 B_2（毫克）	3.8	4.3	4.8	5.0	5.0	5.5	6.0	6.3
烟酸（毫克）	12.0	14.0	15.0	16.0	16.0	18.0	19.0	20.0
泛酸（毫克）	14.6	16.5	18.4	19.4	19.6	21.6	23.5	24.5
生物素（毫克）	0.12	0.14	0.15	0.16	0.16	0.18	0.20	0.20
叶酸（毫克）	0.75	0.85	0.95	1.04	1.00	1.10	1.20	1.30
维生素 B_{12}（微克）	12	20	23	24	26	29	31	33

表 4 - 13   妊娠母猪每千克饲粮中养分含量

指标项目	妊娠前期	妊娠后期
消化能（兆焦）	11.72	11.72
代谢能（兆焦）	11.09	11.09
粗蛋白质（%）	11.0	12.0
赖氨酸（%）	0.35	0.36
蛋氨酸＋胱氨酸（%）	0.19	0.19
苏氨酸（%）	0.28	0.28
异亮氨酸（%）	0.31	0.31
钙（%）	0.61	0.61
磷（%）	0.49	0.49
食盐（%）	0.32	0.32
铁（毫克）	65	65
锌（毫克）	42	42
铜（毫克）	4	4
锰（毫克）	8	8
碘（毫克）	0.11	0.11
硒（毫克）	0.13	0.13
维生素 A（国际单位）	3 200	3 300
维生素 D（国际单位）	160	160
维生素 E（国际单位）	8	8
维生素 K（毫克）	1.7	1.7
维生素 B_1（毫克）	0.8	0.8
维生素 B_2（毫克）	2.5	2.5
烟酸（毫克）	8.0	8.0
泛酸（毫克）	9.7	9.8
生物素（毫克）	0.08	0.08
叶酸（毫克）	0.5	0.5
维生素 B_{12}（微克）	12	13

2. 哺乳母猪　哺乳母猪营养需要较高，随仔猪体重大小和带仔多少有差别，带仔多的母猪泌乳量多。母猪泌 1 千克乳需消化能 8.37 兆焦，以每头仔猪每日吃乳 0.5 千克计，母猪每天泌乳 5 千克就需消化能 41.84 兆焦，母猪还需维持正常生命活动的营养，所以，哺乳母猪营养需要由泌乳和维持两部分需要组成。体重 150～180 千克、带仔 10 头的瘦肉型母猪，每日需消化能

62.76 兆焦。一般体重地方品种母猪约需 46 兆焦，粗蛋白质 14.5% 能满足需要。哺乳母猪营养需要量及每千克饲粮养分含量见表 4-14 和表 4-15。

表 4-14　哺乳母猪每日每头营养需要量

指标项目	母猪体重（千克）			
	120 以下	120～150	150～180	180 以上
采食风干料量（千克）	4.80	5.00	5.20	5.30
消化能（兆焦）	58.21	60.67	63.10	64.30
代谢能（兆焦）	56.23	58.58	60.92	62.09
粗蛋白质（克）	672	700	728	742
赖氨酸（克）	24	25	26	27
蛋氨酸＋胱氨酸（克）	14.9	15.5	16.1	16.4
苏氨酸（克）	17.8	18.5	19.2	19.6
异亮氨酸（克）	15.8	16.5	17.2	17.5
钙（克）	30.7	32.0	33.3	33.9
磷（克）	21.6	22.5	23.4	23.9
食盐（克）	21.1	22.0	22.9	23.3
铁（毫克）	336	350	364	371
锌（毫克）	211	220	229	233
铜（毫克）	21	22	23	23
锰（毫克）	38	40	42	42
碘（毫克）	0.58	0.60	0.62	0.64
硒（毫克）	0.43	0.45	0.47	0.48
维生素 A（国际单位）	8 160	8 500	8 840	9 010
维生素 D（国际单位）	826	860	894	912
维生素 E（国际单位）	38	40	42	42
维生素 K（毫克）	8.0	8.5	8.8	9.0
维生素 B_1（毫克）	4.3	4.5	4.7	4.8
维生素 B_2（毫克）	12.5	13.0	13.5	13.8
烟酸（毫克）	43.0	45.0	47.0	48.0
泛酸（毫克）	48.0	50.0	52.0	53.0
生物素（毫克）	0.43	0.45	0.47	0.48
叶酸（毫克）	2.4	2.5	2.6	2.7
维生素 B_{12}（微克）	62	65	68	69

表 4-15　哺乳母猪每千克饲粮中养分含量

指标项目	需要量	指标项目	需要量
消化能（兆焦）	12.13	碘（毫克）	0.12
代谢能（兆焦）	11.72	硒（毫克）	0.09
粗蛋白质（克）	14	维生素 A（国际单位）	1 700
赖氨酸（克）	0.5	维生素 D（国际单位）	172
蛋氨酸＋胱氨酸（克）	0.37	维生素 E（国际单位）	9
苏氨酸（克）	0.33	维生素 K（毫克）	1.7
异亮氨酸（克）	0.31	维生素 B_1（毫克）	0.9
钙（克）	0.64	维生素 B_2（毫克）	2.6
磷（克）	0.46	烟酸（毫克）	9
食盐（克）	0.44	泛酸（毫克）	10
铁（毫克）	70	生物素（毫克）	0.09
铜（毫克）	4.4	叶酸（毫克）	0.5
锌（毫克）	44	维生素 B_{12}（微克）	13
锰（毫克）	8		

（四）种公猪的营养需要　公猪要保持种用体况、性欲旺盛、精力充沛、配种能力强、精液品质优良，合理营养供给是基础。蛋白质水平是影响精液品质的重要因素之一。培育期公猪、青年公猪和配种期公猪饲粮粗蛋白质水平应保持 14%，成年公猪和非配种期公猪为 12%，每千克饲粮消化能 12.35 兆焦，还要注意其他营养的供给。种公猪营养需要见表 4-16 和表 4-17。

表 4-16　种公猪每日每头营养需要量

指标项目	种公猪体重（千克）		
	90 以下	90～150	150 以上
采食风干料量（千克）	1.4	1.9	2.3
消化能（兆焦）	17.57	23.85	28.87
代谢能（兆焦）	16.86	22.89	22.70
粗蛋白质（克）	196	228	276
赖氨酸（克）	5.3	7.2	8.7
蛋氨酸＋胱氨酸（克）	3.1	3.8	4.6
苏氨酸（克）	4.2	5.7	6.9
异亮氨酸（克）	4.6	6.3	7.6
钙（克）	9.2	12.5	15.2
磷（克）	7.4	10.1	12.2

指标项目	种公猪体重（千克）		
	90 以下	90～150	150 以上
食盐（克）	5.0	6.7	8.1
铁（毫克）	99	135	163
锌（毫克）	62	84	101
铜（毫克）	7	10	12
锰（毫克）	13	17	21
碘（毫克）	0.17	0.23	0.28
硒（毫克）	0.18	0.25	0.30
维生素 A（国际单位）	4 943	6 709	8 182
维生素 D（国际单位）	248	336	407
维生素 E（国际单位）	12.5	16.9	20.5
维生素 K（毫克）	2.5	3.4	4.1
维生素 B_1（毫克）	1.3	1.7	2.1
维生素 B_2（毫克）	3.6	4.9	6.0
烟酸（毫克）	12.5	16.9	20.5
泛酸（毫克）	14.8	20.1	24.4
生物素（毫克）	0.13	0.17	0.21
叶酸（毫克）	0.73	1.00	1.20
维生素 B_{12}（微克）	18.6	25.4	30.6

注：配种前 1 个月，标准增加 20%～30%。冬季严寒期，标准增加 10%～20%。

表 4-17　种公猪每千克饲粮中养分含量

指标项目	需要量	指标项目	需要量
消化能（兆焦）	12.55	碘（毫克）	0.12
代谢能（兆焦）	12.05	硒（毫克）	0.13
粗蛋白质（克）	12.0 (14.0)*	维生素 A（国际单位）	3 531
赖氨酸（克）	0.38	维生素 D（国际单位）	177
蛋氨酸＋胱氨酸（克）	0.20	维生素 E（国际单位）	8.9
苏氨酸（克）	0.30	维生素 K（毫克）	1.8
异亮氨酸（克）	0.33	维生素 B_1（毫克）	2.6
钙（克）	0.66	维生素 B_2（毫克）	0.9
磷（克）	0.53	烟酸（毫克）	8.9
食盐（克）	0.35	泛酸（毫克）	10.6
铁（毫克）	71	生物素（毫克）	0.09
铜（毫克）	5	叶酸（毫克）	0.52
锌（毫克）	44	维生素 B_{12}（微克）	13.3
锰（毫克）	9		

* 90 千克以下采用的蛋白质含量。

三、猪的饲料配合

（一）配合饲料　　配合饲料是根据猪的饲养标准（营养需要），将多种饲料（包括饲料添加剂）按一定比例和规定的加工工艺配制成的均匀一致、营养价值完全的饲料产品。

配合饲料按照营养构成、饲料形态、饲喂对象等可以分成很多种类。

1. **按营养成分和用途分类**　　按营养成分和用途，将配合饲料分成添加剂预混料、浓缩饲料和全价配合料。

（1）**添加剂预混料**　　指用一种或几种添加剂（如微量元素、维生素、氨基酸、抗生素等）加上一定数量的载体或稀释剂，经充分混合而成的均匀混合物。根据构成预混料的原料类别或种类，又分为微量元素预混料、维生素预混料和复合添加剂预混料。预混料既可供养猪生产者用来配置猪的饲粮，又可供饲料厂生产浓缩饲料和全价配合饲料。市售的添加剂预混料多为复合添加剂预混料，一般添加量为全价日粮的 0.25%～3%，具体用量应根据实际需要或产品说明书确定。

（2）**浓缩饲料**　　是由添加剂预混料、常量矿物质饲料和蛋白质饲料按一定比例混合而成的饲料。泰国习惯叫料精。养猪场或养猪专业户用浓缩料加入一定比例的能量饲料（玉米、麸皮等）即配制成可直接喂猪的全价配合饲料。浓缩饲料一般占全价配合饲料的 20%～30%。

（3）**全价配合饲料**　　浓缩饲料加上一定比例的能量饲料，即可配制成全价配合饲料。它含有猪需要的各种养分，不需要添加任何饲料或添加剂，可直接喂猪。

2. **按饲料物理形态分类**　　根据制成的最终产品的物理形态分成粉料、湿拌料、颗粒料、膨化料等。

3. **按饲喂对象分类**　　按饲喂对象可将饲料分成乳猪料、断奶仔猪料、生长猪料、肥育猪料、妊娠母猪料、泌乳母猪料、公猪料等。

（二）**饲料配合的原则**　按照猪常用营养需要成分及营养价值表，选用几种当地生产较多和价格便宜的饲料制成混合饲料，使它所含的养分符合饲养标准所规定的各种营养物质的数量，这一过程称饲料配合。饲料配合的原则如下。

1. 因地制宜，因时制宜，尽量利用本地区现有饲料资源，力求多样化，保证营养物质全面，提高饲料的利用率。

2. 注意饲料的适口性，避免选用发霉、变质或有毒的饲料。

3. 考虑猪的消化生理特点，注意饲料中粗纤维所占比例不要过多，以免影响消化，降低饲料价值。

4. 选择饲料要注意经济的原则，尽量选用营养丰富、质量优良而价格低廉的饲料。

5. 配合饲料最好现配现用，不应放置时间过长，尤其是多阴雨天气的南方地区，以防饲料变质。

（三）**饲料配合的方法**　饲料配合方法很多，最常用的是人工试差法，即根据猪的不同生理阶段的营养要求和饲养标准，初步选定原料，根据经验粗略配制一个配方（大致比例），然后根据饲料成分及营养价值表计算配方中各饲料的养分含量，将计算的养分分别加起来，与饲养标准相比较，看是否符合或接近。如果某养分比规定的要求过高或过低，则需对配方进行调整，直至与标准相符为止。现在已有许多配方软件，采用计算机配方，加快了配方的速度。

人工试差法比较简单，容易掌握，计算不复杂，适于在广大农村地区推广使用。

配料前要熟悉各种饲料在配方中的大致配合比例。

根据大量实践，可参考如下比例的范围：谷实类饲料55％～70％、糠麸类10％～20％、饼类10％～25％、动物性饲料3％～7％、矿物质饲料1.5％～2％、干草粉2％～5％。

下面以给 30～60 千克体重的瘦肉型商品育肥猪配饲料为例，介绍配料的方法和步骤。

1. 查看有关饲养标准，查得该猪的营养标准，见表 4 - 18。

表 4 - 18   30～60 千克育肥猪的饲养标准

营养类别	可消化能（兆焦/千克）	粗蛋白质（%）	钙（%）	磷（%）
营养水平	12.6～13	16	0.8	0.6

2. 已知本地区现有饲料种类为玉米、高粱、大麦、麸皮、豆饼、鱼粉、骨粉和食盐粉。

3. 初步按经验拟制一个饲料配方，如玉米 45%、高粱 10%、大麦 13%、麸皮 6.5%、豆饼 18%、鱼粉 5%、骨粉 2%、盐 0.5%。

4. 查看饲料成分表，得知各饲料营养成分，见表 4 - 19。

表 4 - 19   各饲料营养成分表

饲料类别	可消化能（兆焦/千克）	粗蛋白质（%）	粗纤维（%）	钙（%）	磷（%）
玉米	14	8.5	1.3	0.02	0.21
高粱	13.9	8.5	1.5	0.09	0.36
大麦	12.1	10.5	6.5	0.08	0.30
豆饼	13.5	41.6	4.5	0.32	0.50
国产鱼粉	11.4	53.6	—	3.10	1.17
麸皮	11.0	13.5	10.4	0.22	1.09
骨粉				3.12	13.46

5. 根据饲料成分表和按初步拟定的饲料配方，计算出各饲料的营养含量，见表 4 - 20。

表 4 - 20   按饲料配比算出营养含量表

饲料类别	配合比例（%）	可消化能（兆焦/千克）	粗蛋白质（%）	钙（%）	磷（%）
玉米	45	14×0.45=6.3	8.5×0.45=3.83	0.02×0.45=0.009	0.21×0.45=0.094
高粱	10	13.9×0.10=1.39	8.5×0.10=0.85	0.09×0.10=0.009	0.36×0.10=0.036
大麦	13	12.1×0.13=1.57	10.5×0.13=1.365	0.08×0.13=0.10	0.36×0.13=0.039
豆饼	18	13.5×0.18=2.43	41.6×0.18=7.488	0.32×0.18=0.057	0.50×0.18=0.09

饲料类别	配合比例（%）	可消化能（兆焦/千克）	粗蛋白质（%）	钙（%）	磷（%）
鱼粉	5	11.4×0.05＝0.57	53.6×0.05＝2.68	3.10×0.05＝0.155	1.17×0.05＝0.058
麸皮	6.5	11.0×0.065＝0.715	13.5×0.065＝0.087 7	0.22×0.065＝0.014	1.09×0.065＝0.070
骨粉	2			30.12×0.02＝0.60	13.46×0.02＝0.27
食盐	0.5			0.60	0.27
合计	100	12.99	17.1	0.84	0.59

按表 4-20 计算，与饲养标准比较，可以看出，能量基本符合要求，钙和磷与要求基本接近，但从饲料成本考虑，蛋白质水平稍有偏高，这就可以适当进行调整。调整的方法是，把含蛋白质量高的鱼粉稍加下调，即由原来的 5% 调到 3%，把含能量较低和蛋白质较低的麸皮上调，即由原来的 6.5% 调到 8.5%。经调整后，再按调整的比例计算营养含量。

调整后的饲料比例，见表 4-21。

表 4-21　调整后的各饲料比例

饲料	玉米	高粱	大麦	豆饼	鱼粉	麸皮	骨粉	盐
配比（%）	45	10	13	18	3	8.5	2	0.5

调整后各饲料营养含量，见表 4-22。

表 4-22　调整配方后计算的营养含量

饲料种类	配合比例（%）	每千克饲料中营养含量			
		可消化能（兆焦/千克）	粗蛋白质（%）	钙（%）	磷（%）
玉米	45	6.3	3.83	0.009	0.094
高粱	10	1.39	0.85	0.009	0.036
大麦	13	1.57	1.36	0.01	0.039
豆饼	18	2.43	7.48	0.057	0.09
鱼粉	3	0.57	53.6×0.03＝1.60	3.10×0.03＝0.09	1.7×0.03＝0.51
麸皮	8.5	0.72	13.5×0.085＝1.140	0.22×0.085＝0.018	1.09×0.085＝0.092
骨粉	2				0.27
食盐	0.5				
合计	100	12.9	16.25	0.79	0.67

经过调整后再计算，所得结果，基本符合该猪营养需要的标准。

饲料配合人工试差法，只要经过几次练习，很快就会运用自如。

（四）工业饲料产品类型

1. 预混合饲料　又称预混料，是由一种或多种营养性添加剂（如氨基酸、维生素、微量元素）和非营养性添加剂（如促生长剂、保健剂、抗氧化剂等）与某种载体，按配方要求比例均匀配制而成。这部分在全价配合饲料中比例很小，一般在配合饲料中添加 $0.5\% \sim 4\%$，但却是配合饲料的核心，具有补充营养，促进生长、繁殖，预防疾病，保护饲料品质，改善猪肉的产品质量等作用。

2. 浓缩饲料　又称蛋白质补充饲料，是由蛋白质饲料和复合预混合饲料等组成。猪的浓缩料要求粗蛋白质 30% 以上，矿物质和维生素的含量也高于配合饲料标准的 3 倍以上。因此，浓缩料不能直接喂猪，应按照说明与一定比例的能量饲料搭配后才能喂猪。

3. 全价配合饲料　指能够满足猪全部的营养物质需要的配合饲料。它是按照猪的饲养标准配制，充分满足猪的各项营养指标，可以直接用来喂猪。

（五）工业饲料产品的品质鉴定　饲料品质鉴定是饲料科学的重要组成部分。对饲料的品质鉴定通常要在具备足够仪器设备的实验室里进行。这里仅介绍一些简易方法，供养猪专业户参考。

1. 感官经验鉴定法　经常接触饲料的人对判别饲料的好坏有丰富的经验，这些经验主要包括以下四个方面。

（1）观察　看饲料颜色形状是否正常，可区别有没有杂质异物的掺入，如豆饼中常掺入玉米胚芽饼，鱼粉中常掺入菜籽饼、棉仁饼等；还可发现是否有结块发霉现象。

（2）品尝　用舌尖舔一舔或品尝一下味道是否正常，有无异常刺激味，如品尝豆饼，可判断生熟程度，是否掺沙、米糠等物质；鱼粉掺食盐，可通过尝到的咸味程度来判断大致含盐量。

（3）嗅闻　用鼻子嗅闻一下饲料是否具备固有的饲料气味。如果偏离了固有气味，可能有掺杂兑假现象；如果有霉味、氨味或腐败气味，则说明饲料已经变质。

（4）触摸　可用来感知判别饲料是否干燥，有无细微的杂质异物。

以上几方面的经验只有在实践中综合运用，不断摸索，才能逐步提高鉴别判断能力。

2. 比重、溶解性测定法　比较贵重的饲料原料，如多维素、氨基酸、鱼粉等掺假现象比较严重，而且掺假方法也很多，可以根据各种饲料的比重、溶解性情况，结合其他方法进行判断。在鉴定鱼粉是否掺细沙或粉碎的棉籽壳、花生壳、稻糠等物时，可用比重法测定。方法是用一透明玻璃杯，将水和鱼粉倒入搅拌，细沙的比重大，迅速沉底，糠壳比重小而浮于水面。鉴定氨基酸掺假时，可用溶解性法。将水和氨基酸倒入一透明玻璃杯中搅拌，如果掺有面粉等不溶性物质，很快会发生沉淀；如果掺入葡萄糖等物质，虽能很快溶解，但品尝有甜味。

3. 化学鉴定法　鱼粉掺尿素时，利用实验室常规分析蛋白质的方法分析不出来，可用生黄豆粉（或生豆浆）的方法来鉴定。用一个透明玻璃杯，加入温水（不要超过 45℃）、鱼粉、少量黄豆粉或生豆浆，搅拌，加盖。过 15 分钟后打开，立即嗅闻有无氨气味道，有氨味则说明鱼粉掺有尿素。原因是生黄豆粉含有一种尿素分解酶，这种酶能催化尿素分解，放出氨气。检查豆饼的热处理情况，也可采用同样试验。方法是取 10 份粉碎的豆饼，加入 1 份尿素和 5 份水，混匀加盖，15 分钟后嗅闻，如果闻不到氨味，表明豆饼已经过热处理，可以直接利用；若嗅到氨味，表明豆饼热处理不彻底，需补加热处理后方可使用。

此外，鱼粉中还常掺入玉米粉等含淀粉多的一类饲料。鉴定时可在透明玻璃杯内放入少量鱼粉，再加入碘化钠（钾），如果出现明显的蓝色，则表明鱼粉中掺入了玉米粉等含淀粉物质。

第五章
猪 的 繁 殖 技 术

第一节　猪的配种

一、配种适期

掌握配种适期，是提高受胎率和产仔数的关键。配种适期可以从以下几方面确定。

1. 根据发情时间　母猪排卵一般在发情开始后的 24～36 小时，持续 10～15 小时。卵子在输卵管内仅在 8～12 小时内有受精能力。交配后，精子在母猪生殖道内运行需经 2～3 小时才能达到受精地点，精子在母猪生殖道内能存活 10～20 小时。据此推算，配种宜在母猪排卵前 2～3 小时，即在母猪发情后的19～30 小时。配种过早过晚，均会降低受胎率和产仔数。

2. 根据外部表现　当母猪的发情征状由盛转弱，出现性欲渐降，阴部充血肿胀逐渐消退，阴门变成淡红、微皱，间或有变成紫红的，阴门较干，流出的黏液黏稠，常沾有垫草，表情迟滞，喜欢静卧，按压背腰部出现"静止反射"等特征时，为配种适期。

另外，根据个体的年龄差异和品种的不同，我国劳动人民总结出"老配早、小配晚、不老不小配中间"，以及"培育品种早配、本地品种晚配、杂种猪居中间"的配种经验。在这里所谓的早，是指常规的配种时间提前，而晚则是配种时间后推。

二、配种方式

按照母猪在一个发情期内的配种次数，配种方式分为以下几种方式。

1. 单次交配　在情期内只用一头公猪（或精液）给母猪配种一次，称为单次交配。由于这种配种方式往往因配种适期掌握不好而配不上种，降低情期受孕率和产仔数。

2. 重复配　在情期内用同一头公猪（或精液）先后两次给母猪配种。具体做法是在母猪发情开始后的 20～30 小时时配种一次，间隔 8～12 小时后，再配种一次。这种方式由于进行了两次配种，对配种适期掌握不准的问题做了弥补，因而能提高情期受孕率和每窝产仔数。同时，配种所用的是同一头种公猪（或精液），因而不会混淆血统关系，育种场和商品场都可以采用这种配种方式。

3. 双重配　在一个情期内用两个品种的两头公猪（或精液），或同一品种的两头公猪（或精液）先后间隔 5～10 分钟给母猪各配种一次。双重配的情期受胎率和产仔数均高于单次配种。但是，双重配混淆了血统关系，无法分辨仔猪血统，在商品猪场可以采用，而育种场则不能采用这种方式配种。

三、配种方法

配种方法分为自然交配和人工授精两类。目前大多数种猪场主要采用人工授精技术。

自然交配：又称本交，它是让公母猪直接完成交配。自然交配又分为自由交配和人工辅助交配两种。自然交配的方法是让公猪和发情待配的母猪同关于一圈内，让其自由交配。自然交配的方法省事，但不能控制交配的次数，不能充分利用优秀公猪个体，同时很容易传播生殖道疾病，本法不宜推广使用。

人工辅助交配：是在人工辅助下，让公母猪完成交配。方法是选择远离公猪舍、安静、平坦的场地为交配场所。先将母猪赶入场地，然后赶入指定的适配公猪，当公猪爬跨上母猪后，将母猪尾巴拉向一侧，便于公猪阴茎插入阴道，必要时还可人工辅助插入。如果公母猪体格大小相差较大，为防止意外事故，交配场地可选择一斜坡。若母猪体格大，公猪站在高处；母猪体格小，让公猪站在低处。在公猪爬跨上母猪时，必要时辅以人工扶持，以防止公猪压伤母猪。

公母猪交配的时间应在饲喂前或饲喂后 2 小时进行。交配完毕，忌让公猪立即下水洗澡或卧在阴湿地方。遇风雨天，交配宜在室内进行，夏天宜在早晚凉爽时段进行。

第二节　猪的人工授精

一、人工授精的优越性

人工授精是指用人工方法，将公猪精液采出后，经过严格的检查处理，再用器械将精液输入母猪生殖器官的一种配种方法。人工授精有以下优点：

可以充分利用种公猪，减少公猪饲养量，降低养猪生产成本。

可以提高母猪情期受胎率和产仔数。因为人工授精所用精液都是经过严格检查的，能保证质量，配种可以适时掌握。

可以防止传染病传播，同时克服公母猪体格差异造成的交配困难。因为只有健康的公猪才能用作人工授精，阻断了传染源。同时人工授精时，公母猪并不接触，既减少了疾病传播的机会，又克服了本交的困难。

通过精液的运输，使配种不受地区和时间限制，尤其在边远山区，可以送精上门，为农户所养母猪配种，方便了群众。

由于人工授精技术有以上优点，目前已成为现代畜牧业的重要技术之一，它对促进畜牧业生产向着现代化方向发展起着重要作用。在我国养猪生产中，人工授精技术已得到广泛的应用。

二、公猪的训练

瘦肉型后备公猪一般 4～5 月龄开始性发育，而 7～8 月龄左右进入性成熟。国内一般的养猪企业，后备公猪 6 月龄左右、体重达 90～100 千克时结束测定，此时是决定公猪去留的时间，但还不能进行采精调教。准备留作采精用的公猪，从 7～8 月龄开始调教，效果比从 6 月龄就开始调教要好得多，一是缩短调教时间；二是易于采精。

调教公猪采精是一件比较困难而又细致的工作。进行后备公猪调教的工作人员，要有足够的耐心，不可操之过急，遇到自己心情不好、时间不充足或天气不好的情况下，不要进行调教，因这时容易将自己的坏心情强加于公猪身上而达到发泄的目的。

对于不喜欢爬跨或第一次不爬跨的公猪，要帮助其树立信心，多进行几次调教。不能轻易打公猪或用粗鲁的动作干扰公猪。若调教人员态度温和，方法得当，调教时自己发出一种类似母猪叫声的声音或经常抚摸公猪，久而久之，调教人员的一举一动或声音就会成为公猪行动的指令，并使公猪顺从地爬跨母猪台、射精和跳下母猪台。显然，一个采精人员的成功是和自己的素质分不开的。

调教时，应先调教性欲旺盛的公猪。公猪性欲的好坏，一般可通过咀嚼唾液的多少来衡量，唾液越多，性欲越旺盛。对于那些对假母猪台或母猪不感兴趣的公猪，可以让它们在旁边观望或在其他公猪配种时观望，以刺激其提高性欲。

对于后备公猪，每次调教的时间一般不超过 15～20 分钟，每天可训练一次，但一周最好不要少于 3 次，直至爬跨成功。调教时间太长，容易引起公猪厌烦，起不到调教效果。调教成功后，一周内每隔 1 天就采精一次，以加强其记忆。以后，每周可以采精一次，至 12 月龄后每周采精 2 次，一般不要超过 3 次。

后备公猪调教的方法，常用的有爬跨母猪台法和爬跨发情母猪法。

1. 爬跨母猪台法　调教用的母猪台高度要适中，以 45～50 厘米为宜，可因猪不同而调节，最好使用活动式母猪台。调教前先将其他公猪的精液或其胶体或发情母猪的尿液涂在母猪台上面，然后将后备公猪赶到调教栏，公猪一般闻到气味后，大都愿意啃、拱母猪台，此时，若调教人员再发出类似发情母猪的叫声，更能刺激公猪性欲的提高。一旦有较高的性欲，公猪慢慢就会爬母猪台了。如果有爬跨的欲望，但没有爬跨，最好第二天再调教。一般 1～2 周可调教成功。

2. 爬跨发情母猪法　调教前，将一头发情旺期的母猪用麻袋或其他不透明物盖起来，不露肢蹄，只露母猪阴户，赶至母猪台旁边，然后将公猪赶来，让其嗅、拱母猪，刺激其性欲的提高。当公猪性欲高涨时，迅速赶走母猪，而将涂有其他公猪精液或母猪尿液的母猪台移过来，让公猪爬跨。一旦爬跨成功，第二三天就可以用母猪台进行强化了，这种方法比较麻烦，但效果较好。

无论哪种调教方法，公猪爬跨后一定要进行采精，不然，公猪很容易对爬跨母猪台失去兴趣。调教时，不能让两头或两头以上公猪同时在一起，以免引起公猪打架等，影响调教的进行，造成不必要的经济损失。

三、采　精

经训练调教后的公猪，一般一周采精一次，12 月龄后，每周可增加至 2 次，成年后 2～3 次。实践表明，一头成年公猪一周采精一次的精液量比采 3 次的低很多，但精子密度和活力却要好很多。因精子的发生大约需要 42 天完成，采精过于频繁的公猪，精液品质差，密度小，精子活力低，母猪配种受胎率低，产仔数少，公猪的可利用年限短；经常不采精的公猪，精子在附睾贮存时间过长，精子会死亡，故采得的精液或精子少，精子活力差，不适合配种。故公猪采精应根据年龄按不同的频率采精，不能随意采精。

无论采精多少次，一旦根据母猪的多少而定下来采精次数，那么采精的时间都应有规律。比如，一头公猪按规定一周只在周三采一次，那么到下周一定要在周三采，依此类推；另一头公猪按规定在周二、周五各采精一次，到下一周也要在周二、周五采，依此类推，不能更换时间。因为精子的形成和成熟，类似于人的生物钟，有一定的规律，一旦更改，便会影响精液的品质。

采精用的公猪的使用年限，美国一般为 1.5 年，更新率高；国内的一般可用 2～3 年。

(一) 采精前的准备　采精一般在采精室进行，并通过双层玻璃窗口与精液处理室联系，采精前应进行如下的准备工作。

1. 采精容器的准备　将盛放精液用的食品保鲜袋或聚乙烯袋放进采精用的保温杯中，工作人员只接触留在杯外袋的开口处，将袋口打开，环套在保温杯口边缘，并将消过毒的四层纱布罩在杯口上，用橡皮筋套住，连同盖子，放入 37℃ 的恒温箱中预热，冬季尤其应引起重视。采精后，拿出保温杯，盖上盖子，然后传递给采精室的工作人员。当处理室距采精室较远时，应将保温杯放入泡沫保温箱，然后带到采精室，这样做可以减少低温对精子的刺激。

2. 公猪的准备　采精之前，应将公猪尿囊中的残尿挤出。若阴毛太长，则要用剪刀剪短，防止操作时抓住阴毛和阴茎而影响阴茎的勃起，以利于采精。用水冲洗干净公猪全身，特别是包皮部，并用毛巾擦干净包皮部，避免采精时残液滴入或流入精液中导致精液污染，也可以减少部分疾病传播给母猪，从而减少母猪子宫炎及其他生殖道或尿道疾病的发生，以提高母猪的情期受胎率和产仔数。

3. 采精室的准备　采精前先将母猪台周围清扫干净，特别是公猪精液中的胶体残落地面时，公猪走动很容易打滑，易造成公猪扭伤而影响生产。安全区应避免放置物品，以利于采精人员因突发事件而转移到安全地方。采精室内避免积水、积尿，不能放置易倒或能发出较大响声的东西，以免影响公猪的射精。

（二）采精的方法　公猪精液的获得，一般有两种采取方法，即假阴道采精法和徒手采精法。但目前最常用的为后一种方法。

1. 假阴道采精法　即制造一个类似阴道的工具，利用假阴道内的压力、温度、湿润度和母猪阴道类似的原理来诱使公猪射精而获得精液的方法。

2. 徒手采精法　这种方法目前在国内外养猪界被广泛应用，是根据自然交配的原理而总结的一种简单、方便、可行的方法。使用这种方法，所需设备简单（如采精杯、手套、纱布等），不需特别设备，操作简便。

这种方法的优点主要是可将公猪射精的前部分和中间较稀的精清部分弃掉，根据需要取得精液；缺点是公猪的阴茎刚伸出和抽动时，容易造成阴茎碰到母猪台而损伤龟头或擦伤阴茎表皮，以及搞不好清洁而易污染精液。

具体做法如下：将采精公猪赶到采精室，让其嗅、拱母猪台，工作人员用手抚摸公猪的阴部和腹部，以刺激其性欲的提高。当公猪性欲达到旺盛时，它将爬上母猪台，并伸出阴茎龟头来回抽动。此时，若采精人员用右手采精时，则要蹲在公猪的左侧，右手抓住公猪阴茎的螺旋头处，并顺势拉出阴茎并稍微回缩，直至和公猪阴茎同时运动，左手拿采精杯；若用左手采精时，则要蹲在公猪的右侧，左手抓住阴茎，右手拿采精杯。这样做使采精人员面对公猪的头部，主要是能够注意到公猪的变化，防止公猪突然跳下时伤到采精人员，同时，当采精人员能发出类似母猪发情时的"呼呼"声时，因声音和母猪接近，对刺激公猪的性欲将会有很大的作用，有利于公猪的射精。

无论是用左手或右手，当握住公猪的阴茎时，都要注意要用拇指和食指抓住阴茎的螺旋体部分，其余三个手指予以配合，像挤牛奶一样随着阴茎的勃动而有节律的捏动，给予公猪刺激。采精时，握阴茎的那只手一般要带双层手套，最好是聚乙烯制品，用这种手套对精子杀伤力较小，当将公猪包皮内的尿液挤出后，应将外层手套去掉，以免污染精液或感染公猪的阴茎。

手握阴茎的力度，太大或太小都不行，应以不让其滑落并能抓住为准。用力太小，阴茎容易脱掉，采不到精液；用力太大，一是容易损伤阴茎，二是公猪很难射出精液。公猪一旦开始射精，手应立即停止捏动，而只是握住阴茎，射精完后，应马上捏动，以刺激其再次射精。

当公猪射精时，一般射出的前面较稀的精清部分应弃去不要，当射出乳白色的液体时，即为浓精液，就要用采精杯收集起来。射精的过程中，公猪再次或多次射出较稀的精清和最后射出的较为稀薄的部分、胶体都应弃去不要。

应注意的是，采精杯上套的四层过滤用纱布，使用前不能用水洗，若用水洗则要烘干，因水洗后，相当于采得的精液进行了部分稀释，即使水分含量较少，也将会影响精液的浓度。

采完精液后，公猪一般会自动跳下母猪台，如果当公猪不愿下来时，可能是还要射精，故工作人员应有耐心。对于那些采精后不下来而又不射精的公猪，不要让它养成习惯，应赶它下母猪台。对于采得的精液，先将过滤纱布及上面的胶体丢掉，然后将卷在杯口的精液袋上部撕去，或将上部扭在一起，放在杯外，用盖子盖住采精杯，迅速传递到精液处理室进行检查、处理。

四、精液的检查、处理和保存

精液的品质检查、稀释处理和保存，均在精液处理室进行。

（一）精液品质的检查　由采精室传过来的精液，要马上进行鉴定，以便决定可否留用，从而保证母猪的受胎率和产仔数的提高。检查精液的主要指标有如下几个：精液量、颜色、气味、精子密度、精子活力、酸碱度、黏稠度、畸形精子率等。每一份经过检查的公猪精液，都要有一份详细的检查记录，以备对比及总结。

检查前，将精液转移到 37℃ 水浴锅内保温，以免因温度降低而影响精子活力。整个检查活动要迅速、准确，一般在 5～10 分钟内完成。

1. 精液量　后备公猪的射精量一般为 150～200 毫升，成年公猪的为 200～300 毫升，有的高达 700～800 毫升。精液量的多少因品种、品系、年龄、营养、季节、采精间隔、气候和饲养水平等不同而不同。

2. 颜色　正常精液的颜色为乳白色或灰白色，精子的密度越大，颜色越白；精子的密度越小，颜色则越淡。若色泽异常，说明生殖器官有疾病。

3. 气味　正常的公猪精液含有公猪精液特有的微腥味，这种腥味不同于鱼类的腥味，没有腐败恶臭的气味。有特殊臭味的精液一般混有尿液或其他异物，一旦发现，不应留用，并检查采精时是否有失误，以便下次纠正做法。

4. 酸碱度　可用 pH 试纸进行测定。公猪精液的酸碱度一般呈弱碱性或中性，其酸碱度与精子密度呈负相关的关系，pH 越接近中性或弱酸性，则精子密度越大，但过酸过碱都会影响精子的活力。

5. 黏稠度　精液黏稠度的高低，与精子密度密切相关，精子密度越高的精液，则黏稠度也高；精子密度小的精液，黏稠度也小。

6. **精子密度** 指每毫升精液中含有的精子量，它是用来确定精液稀释倍数的重要依据。正常公猪的精子密度为 2.0 亿～3.0 亿/毫升，有的高达 5.0 亿/毫升。

7. **精子活力** 精子活力的高低关系到配种母猪受胎率和产仔数的高低，因此，每次采精后及使用精液前，都要进行活力的检查，以便确定精液能否使用及如何正确使用。

精子活力的检查必须用 37℃ 左右的保温板，以维持精子的温度需要。一般先将载玻片和盖玻片放在保温板上预热至 37℃ 左右后，再滴上精液，在显微镜下进行观察。若有条件，可在显微镜上配置一套摄像显示仪，将精子放大到电脑屏幕上进行观察。在我国，精子活力一般采用 10 级制，即在显微镜下观察一个视野内的精子运动，若全部呈直线运动，则为 1.0 级；有 90% 的精子呈直线运动则活力为 0.9 级；有 80% 的呈直线运动，则活力为 0.8 级，依此类推。新鲜精液的精子活力以高于 0.7 为正常；使用稀释后的精液，一般在 0.6 以上；冷冻保存精液在 0.3 以上，方可用于输精。

8. **畸形精子率** 畸形精子指断尾、断头、有原生质、头大、双头、双尾、折尾等精子，一般不能直线运动，受精能力较差，影响精子的密度。若通过摄像显示仪观察，则很容易区分；若用普通显微镜观察，则需染色；若用相差显微镜，则可直接观察。公猪的畸形精子率一般不能超过 20%，否则应弃去。

（二）精液的稀释 稀释前，稀释液的温度应和精液接近，相差不超过 1℃。根据计算好的稀释头份，用量杯量取稀释液的体积，或简单一点，按 1 毫升精液或稀释液约等于 1 克，用精密电子天平直接称量，国外专业公猪站多采用此法。一般用于单纯扩大精液量的物质主要是等渗的氯化钠、葡萄糖液、蔗糖液等。

稀释时，将稀释液顺着盛放精液的量杯壁慢慢注入精液，并不断用玻璃棒搅拌，以促进混合均匀。不能将稀释液直接倒入精液，因精子需要一个适应过程。还有的做法是先将稀释液慢慢注入精液一部分，搅拌均匀后，再将稀释后的精液倒入稀释液中，这样有利于提高精子的适应能力和稀释精液的均匀混合。

精液稀释的成败，与所用仪器的清洁卫生有很大关系。所有使用过的烧杯、玻璃棒及温度计，都要及时用蒸馏水洗涤，并进行高温消毒，这是稀释后的精液能保证适期保存、利用的重要条件。

（三）稀释精液的分装　精液的分装，有瓶装和袋装两种。装精液用的瓶子和袋子均为对精子无毒害作用的塑料制品。瓶装的精液分装时简单方便，易于操作，但因瓶子有一定的固体形态，输精时需人为挤压瓶底开口；袋装的精液分装一般需要专门的精液分装机，用机械分装、封口，但输精时因其较软，一般不需人为挤压。瓶子上面一般均有刻度，最高刻度为 100 毫升；袋子一般为 80 毫升。

分装后的精液，要逐个粘贴标签，一般一个品种一个颜色，便于区分。注意要在上面标明公猪耳号、采精处理时间、稀释后密度、经手人等，并将以上各项登记到记录本上，以备查验。

（四）稀释精液的保存　分装后的精液，不能立即放入 17℃ 左右的恒温冰箱内，应先留在冰箱外 1 小时左右，让其温度下降，以免因温度下降过快而刺激精子，造成死精子等增多。

放入冰箱时，不同品种的公猪精液应分开放置，否则匆忙中容易拿错精液。不论是瓶装的或是袋装的，均应平放，并可叠放。从放入冰箱开始，每隔 12 小时，要摇匀一次精液，因精子放置时间一长，会大部分沉淀。对于一般猪场来说，可在早上上班，下午下班时各摇匀一次。为了便于监督，每次摇动都应有摇动时间和人员的记录。

（五）精液的运输　对于长距离购精液的猪场，运输的过程是一个关键的环节。保温或防暑条件做得好的，运到几千千米之外，精子活力还较强，使用效果还是很好，母猪受胎率和产仔数也仍很高；做得不好的，就是同一场内不同时间、地点使用，死精率也是很高，使用效果很差。高温的夏天，一定要在双层泡沫保温箱中放入冰块（17℃恒温），再放入精液进行运输，以防止天气过热，死精太多；严寒的季节，要用保温用的恒温乳胶或棉花等在保温箱内保温。

五、输　　精

输精是人工授精技术的最后一关，输精效果的好坏，关系到母猪情期受胎率和产仔数的高低，而输精管插入母猪生殖道部位的正确与否，则是输精的关键。

（一）输精的准备　输精前，精液要进行镜检，检查精子活力、死精率等。对于死精率超过20％的精液不能使用。对于多次重复使用的输精管，要严格消毒、清洗，使用前最好用精液洗一次。母猪阴部冲洗干净，并用毛巾擦干，防止将细菌等带入阴道。

（二）输精管的选择　输精管有一次性的和多次性的两种。

一次性的输精管，目前有国外产和我国台湾省产的，有螺旋头形和海绵头型，长度为50～51厘米。螺旋头型一般用无副作用的橡胶制成，适合于后备母猪的输精；海绵头型一般用质地柔软的海绵制成，通过特制胶与输精管粘在一起，适合于生产母猪的输精。选择海绵头输精管时，一应注意海绵头粘得牢不牢，不牢固的则容易脱落到母猪子宫内；二应注意海绵头内输精管的深度，一般以0.5厘米为好，因输精管在海绵头内包含太多，则输精时因海绵头太硬而损伤母猪阴道和子宫壁；包含太少则因海绵头太软而不易插入或难于输精。一次性的输精管使用方便，不用清洗，但成本较高，大型集约化养猪场一般采用此种方法。多次性输精管，一般为一种特制的胶管，因其成本较低可重复使用而较受欢迎，但因头部无膨大部或螺旋部分，输精时易倒流，并且每次使用后均应清洗、消毒，若保管不好还会变形。

（三）**输精方法**　输精时，先将输精管海绵头用精液或人工授精用润滑胶润滑，以利于输精管插入顺利，并赶一头试情公猪在母猪栏外，刺激母猪性欲的提高，促进精液的吸收。

用手将母猪阴唇分开，将输精管沿着稍斜上方的角度慢慢用手插入阴道内。当插入 25～30 厘米左右时，会感到有点阻力，此时输精管顶已到了子宫颈口，用手再将输精管左右旋转，稍一用力，顶部则进入子宫颈第 2～3 皱褶处，发情好的猪便会将输精管锁定，回拉时则会感到有一定的阻力，此时便可进行输精。

用输精瓶输精时，当插入输精管后，用剪刀将精液瓶盖的顶端剪去，插到输精管尾部就可输精；精液袋输精时，只要将输精管尾部插入精液袋入口即可。为了便于精液的吸收，可在输精瓶底部开一个口，利用空气压力促进吸收。

输精时，输精人员同时要对母猪阴户或大腿内侧进行按摩。

正常的输精时间应和自然交配一样，一般为 3～10 分钟，时间太短，不利于精液的吸收，太长则不利于工作的进行。

为了防止精液倒流，输完精后，不要急于拔出输精管，将精液瓶或袋取下，将输精管尾部打折，插入去盖的精液瓶或袋孔内，这样既可防止空气的进入，又能防止精液倒流。

第六章
猪的饲养管理

第一节　仔猪的饲养管理

仔猪是发展养猪生产的基础，从遗传角度讲，它是新世代的开始，集中体现了对其先代的选育效果。在猪的一生中，仔猪阶段生长发育强度最大，可塑性也最大，饲料的利用效率最高，料重比一般在 $1\sim1.5:1$。仔猪培育的成败，既关系着整体养猪生产水平的高低，又对提高养猪生产经济效益，加速猪群周转起着十分重要的作用。如仔猪养育的好，成活头数多，母猪的年生产量就高；仔猪断奶时体重大，育肥猪的增长速度就快，育肥期就会缩短，出栏率就会得到提高，商品猪生产成本就低。因此，培育出大量品质优良的仔猪是增加养猪数量、提高猪群质量、巩固育种效果、降低生产成本的关键。根据仔猪不同时期的生理特点和快速养猪的生产要求，仔猪阶段一般分为两个时期，即以吸食母乳为主要养分来源的哺乳期和离开母乳以饲料为养分来源的断乳期。因此，仔猪阶段分为哺乳仔猪阶段和断乳仔猪阶段。这两个阶段的仔猪各有不同的特点和生产管理要求。

一、哺乳仔猪的培育

哺乳仔猪（又称乳猪）饲养管理的目的，是根据仔猪的生长发育和生理特点，采取相应的饲养管理措施，提高哺育成活率、最大断奶窝重和断奶个体重，使仔猪安全渡过断奶关，以利于育成期和育肥期的正常生长发育。

（一）哺乳仔猪的生理特点　乳猪的生理特点是生长发育快和生理上的不成熟，造成仔猪饲养难度大，成活率低。

1. 生长发育快，机能代谢旺盛，利用养分能力强　乳猪初生重小，不到成年体重的 1%（羊为 3.6%、牛为 6%、马为 9%～10%），但出生以后生长发育很快。一般初生重为 1 千克左右，10 日龄时期体重达初生重的 2 倍以上，30 日龄达 5～6 倍，60 日龄达 10～13 倍。

乳猪生长快，是因为物质代谢旺盛，特别是蛋白质代谢和钙、磷代谢要比成年猪高得多。生后 20 日龄时，每千克体重沉积的蛋白质，相当于成年猪的 30～35 倍，每千克体重所需代谢净能为成年猪的 3 倍。所以，仔猪对营养物质的需要，无论是在数量还是质量上，都高于成年猪，对营养不全的饲料反应特别敏感。因此，对仔猪必须保证各种营养物质的充足供应。

2. 消化器官不发达，消化腺机能不完善　仔猪出生时，消化器官虽然已经形成，但其重量和容积都比较小。如胃重，仔猪出生时仅有 4～8 克，能容纳乳汁 25～50 克，20 日龄时胃重达到 30 克，容积扩大 2～3 倍，当仔猪 60 日龄时胃重可达到 150克。小肠也快速生长，4 周龄时重量为出生时的 10.17 倍。消化器官这种快速的生长保持到 7～8 月龄，之后开始降低，一直到13～15 月龄才接近成年水平。

仔猪出生时胃内仅有凝乳酶，胃蛋白酶很少。由于胃底腺不发达，缺乏游离盐酸，胃蛋白酶没有活性，不能消化蛋白质，特别是植物性蛋白质。这时只有肠腺和胰腺发育比较完全，胰蛋白酶、肠淀粉酶和乳糖酶活性较高，食物主要在小肠内消化。所以，初生小猪只能吃乳，而不能利用植物性饲料。

哺乳仔猪消化机能不完善的另一表现是，食物通过消化道的速度特别快，食物进入胃内排空的速度，15 日龄时为 1.5 小时，30 日龄时为 3～5 小时，60 日龄时为 16～19 小时。

3. 缺乏先天免疫力，容易得病　仔猪出生时没有先天免疫力，是因为免疫抗体是一种大分子 γ-球蛋白，胚胎期由于母体血管与胎儿脐带血管之间被 6～7 层组织隔开，限制了母体抗体通过血液向胎儿转移。因而仔猪出生时没有先天免疫力，自身也不能产生抗体。只有吃到初乳以后，靠初乳把母体的抗体传递给仔猪，以后过渡到自产抗体而获得免疫力。

仔猪出生 10 日龄以后才开始自身产生抗体，直到 30～35 日龄前数量还很少。因此，3 周龄以内是免疫球蛋白青黄不接的阶段，此时胃液内又缺乏游离盐酸，对随饲料、饮水等进入胃内的病原微生物没有消灭和抑制作用，因而仔猪容易患消化道疾病。

4. 调节体温能力差，怕冷　仔猪出生时大脑皮层发育不够健全，通过神经系统调节体温的能力差。还有仔猪体内能源的贮存较少，遇到寒冷，血糖含量很快降低，如不及时吃到初乳很难成活。仔猪正常体温约 39℃，刚出生时所需要的环境温度为 30～32℃，当环境温度偏低时仔猪体温开始下降，下降到一定范围开始回升。仔猪生后体温下降的幅度及恢复所用时间视环境温度而变化，环境温度越低，则体温下降的幅度越大，恢复所用的时间越长。当环境温度低到一定范围时，仔猪则会冻僵、冻死。

（二）哺乳仔猪死亡原因　哺乳仔猪死亡一般有如下 3 个方面的原因：一是由于患传染病而造成仔猪大量死亡，如仔猪白痢；二是由于先天性发育不良、出生后仔猪体弱多病而死亡，如压死、冻死；三是由于饲养管理不好而导致仔猪病弱而死亡，如咬死、冻死、淹死等。

（三）哺乳仔猪饲养管理技术

1. 固定乳头，使仔猪尽快吃足初乳　初乳是母猪分娩后 3 天内分泌的淡黄色乳汁。初乳含有丰富的营养物质和免疫抗体，对初生仔猪较常乳有特殊的生理作用，可增强体质和抗病能力，提高对环境的适应能力，初乳中含有较多的镁盐，具有倾泻性，可促进胎便的排出；初乳的酸度较高，可促进消化道的活动。

在一般情况下，如果初生仔猪吃不到初乳，很难成活，即使勉强活下来，往往发育不良，甚至形成僵猪。所以，使仔猪早吃初乳，是仔猪培育过程中至关重要的技术措施。

猪乳的分泌除分娩后2～3天是连续的以外，以后则定时排放，一般每隔40～60分钟放乳一次，每次放乳时间为10～20秒。

仔猪有固定乳头吸乳的特性，已经认定至断乳不变。在仔猪出生后结合自选加以人工辅助，尽快让仔猪选定乳头。一般让弱小仔猪固定在中等乳量的乳头上哺乳，既能吃饱又不浪费，较强的乳猪固定在乳量较差的两个乳头上以满足需要，中强乳猪固定在靠前边的乳量多的乳头上，这样可使全窝乳猪都能充分发育。控制个别好抢乳头的强壮仔猪，可把它先放在一边，待其他仔猪都已找好乳头、母猪放乳时，再立即把它放在指定的乳头上吃乳。这样经3～4天即可建立起吃乳的位次，固定乳头吃乳。如果乳头数量不足时，可将较强的乳猪寄养出去。

2. 加强保温，防冻防压　寒冷季节产仔，造成仔猪死亡的主要原因是被母猪压死或冻死，尤其在出生后3天以内。在寒冷环境中仔猪行动不灵敏，钻草堆或卧在母猪腋下，易被母猪压死。寒冷易使仔猪发生口僵，不会吸乳，导致冻饿而死。

仔猪的适应温度：1～3日龄为30～32℃；4～7日龄为28～30℃；15～30日龄为22～25℃；2～3月龄为22℃。

工厂化养猪实行全年均衡产仔，专门设有产房，产房内设有保温防寒设备，如热风炉、暖气、火墙等，产房环境温度最好保持在22～23℃（哺乳母猪最适合的温度）。在产房一角设置仔猪保温箱，为仔猪创造一个温暖舒适的小环境。仔猪保温箱有木制、水泥制或玻璃钢制等多种，长100厘米，宽60厘米，高60厘米，箱的上盖有1/3～1/2是活动的，人可随时观察仔猪。在箱的一侧靠地面处留一个高30厘米、宽20厘米的仔猪出入口。

在仔猪保温箱内，最常用的局部环境供热设备是采用红外线灯。设备简单，安装灵活方便，只要按上电源插座即可使用。在目前养猪行业中使用最为普遍。

防压措施有以下几个方面：第一，设母猪限位架。母猪产房内设有排列整齐的分娩栏，在栏内的中间部分是母猪限位架，供母猪分娩和哺乳仔猪用，两侧是仔猪吃乳、自由活动和吃补料的地方。母猪限位架的两侧是用钢管制成的栏杆，用于分隔仔猪，栏杆长 2.0~2.2 米，宽为 60~65 厘米，高为 90~100 厘米。由于母猪限位架限制了母猪大范围的运动和躺卧方式，使母猪不能"放偏"倒下，而只能先俯卧，然后伸展四肢侧卧，这样使仔猪有躲避机会，以免被母猪压死。第二，保持环境安静。产房内防止突然的声响，防止闲杂人员进入。去掉仔猪的獠牙，固定好乳头，防止因仔猪乱抢乳头造成母猪烦躁不安和起卧不定，可减少踩压仔猪的机会。第三，加强护理。产后 1~2 天内可将仔猪关入保温箱中，定时放出吃奶，可减少仔猪与母猪接触机会，避免压死仔猪。2 日龄后仔猪吃完奶自动到保温箱中休息。另外，产房要日夜有人值班，一旦发现仔猪被压，立即轰起母猪，救出仔猪。

3. 早期补料　初生仔猪完全依靠吃母乳生活，随着仔猪日龄的增加，其体重和所需要的营养物质与日俱增，而母猪的泌乳量在分娩后先是逐日增加，到产后 3 周龄达到泌乳高峰，以后逐渐下降。据测定，从产后 3 周龄开始，母乳便不能满足仔猪正常生长发育的需要了。补充营养的唯一办法是给仔猪补充优质饲料。补料时间应在产后 7 日龄开始。哺乳仔猪提早补料，可促进消化器官的发育和消化机能的完善，为断乳后的饲养打下良好基础。

（1）矿物质的补充　哺乳仔猪生长发育不仅需要常量元素如钙、磷、钾、钠、氯等，也需要微量元素如铁、铜、锰、锌、碘、硒等。当仔猪学会吃料以后，通过饲料可补充一部分矿物质，哺乳仔猪主要注意补充铁、铜，如铁铜合剂、铁铜矿物质舔剂；断乳仔猪则完全可以从饲料中获得。

（2）饲料的补充　给仔猪补料，可分为调教期和适应期两个阶段。

①调教期　从开始训练到仔猪认料一般需1周左右，即仔猪7日龄开始。这是仔猪消化器官处于强烈生长发育阶段。母乳基本上能满足仔猪营养需要。但仔猪此时开始出牙，牙床发痒，喜欢四处活动，啃食异物，此时补料容易成功。补料的目的在于训练仔猪认料，可采取强制的方法，每天数次将仔猪关进补料栏，限制吃乳，强制吃饲料，并装设自动饮水器，让其自动饮用清洁水。

②适应期　从仔猪认料到能正式吃料的过程一般需要10天左右，即仔猪生后15～30日龄。这时仔猪对植物性饲料已有一定的消化能力，母乳不能满足仔猪的需要。补料的目的一是提供仔猪部分营养物质，二是进一步促进消化器官适应植物性饲料。训练仍有一定强迫性，即可短时间将仔猪赶入补料栏，限制仔猪的自由出入，让其采食补料。平时仔猪可随意出入，日夜都能吃到饲料。

仔猪开食料的组成与饲喂量，不仅与哺乳期仔猪的生长发育有关，而且还影响着断乳后仔猪完全采食饲料时的生长发育状况。仔猪目前多实行28～35日龄断乳，仔猪料的效能直接影响着仔猪生长发育的好坏，所以应选择营养丰富、优质的仔猪开食料。

4. 供给清洁饮水　水是动物血液和体液的主要成分，它是消化、吸收、运输养分和带走废物的溶剂，可调节体液电解质的平衡。由于仔猪生长迅速，代谢旺盛，母乳较浓（含脂肪7%～11%），故需水量较多。如果不及时给仔猪补水，会因喝污水或尿液而引起下痢。目前，一些工厂化猪场都给产房或产床上安装专门供仔猪饮水的自动饮水器，保证哺乳仔猪随时饮水。如果没有自动饮水装置，一般生后3天开始补给清洁的水。水槽要经常刷洗，水要勤更换，冬季可供给温热水。

5. 仔猪寄养　在猪场有一定数量母猪同期产仔的情况下，将多产或无乳吃的仔猪寄养给产仔少的母猪，是提高成活率的有效措施之一。当母猪产仔头数过少时需要并窝合养，以使部分母猪尽早发情配种，同时进行仔猪寄养工作。仔猪寄养时要注意以下几方面的问题。

（1）母猪产期接近　实行寄养时，母猪产期应尽量接近，主要考虑初乳的特殊作用，最好不超过 3 天。后产的仔猪向先产的窝里寄养时，要挑体重大的寄养；而先产的仔猪向后产的窝里寄养时要挑体重小的寄养，以免体重相差太大，影响体重小的仔猪发育。

（2）被寄养的仔猪要尽量吃到初乳，以提高成活率。

（3）继母必须是泌乳量高、性情温顺、哺育性能好的母猪，只有这样的母猪才能哺育好多头仔猪。

（4）注意寄养乳猪的气味　猪的嗅觉特别灵敏，母子相认主要靠嗅觉来识别。多数母猪追咬别窝仔猪，不给哺乳。为了顺利寄养，可将被寄养仔猪与养母所生仔猪关在同一仔猪栏内，经过一定时间后同时放到母猪身边，使母猪分辨不出被寄养仔猪的气味，才能寄养成功。

6. 防止仔猪腹泻　哺乳期仔猪抗病能力差，消化机能不完善，容易患病死亡。生产上应采取综合措施加以防治。

在哺乳期间，对仔猪危害最大的疾病是腹泻病。仔猪腹泻病是一种总称，包括多种肠道传染病，常见的有仔猪红痢、仔猪黄痢、仔猪白痢和传染性胃肠炎等。

预防仔猪腹泻病的发生是减少仔猪死亡、提高猪场经济效益的关键，其主要措施有以下几方面。

（1）养好母猪　加强妊娠母猪和哺乳母猪的饲养管理，保证胎儿的正常生长发育，产出体重大、健康的仔猪，母猪产后有良好的泌乳性能。哺乳母猪饲料稳定，不喂给发霉变质和有毒的饲料，以保证乳汁质量。

（2）保持猪舍清洁卫生　产房最好采取全进全出，前批母猪、仔猪转走后，地面、栏杆、网床、空间要进行彻底清洁、严格消毒，消灭引起仔猪腹泻的病毒、病菌，特别是污染的产房消毒更应严格，最好是经过取样检验后再进母猪产仔。妊娠母猪进产房时，对体表要进行喷淋刷洗、消毒，临产前用0.1%的高锰酸钾溶液擦洗乳房和外阴部，以减少母体对仔猪的污染。产后的地面和网床上不能有粪便残留，随时清扫。

（3）保持良好的环境　产房应保持适宜的温度、湿度，控制有害气体的含量，使仔猪生活舒适，体质健康，有较强的抗病能力，可防止或减少仔猪腹泻等疾病的发生。

（4）采用疫苗和药物预防与治疗　对仔猪危害很大的黄痢病，目前已有利用药物预防和治疗的措施。

二、断奶仔猪的培育

断奶是仔猪出生后遭受的第二次大的应激。断奶后的仔猪，其营养来源由全部或部分依赖母猪液状的母乳变为全部依赖固态的饲料。同时，在哺乳仔猪阶段其肠道的消化酶均为分解乳蛋白、乳糖与乳脂的酶，而缺乏分解玉米、豆粕、鱼粉等一般原料的酶，造成刚断奶的仔猪营养吸收不足。饲料形态的改变，也容易造成仔猪下痢或生长停滞。仔猪断奶阶段虽只占全部生长期很短的时间，但此阶段饲养管理的好坏，对断奶后的生长有重要的影响。因此，如何平稳过渡是饲养断奶仔猪的关键。

（一）早期断奶　长期以来我国哺乳仔猪大部分都实行60日龄（双月）断奶。母猪生产周期为：妊娠114天＋哺乳60天＋配种7天＝181天。一头母猪一年产仔两窝则需要362天，一年365天仅余3天。目前我国大群母猪平均产仔只有1.5窝左右。部分家庭饲养的母猪也只能达到1.6～1.8窝的水平，一年仅育活仔猪 14 头左右，赢利少，影响了养猪业的发展。为什么母猪年平均产仔达不到两窝或更多呢？究其原因，有的母猪断奶后发情不及时，配种不准确，妊娠早期流产等，而最主要的原因是母猪哺乳期太长，拖长了母猪生产周期，减少了年产仔猪窝数。

决定母猪生产周期长短的主要原因是由妊娠、哺乳天数和断奶至配种天数组成的。母猪的妊娠天数（114 天）和断奶至配种天数（5～7 天）是人为无法改变的。哺乳期的长短，也就是仔猪断奶日龄，可通过人为控制。通过缩短母猪哺乳期使仔猪早期断奶来提高母猪年产仔窝数是最简单、最有效的办法，这也是我国养猪生产上的重大改革措施之一。采用早期断奶方法，仔猪哺乳期由 8 周缩短到 4～5 周，母猪年产仔可达到 2.2～2.4 窝，每窝成活仔猪 9～10 头，大大提高了母猪利用效率和繁殖力。

仔猪早期断奶的适宜日龄可根据生产任务和生产水平来自行决定。乳汁是仔猪出生后最适宜的营养来源，尤其是 20 日龄以前的仔猪。20 日龄以前的仔猪采食量很小，从饲料中供应的营养十分有限。提早补饲的作用是促进仔猪对非乳饲料的适应和消化酶活性的提高。因此，充分利用母猪乳汁，对促进仔猪早期发育是十分重要的。断奶时，母猪至少应达到或超过泌乳高峰，即外来品种 3 周龄或本地品种 5 周龄以后较为适宜。早于该日龄断奶，会导致母猪下胎窝产仔数减少，即使增加了产仔窝数，也不能增加年产仔猪头数。

从仔猪本身的情况来看，消化系统的发育是有一定时间性的，特别是 20 日龄以前的仔猪，胃酸和胃蛋白酶的活性特别低，对饲料的消化能力差，过早断奶将对仔猪的消化道造成很大压力。断奶时间越早，对断奶后的饲料要求越高。一般来说，仔猪体重达到 12 千克以上时，饲料才可转为玉米、豆粕、鱼粉等常规原料组成的配方。因此，适宜的断奶日龄的确定，应综合考虑母猪与仔猪的因素。从我国实际来看，断奶日龄可在 28～35 天，体重 6～8 千克以上较为合适。

（二）断奶方法　如何正确进行断奶非常重要。目前，许多养猪者，特别是农村家庭养母猪户，采取骤然断奶法，即在断奶时，将仔猪与母猪骤然一下分开，此法对母猪，特别是高产母猪来说，较容易引起乳房炎，甚至影响某些乳头以后的泌乳功能；对仔猪来说，容易造成仔猪不安，以至于影响仔猪正常的生长发育，使仔猪体质下降，体重减轻，甚至死亡。

正确的断奶方法，应该保护母猪的乳房，使之不发生乳房炎，同时还要保证仔猪断奶后正常的生长发育。其方法有以下几种。

1. 减少饲料量　仔猪在断奶前 2～3 天内，就要减少母猪的饲料，特别是在母猪日粮中减除催乳作用的饲料。

2. 安全断奶法断奶　将母猪与仔猪分开关养，第 1 天将仔猪送给母猪哺乳 4 次，第 2 天 3 次，第 3 天 2 次，第 4 天 1 次，第 5 天断奶。

3. 母仔隔离饲养　断奶时将母猪赶到其他栏舍去，仔猪留在原圈内再饲养 10～15 天，这样仔猪在熟悉的环境里，便不会留恋母猪，很少发生不安的情况，保持正常的食欲和增重。

4. 仔猪饲喂的次数　一定要逐渐过渡，断奶前日喂 8～9 次，断奶后改为 6 次，以后再改为 4 次。断奶后短期内还要适当控制饲料量，一般 5 天内不要增加或稍微增加，防止拉稀。

（三）断奶仔猪饲养管理的主要措施

1. 营养水平与饲料构成特点　断奶阶段的仔猪，通常会减少采食量。而采食量低的原因，仍然是断奶应激造成的生理异常。因此，早期断奶的仔猪，对饲料有特殊的要求。

早期断奶仔猪的饲料，应该容易消化，具有高的消化率。断奶后 7～10 天内采食高消化率日粮可使每日总采食量保持较低，从而既满足仔猪的营养需要又不致使仔猪胃肠道负担过重而引发下痢。因此，首先要尽量提高饲料的能量水平和赖氨酸水平。同时，由于豆粕中含有抗原性物质，因此，可以通过降低日粮粗蛋白质水平的办法来缓解腹泻的发生率。

在原料的选择上，可选用玉米、鱼粉、喷雾干燥的血粉以及一部分豆粕。有条件的情况下，最好用一些乳制品，使用柠檬酸等酸化剂也对仔猪消化有帮助。

2. **断奶仔猪的饲养** 仔猪断奶后往往由于生活条件的突然改变，表现出食欲不振、增重缓慢甚至减重，尤其是补料晚的仔猪更为明显。为了过好断奶关，要做到饲料、饲养制度及生活环境的"两维持"和"三过渡"。即维持在原圈培育并维持原来的饲料，做到饲料、饲养制度和环境条件的逐渐过渡。

（1）饲料过渡 仔猪断奶后，要保持原来的饲料半个月内不变，以免影响食欲和引发疾病。半个月后逐渐改喂饲料。断奶仔猪正处于身体迅速生长阶段，需要高蛋白质、高能量和含有丰富的维生素、矿物质的日粮。应限制含粗纤维过多的饲料，注意添加剂的补充。

（2）饲养制度的过渡 仔猪断奶后半个月内，每天饲喂的次数比哺乳期多1～2次。这主要是加喂夜餐，以免仔猪因饥饿而不安。每次喂量不宜过多，以七八成为度，使仔猪保持旺盛的食欲。

仔猪采食大量饲料后，应供给清洁饮水，以免供水不足或不及时，致使仔猪饮用污水或尿液而造成下痢。

（3）环境过渡 仔猪断奶的最初几天，常表现出精神不安、嘶叫，寻找母猪。为了减轻仔猪的不安，最好将仔猪留在原圈，不要混群并窝。断奶半个月后，仔猪的表现基本稳定时，方可调圈并窝。在调圈分群前3～5天，让仔猪同槽吃食，一起运动，彼此熟悉。然后再根据性别、个体大小、吃食快慢等进行分群，每群多少视猪圈大小而定。应让断奶仔猪在圈外保持比较充分的运动时间，圈内也应清洁、干燥，冬暖夏凉，并且进行固定地点排泄粪尿的调教。

（4）添加抗生素 饲料中按规定标准加入抗生素，能够增强抵抗疾病的能力，促进猪的生长发育。抗生素用量按猪的体重、饲料类型和卫生条件而定，仔猪每吨饲料中添加抗生素 $10\sim40$ 克；僵猪每吨饲料中添加抗生素 $50\sim100$ 克，发育正常后降低到正常水平。抗生素应连续使用，如果仔猪断奶后停喂，反而容易发生疾病。

（5）应用微量元素　微量元素的需要量很少，但对猪的生长发育影响很大。微量元素中，铜有较突出的促生长作用。每吨配合饲料中添加 $30\sim200$ 克铜，可使猪保持较高的生长速度和饲料利用率。通常使用的是易溶于水的硫酸铜和氧化铜。市场上出售的生长素，不仅含有适量的铜，还含有适量的锌、铁、锰等微量元素。在使用生长素时，要严格按照使用说明中的用量饲喂，若超量饲喂将会引起仔猪中毒。

3. 断奶仔猪的管理

（1）创造舒适的小环境　断奶仔猪圈必须阳光充足，温度适宜（22℃左右），清洁干燥。仔猪进入猪圈前应彻底打扫干净，并用 2% 的火碱水全面消毒，然后铺上干土与干草的混合垫料，为断奶仔猪创造一个舒适的小环境，有利于其生长发育。

（2）合理分群　仔猪断奶后，在原圈饲养 $10\sim15$ 天，当仔猪吃食与排泄正常后，再根据仔猪性别、大小、吃食快慢进行分群，应使个体重相差不超过 $2\sim3$ 千克的仔猪合为一群；让体重小、体弱的仔猪单独组群，给予细致照顾。

（3）有足够的占地面积和饲槽　如果仔猪群体过大或每头仔猪占地面积太小，或饲槽不够，较易引起仔猪间互相争斗，造成休息不足，采食量不够，从而影响仔猪发育。断奶仔猪每头平均占地面积以 $0.3\sim0.8$ 米^2 较好，每群一般以 10 米^2 左右为宜。并需设足够的食槽与水槽，让每头仔猪都能吃饱饮足，健康生长。

（4）细心调教　对断奶仔猪细心调教的主要内容是：训练仔猪定点排粪尿，在冬季保持圈内的干燥、清洁与卫生，减少疾病（如气喘病、传染性胃肠炎等），有利于断奶仔猪的生长。

（5）防寒保温　北方冬季与早春气候寒冷，仔猪又特别怕冷，常堆积在一起睡卧，互相挤压，并就地排泄，这样不仅容易压死、压伤仔猪，而且还易患病（如感冒、拉稀等），严重影响仔猪生产发育，甚至会引起僵猪。为此在入冬前要维修好猪圈。圈内多垫些干土和干草，并勤扫勤垫，必要时在圈前、圈后（通道的门）挂草帘与生火等，有条件时，可修建暖圈或塑料大棚来饲养断奶仔猪。

（6）仔猪网床培育 仔猪网床培育是一项先进的仔猪饲养技术，网床养育仔猪生长发育快，个体均匀整齐，饲料利用率高，患病少，成活率高。唯一的缺点是生产成本有所增高。

4. **断奶仔猪的选择** 断奶仔猪正处于生长发育阶段，生产性能还未充分体现出来，在选择断奶仔猪留种时，应从其父母品质优秀、同窝仔猪多而均匀、断奶窝重大的窝内，选留体重与断奶重都大的个体留作种用；若选作肉猪使用，应选择身长体高、皮光毛顺、皮薄毛稀、眼大有神、腿臀丰满、活泼好动、食欲旺盛、健康无病的个体。

第二节 肉猪的饲养管理

肉猪是指 25～90 千克这一阶段的育肥猪，其数量占总饲养量的 80% 以上。饲养效果的好坏直接关系到整个养猪生产的效益。该阶段的中心任务是用最少的劳动消耗，在尽可能短的时间内，生产数量多、质量好的猪肉。

一、肉猪生长发育的一般规律

猪的生长发育具有一定规律性，表现在体重、体组织以及化学成分的生长率不同，由此构成一定的生长模式。掌握猪的生长发育规律后，就可以在生长发育的不同阶段，调整营养水平和饲养方式，加速或抑制某些部位、组织、化学成分等的生长和发育程度，改变猪的产品结构，提高猪的生产性能，使其向人民需要的方向发展。

（一）生长速度与饲料利用效率的变化　猪的生长速度呈现先慢后快又慢的规律，由快到慢的转折点大致在6月龄上下或成年体重的40%左右。转折点出现的早晚受品种、饲养管理条件等的影响，一般大型晚熟品种，饲养管理条件优越，转折点出现较晚；相反则早，如长白猪在100千克左右。生产上应抓住转折点前这一阶段，充分发挥其生长优势。

猪在肥育期每千克增重的饲料消耗，随其日龄和体重的增加而呈线性增长。2～3月龄的猪，每千克增重耗料2千克左右；5～6月龄的猪，体重达90千克左右时，上升到4千克左右；以后随体重的增大上升幅度更大，同时日增重开始降低，经济效益显著下降，因此，应注意适时出栏。

（二）猪体组织的生长　肉猪骨骼、肌肉、脂肪虽然在同时生长，但生长顺序和强度是不同的。骨骼是体组织的支架，优先发育，在幼龄阶段生长最快，其后稳定；肌肉居中，4～7月龄生长最快，60～70千克时达到高峰；脂肪是晚熟组织，幼龄时期沉积很少，但随年龄的增长而增加，到6月龄、90～110千克以后增加更快。

（三）猪体化学成分的变化　猪体化学成分也随猪体重及猪体组织的增长呈现规律性的变化。猪体内水分、蛋白质和矿物质随年龄和体重的增长而相对减少，脂肪则相对增加。45千克以后，蛋白质和灰分含量相对稳定，脂肪迅速增长，水分明显下降，这也是饲料报酬随年龄和体重的增长而变差的一个重要原因。

二、肉猪的饲养技术

（一）饲料调制

1. 原料选择与搭配　生产上应根据所养肉猪的生长潜力、

猪场的饲养管理条件、不同年龄猪的消化生理特性、当地饲料资源，选择价格低、营养价值高、适口性好的原料。选择原料后还要注意多样合理搭配，包括青料、粗料和精料的合理搭配，能量饲料、蛋白质饲料、矿物质和维生素饲料的合理搭配以及同类饲料不同品种间的合理搭配，以取长补短，完善营养，使猪既能吃饱，又能吃好，营养满足需要。

2. 饲料形态　饲料可加工调制成各种形态，包括有全价颗粒料、湿拌料、稠粥料、干粉料和稀水料。饲喂效果以颗粒料最好，其次是湿拌料和稠粥料，再次是干粉料。稀水料饲喂效果最差。但每种饲料形态都有其优缺点，生产上应根据具体情况，选择适宜的饲料形态。

颗粒料饲喂效果最好，并且便于投食，损耗少，不易霉坏，但设备投资大，制粒成本高。因此，目前仅用于仔猪。

湿拌料料水比为 1：0.5～2，稠粥料料水比为 1：2～3，两者饲喂效果接近，该饲料形态的优点是适口性好，提前浸泡可软化饲料，有利于消化；缺点是稍费工，不适宜机械化饲养，剩料易结冻、腐败变质。母猪和非机械化猪场常采用湿拌料喂猪。

干粉料适宜机械化饲养，可大大提高劳动生产率，剩料不易霉坏变质，可保持舍内干燥，但适口性差，粉尘多。目前大规模猪场多采用此种饲料形态。

稀水料料水比 1：4 以上，此种饲料形态喂猪，影响唾液分泌，冲淡胃液，降低饲料消化率，还会因为大量水分排出体外而增加生理负担，故生产上应杜绝稀水料喂猪。

3. 生喂与熟喂　熟料喂猪有一些优点，即可提高饲料适口性，可以消灭有害微生物和寄生虫，对某些饲料可起到去毒作用。因此，部分饲料应熟喂，如大豆饼、棉籽饼、菜籽饼。而多数饲料如玉米、高粱、大麦、麸皮等经过煮熟反而降低饲喂效果，其原因是破坏了其中的许多营养素，而且浪费了大量燃料、劳力、设备等，因此，应提倡生料喂猪。

（二）**饲喂方式**　猪的饲喂方式有自由采食和限量饲喂两种。自由采食是根据猪的营养需要，配制营养平衡的日粮，任猪自由采食或分次喂饱；限量饲喂是每日喂给自由采食量的 80%～90%饲料，或降低营养浓度以达到限饲的目的。

自由采食的猪日增重高，饲料报酬略差，瘦肉率低。

限量饲喂按阶段又分为前期限量、后期限量和全期限量。其中前期限量效果最差，日增重低，饲料报酬差，瘦肉率低，一般不采用；全期限量的猪日增重较前者更低，饲料报酬与瘦肉率优于前者，一般也不宜采用；前期自由采食，保证一定的日增重，后期限量饲喂，提高饲料报酬和瘦肉率，该种饲喂方式是值得提倡的一种饲喂方式。

（三）**饲喂次数**　猪分次饲喂要注意定时、定量、定质。定时就是每天喂猪的时间和次数要固定，这样可提高猪的食欲，促进消化腺定时活动，提高饲料的消化率。如果饲喂次数忽多忽少，饲喂时间忽早忽晚，就会打乱猪的生活规律、降低食欲和消化机能，并易引起胃肠病。生产上一般采用日喂两三次，饲喂的时间间隔应均衡。

定量即掌握好每天每次的喂量，一般以不剩料、不舔槽为宜，不可忽多忽少，以免引起猪消化不良、拉稀。

一天的早、中、晚 3 次喂猪，以傍晚食欲最旺盛，午间最差，早晨居中，夏季更明显。料的给予量以早晨 35%、中午 25%、傍晚 40%为宜。

定质即饲料的品种和配合比例相对稳定，不可轻易变动，如需变换，新旧饲料必须逐步增减，让猪的消化机能有一个适应过程，突然变换易引起猪采食量下降或暴食，消化不良，生产性能下降。

三、肉猪的管理

（一）**合理分群**　生长肥育猪一般采用群饲。为避免猪合群时争斗，最好以同一窝为一群最好。如果需要混群并窝，应按来源、体重、体质、性情、吃食快慢等方面相近的猪进行合群饲养。为减少合群时的争斗，可采用"留弱不留强，拆多不拆少，夜并昼不并"的办法。分群后，宜保持猪群相对稳定，一般不任意变动。但因疾病或体重差别太大、体质过弱，不宜在群内饲养的猪，则应及时加以调整。

分群时，还应注意猪群的大小和圈养密度。猪群大小是指每一圈（或栏）所养猪的头数，圈养密度是指每头猪所占猪圈（或栏）的面积。它们直接影响猪舍的温度、湿度、有害气体等的变化和含量，也影响猪的采食、饮水、排便、活动、休息、争斗等行为，从而影响猪的健康与生产性能。猪群过大，猪的争斗次数增多，休息睡眠时间缩短，降低猪的生产性能，所以猪群不宜过大，一般以 10～20 头为宜。圈养密度过大，猪体散热增多，不利于防暑；冬季适当增大圈养密度，有利于提高圈舍温度；春秋密度过大，会因散发水汽太多，易于有害微生物繁衍，使有害气体增多，环境恶化，从而降低猪的生产性能。因此，圈养密度也不宜过大，一般在 20～50 千克阶段 $0.6～1$ 米^2/头，50～100 千克阶段 $0.8～1.2$ 米^2/头。漏缝地板圈养密度可大一些，实体水泥地面圈养密度小一些。

（二）及时调教　圈舍卫生条件的好坏，直接影响猪的健康与增重。因此，除每天清圈打扫、定期消毒外，饲养员还应及时做好猪的调教工作，调教工作要做到一早三勤，即早调教、勤守候、勤驱赶、勤调教，使猪养成吃食、睡觉、排便三角定位的习惯，以减轻饲养员劳动强度，保持圈舍清洁干燥。

调教要根据猪的生活习性进行。猪一般喜欢躺卧在高处、平处、圈角黑暗处、垫草及木板上，冬天喜睡在温暖处，夏天喜睡在风凉处。猪排便也有一定规律，一般多在低处、湿处、有粪便处以及圈角、洞口、门口等处，并多在喂食前后和睡觉起来时排便，在新的环境或受惊吓时排便较勤，掌握好这些习性是调教的基础，抓得及时是调教的关键。一般在猪刚调入新圈时要立即开始调教，可采用守候、勤赶、放猪粪引诱、加垫草等方法单独或交替使用。例如，在猪调入新圈前，要把圈舍打扫干净，在躺卧处铺上垫草，饲槽放入饲料，水槽加足饮水，并在指定排便地点堆放少量粪便，泼点水，然后把猪调入新圈。吃食、睡觉、排便三点的安排，应尽量考虑猪的生活习性。猪入圈后要加强看守，驱赶猪到指定地点排便，把排在其他处的粪便及时清到指定排便地点，一般经 3 天左右猪就会养成吃食、睡觉、排便三角定位的习惯。

（三）**去势与驱虫**　猪的性别和去势与否，对生产性能和胴体品质影响很大，生产上必须根据具体情况，灵活掌握。

对于我国地方品种猪或含我国地方品种血液较多的杂交猪，由于性成熟较早，去势后猪的性机能消失，神经兴奋性降低，日增重、饲料报酬、屠宰率、沉积脂肪能力均提高，一般公、母猪应去势肥育；对于国外引进品种猪以及含引进品种血液较多的杂交猪，由于性成熟较晚，母猪可采用不去势肥育，瘦肉率和饲料报酬较高。在某些国家，公猪也采用不去势肥育，肥育效果最佳。

小公猪一般在 7 日龄左右去势，操作方便，伤口愈合较快。小母猪一般在 30 日龄左右去势。

猪体内外寄生虫对猪危害很大，在相同饲养管理条件下，患蛔虫病的猪比健康猪增重低 30%，严重时生长停滞。生产上必须根据寄生虫的生物学和流行病学特性，有计划的定期驱虫，以提高猪的增重和饲料报酬。整个肥育期最好驱虫 2 次，肥育前进行第 1 次驱虫，体重达 50 千克左右时再驱虫 1 次。可使用左旋咪唑，按每千克体重 8 毫克拌入饲料喂服；也可用伊维菌素，每千克体重 0.3 毫克左右口服。

（四）**建立管理制度**　管理要制度化，按规定的时间与程序给料、给水、清扫粪便，及时观察猪群的食欲、精神、粪便有无异常，及时诊治不正常的猪。要建立一套周转、出售、称重、饲料消耗、治疗等的记录制度。

四、肉猪的肥育方法

我国猪的肥育，应立足国内，兼顾外销。我国目前常用的肥育方法有：阶段肥育法、一贯肥育法和淘汰的成本种猪肥育法等。

（一）阶段肥育法 即吊架子肥育法，是我国劳动人民根据猪的骨、肉、脂生长发育规律，从我国广大农村养猪以青粗饲料为主的实际出发，把猪的整个肥育期划分为几个阶段，分别以不同的营养水平，把精料重点用在小猪和催肥阶段，在中间阶段主要利用青粗饲料，尽量少用精料的肥育方法。

1. 肥育阶段的划分 由于各地猪种早熟性、肥育期长短以及体重要求不同，一般将整个肥育期大体划分三个阶段。

（1）小猪阶段 从断奶到体重 25 千克左右，饲养期约为 2 个月。这个阶段小猪生长速度相对较快，要求营养较多，日粮中精料多些，以免小猪生长发育受阻。此阶段要求日增重达 200～250 克。

（2）架子猪阶段 体重 25～50 千克，饲养期为 4～5 个月，主要饲喂青粗饲料，要求骨骼和肌肉得到充分发育，长大架子。此阶段日增重较低，为 150～200 克。

（3）催肥阶段 体重 50 千克左右到出栏。饲养期一般约 2 个月左右，是脂肪大量沉积阶段，日粮中精料比重要大，使之加快肥育。日增重 500 克以上。

2. 饲养管理技术 阶段肥育在饲养上采取"三阶段"、"两过渡"的方法，即在小猪和催肥阶段要集中使用精料，在架子猪阶段基本上以青粗饲料为主，搭配少量精料。为防止因突然增减精、粗饲料而引起食欲下降、消化道疾患及影响增重，故在小猪进入架子猪阶段和架子猪进入催肥阶段都要有一个较短时间的过渡期。

（二）一贯肥育法　一贯育肥法又叫一条龙育肥法或直线育肥法。从仔猪断奶到肉猪出栏，根据肉猪生长发育各阶段营养需要特点，供给充足营养，促进猪体各组织充分生长，以达到快速肥育的目的。一贯肥育要求肥育期短、日增重高、饲料利用率高，因此，必须重视肥育技术。

1. 饲喂方法　必须以精料为主。采用自动料箱给料，让猪昼夜随意采食；或人工定时投料，以饱为度。在小猪阶段要适当增加饲喂次数，以充分利用小猪生长快、饲料利用率高的特点。随着日龄的增长，可减少日喂次数。精料喂量应随体重增长而增加，并注意青绿饲料的供给。

2. 保证饮水　一贯肥育法，因日粮中精料多，较浓稠，特别是采用干粉料、颗粒料、生拌料饲喂，故应设置饮水器，让猪自由饮水。

3. 加强管理　肥育开始时，应做好防疫、防寒或防暑、驱虫等技术管理工作，并做好日常的清洁卫生和管理工作。

（三）淘汰种猪的肥育　淘汰种猪多年老体瘦，可利用价值差。利用淘汰的成年公母猪进行肥育的任务在于改善肉的品质，获得大量的脂肪，因此，所供给的营养物质，主要是含丰富碳水化合物的饲料。

在肥育前应进行去势，既能改善肉的品质，又有利于催肥。成年猪经去势后体质较弱，食欲又差，应加强饲养管理，供给容易消化的饲料。催肥阶段应减少大容积饲料的喂量，增加精饲料。

（四）中猪肥育　中猪是我国华南地区的食品用猪，经烧烤加工后是上等名菜。中猪是指 105～120 日龄、体重 25～35 千克的幼猪。

对中猪的要求是：头小、嘴短、皮薄、膘薄、瘦肉多、背腰直、腹小，以瘦肉型为好。经烤制后的中猪，要求皮薄、鲜红、松脆、皮与膘之间不分离。

从仔猪哺乳期至断奶后若要达到要求体重，均应采用强度饲养方式，日粮中能量和蛋白质水平要高，粗纤维的含量要低。

五、肥育猪适宜出栏体重

肉猪的适宜出栏体重是生产者必须考虑的问题，受许多因素的制约。

（一）**增重与胴体瘦肉率**　在一定的饲养管理条件下，肉猪达到一定体重时，才达增重高峰。增重高峰期的早晚、高峰期持续时间长短，因品种、经济类型、杂交组合不同而异。通常小型品种或含我国地方猪遗传基因较多的杂交猪，增重高峰期出现较早，增重高峰持续时间较短，适宜出栏体重相对较小。相反，瘦肉型品种，配套系杂交猪，含我国地方猪遗传基因较少的杂交猪，增重高峰期出现较迟，高峰期持续时间较长，出栏重应相对较大。

此外，随着体重的增长，胴体瘦肉率降低。出栏体重越大，胴体越肥，生产成本也越高。因此，应在增重高峰过后及时出栏为宜。

（二）**针对不同市场需求确定出栏体重**　养猪生产是为满足各类市场需要的商品生产，不同市场要求各异。供给东南亚市场活大猪以体重 90 千克、瘦肉率 58％以上为宜，活中猪体重不应超过 40 千克；供日本及欧美市场，瘦肉率要求 60％以上，体重 110～120 千克为宜；国内市场情况较为复杂，在大中城市要求瘦肉率较高的胴体，且以本地猪为母本的二三元杂交猪为主，出栏体重 90～100 千克为宜；农村市场则因广大农民劳动强度大，需要膘稍厚的胴体，出栏体重可更大些。

（三）**以经济效益为核心确定出栏体重**　养猪经济效益的高低主要受三个方面因素的制约，即猪种质量、生产成本和产品市场价格。出栏体重越小，单位增重耗料越少，饲养成本越低，但其他成本的分摊额度越高，且售价等级也越低，很不经济。出栏体重越大，单位产品的非饲养成本分摊额度越少，但在后期增重的成分主要是脂肪，而脂肪沉积的能量消耗量大。因此，生产者应综合诸因素，根据具体情况灵活确定适宜的出栏体重。

六、提高肥育猪胴体瘦肉率的措施

提高商品肉猪胴体瘦肉率，是当前养猪生产面临的重要课题。近年来，国内市场对瘦肉猪的需求增加，加之出口需要，发展瘦肉猪生产，不仅可以提高商品肉猪日增重，降低饲料消耗，而且可以改善肉的品质，减少脂肪含量，增强适口性，同时也是提高经济效益、改善养猪业经营状况的重要途径。

（一）**选养瘦肉型猪种或开展杂种优势利用**　外向型猪场以饲养外国引进的长白猪、大约克夏猪、杜洛克、汉普夏猪种进行杜×长大汉×长大三元杂交，其后代虽然对饲料条件要求较高，但日增重高，饲料利用率高，胴体瘦肉率 60% 以上，产品出口可获得较好的价格和利润。

内销商品肉猪可根据各地实际进行瘦肉型新品种（或品系）的育种工作，培育瘦肉型品种或品系用于商品生产。应选择瘦肉率高、生长速度快、饲料利用率高和肉质好的外国良种瘦肉型公猪做父本，以分布广、适应性强、繁殖力高和肉质好的我国地方猪种（或培育品种）作母本，进行二元或三元杂交生产瘦肉型商品猪。这是一种投资少，见效快，适合我国国情的生产瘦肉型杂种商品猪的有效途径。

（二）**提高育成猪活重和整齐度**　在母猪窝仔数相同的条件下，同窝仔猪个体初生重越均匀越好，初生重均匀，断奶仔猪的均匀性好，则断奶窝重高，6 月龄窝重高，可以提高出栏率，提高肉猪等级，提高经济效益。现代养猪要求原窝群饲，对于提高均匀度和经济效益十分有利。

（三）适宜的饲养水平 饲养水平不仅影响猪的增重速度和饲料利用率，而且对胴体瘦肉率也有一定的影响。适宜的饲养水平包括合适的能量供应水平、合适的蛋白质和氨基酸水平以及合适的矿物质和维生素水平。

饲养水平的高低是影响瘦肉率的重要环境因素。肉猪活重45千克以前，增加日粮消化能，蛋白质、脂肪沉积量和日增重均呈直线增长；肉猪活重45～90千克期间，注意稳定消化能在32兆焦水平。建议在满足消化能和氨基酸需要的条件下，体重20～60千克瘦肉型肉猪，蛋白质水平维持在16％～17％，体重60～100千克瘦肉型肉猪为14％～16％。

（四）环境温度 环境温度对脂肪沉积的影响大于对蛋白质沉积的影响，过高或过低的环境温度对脂肪和蛋白质的沉积都不利。据报道，适于蛋白质沉积的温度是18～21℃；另有报道认为氮的沉积以20～25℃时最高。据荷兰资料，在环境温度10℃与20℃条件下饲养的肥育猪，前者瘦肉率下降10.6％，膘厚增加3.4％。因此，为肥育猪创造适宜的环境温度可提高胴体的瘦肉率。同时合适的环境温度还可提高日增重，体重40～100千克瘦肉型肉猪合适的环境温度为18℃左右。

除环境温度外，其他因素，如光照、通风换气、饲养密度等都对肉猪日增重造成一定的影响。

（五）屠宰适期 肥育猪在不同体重屠宰，其胴体瘦肉率不同。控制适宜体重屠宰，可提高商品猪的胴体瘦肉率。屠宰率和瘦肉率的绝对重量，随体重的增大而提高，但瘦肉所占的百分数却下降，瘦肉和肥肉中的水分含量随体重的增大而减少。

肥育猪以多大体重屠宰为宜，既要考虑胴体瘦肉率，又要考虑综合经济效益。一般大型猪可在100千克左右屠宰，中小型猪可在75～85千克屠宰。

总之，提高猪胴体瘦肉率是发展养猪生产和改善人民生活所必需的，生产瘦肉率高的肥育猪，必须采取综合措施，如选种、杂交、饲料配合、饲养技术、肥育方式、屠宰适期、环境因素、收购价格和收购标准等方面，应从全面考虑，综合分析，并能协调一致方可见到明显的成效。

第三节　种猪的饲养管理

大家知道"种"好，"猪"才好，但是好的种猪更需要良好的饲养管理配合，才能让"好种"发挥其最大的效益。

一、种公猪的饲养管理

1. 种公猪要维持良好的健康状况，以免损失配种能力。公猪舍要有运动场等设施，以便公猪有充分的运动，保持良好的精液性状。公猪不可过度饲养，以免太胖，影响配种能力。

2. 环境温度过冷过热、配种过度、生病、受伤等都会降低配种能力，影响受胎，所以公猪舍的消毒与保持卫生都很重要。

3. 公猪应分栏饲养，以免打架及互相驾乘。每头公猪应有 25 米^2 的活动面积，以利运动，而运动场四周可植树以遮阳。公猪的运动有时可用人强迫行之。

4. 饲喂种公猪可以公猪的年龄、发育状况、配种频率、青料的有无而定。通常体重 135 千克的年轻小公猪，每头需喂 2.5～2.8 千克/日的配合饲料；而体重 225 千克以上的成熟公猪，每头饲喂 3.0～3.5 千克/日的配合饲料，最好每天分 2 次饲喂，另外再补充青饲料。

5. 为了提高公猪的性欲，在日粮中补加蛋氨酸，或加喂鸭蛋。

6. 配种时如因个体差异较大时，可借用配种架或实行人工授精。公猪的配种，依年龄、配种方式、配种间隔、身体状况等因素而考虑，并做好记录，以便考察、分析，并作为淘汰的依据。

种公猪饲养管理关键是要保证种公猪体质结实，不肥不瘦，精力充沛，性欲旺盛，精液品质良好。

二、种母猪的饲养管理

种母猪饲养管理的目的是保持一个健康的高繁殖效率的猪群。一头母猪每年能产2胎以上，每胎有9头以上的断乳仔猪，母猪断乳后1周内即行发情、配种，以缩短胎距，降低成本，提高年产仔数。

（一）配种期母猪的饲养管理

1. 后备母猪体重达60千克时，应分开饲养，并饲喂消化能 1.3×10^7 千焦/千克、粗蛋白质16%、赖氨酸0.85%的日粮。

2. 后备母猪体重达110～130千克、背膘厚18～20毫米时，在第二个情期配种较为适宜。

3. 后备母猪在配种前10～14天应采取自由采食的饲喂方式，以提高后备母猪的排卵率。配种后，立即减少饲喂量。

4. 观察发情可借助试情公猪，效果较好。

5. 最好采取重复配种，有利于提高配种受胎率和母猪产仔率。

6. 断奶时和刚断奶阶段，应继续按几乎接近自由采食时的量喂给母猪泌乳日粮，每日最好饲喂3.5～4千克饲料，这样有利于母猪弥补哺乳时的体重损失。

7. 将数头断奶的母猪集中关在一栏，有利于促进母猪的发情，尤其是初产母猪，效果更好。

8. 从断奶到配种饲喂高水平的抗生素可提高母猪的产仔率。

（二）妊娠期母猪的饲养管理

1. 母猪配种后当天应减料至每天1.8～2.2千克。年龄和膘情差的母猪及寒冷季节适当多喂，成熟和膘情好的母猪适当少喂。

2. 配种后，安静与休息是此期饲养管理的重点，因为配种后母猪在生理和饲养上均需要宁静与休息，使子宫能有效的埋植更多的受精卵，此期的母猪应尽量减少刺激，以避免胚胎的损失和流产。母猪群养比单养时的饲料给予量应提高15％。

3. 妊娠后期，改喂哺乳母猪料，每天饲喂3～3.5千克/头，直到分娩，有条件的情况下，每天加喂些青料。

4. 母猪的妊娠诊断是减少空怀、提高繁殖效率的重要手段，故需认真做好配种后18～24天以及39～45天复发情的检测。

5. 分栏单养，避免打架和争食而引起流产。

6. 猪舍应保持冬暖夏凉，通风良好。

7. 妊娠90天时驱除体内外寄生虫。

妊娠期母猪饲养管理关键是妊娠前期饲喂量要少，妊娠后期饲喂量加大，喂给哺乳母猪料，保证胚胎正常发育。

（三）分娩哺乳期母猪的饲养管理

1. 分娩栏在分娩前1周应该打扫干净，包括地面及其他设备如饲料槽、水槽等。

2. 分娩前5天将母猪洗刷干净，赶入分娩栏，准备待产，并用麸皮取代部分饲料。以防止母猪运动受到限制而导致便秘。

3. 分娩舍应保持安静、清洁、干燥，夏季通风凉爽，冬季防风保温。

4. 分娩母猪产前1天减料，保证充足的饮水，乳头彻底清洁。通过预产期和分娩征候（起卧不安、奶头可挤出乳汁、厌食等）判断分娩时间，产前和产中避免骚扰。正常分娩时间为2～4小时，平时每头仔猪出生的间隔为15～20分钟。发现母猪难产（间隔超过半小时未有仔猪或胎衣排出）要及时处理（注射催产素或人工助产）。生下来的仔猪剪脐带、去犬齿，注意消毒。

5. 产后最好做子宫冲洗及注射抗生素和前列腺素（在最后

产仔时间的 36～48 小时一次性肌内注射 $PGF_{2\alpha}$ 2 毫升，注意不要超过这个时间，否则子宫颈关闭，起不到帮助排出恶露的作用）以帮助恶露排出和子宫复位，同时也有利于母猪断奶后再发情。

6. 母猪产后逐渐加料并喂麸皮盐水和电解质水，3 天后恢复喂料，并尽量让母猪多采食。带 10 头以上仔猪时，每头母猪多加喂 0.5 千克/日饲料，并充分供应清洁的饮水，若饲料给予不充分，造成泌乳量较少，将影响仔猪的发育，同时仔猪断奶后母猪发情间隔延长。

7. 如果母猪在分娩后 10 天泌乳不良，就需检查日粮，特别注意能量、蛋白质和钙磷水平的比例。

8. 温度高于 25℃ 的环境，对公、母猪产生热应激，造成公猪性欲及精液品质下降，延迟母猪发情和缩短发情时间以及发情不明显，增加胚胎死亡率和延长母猪分娩时间，降低采食量而导致球蛋白含量低，致使仔猪抵抗力下降和育成率降低，增加公、母猪淘汰率及死亡率等。因此，环境温度保持凉爽舒适，对种猪繁殖力具有重要意义。目前，较有效的降温措施有采用空调设备、水帘式降温猪舍、增加通风、使用隔热屋顶、易传导散热地板、给猪淋浴等措施。哺乳母猪可用颈部滴水降温，怀孕母猪喷雾洒水降温等。

哺乳期母猪的饲养管理关键是供给母猪营养全面丰富、容易消化的饲料，保持健康舒适的环境条件，保证仔猪正常生长发育。

第七章
生态养猪技术

我国有着发展生态养猪业的悠久历史和优良传统,传统养猪业还猪粪于农田,提出了猪多、肥多、粮多的猪粮结合模式,在一定的范围内维持养猪与环境生态平衡的一个良性循环。随着现代养猪业的不断发展,规模扩大,集约化程度日益提高,机械化操作逐步代替人工劳动,猪粪尿量与污水量大幅度增加,运用传统的猪粮结合模式已不能适应养猪生产的需要,现代化生态养猪业要求建立以养猪为中心,开展生态养猪综合利用的配套系统工程。

第一节　生态养猪的主要技术特点

一、生态养猪的概念

生态养猪是运用生态学原理、食物链原理、物质循环再生与物质共生原理,采用系统工程方法,在适宜猪生长繁殖的环境下,在一定的养殖空间和区域内,通过合适的技术和管理措施,把养猪业与农、林、渔及其他生态环境有机结合起来,有效开发和循环利用饲料资源,以降低生产成本,变废为宝,减少环境污染,保持生态平衡,实现养猪经济效益、生态效益、社会效益的一种养殖方式,是养猪业发展的高级阶段。目前我国许多地方推广的"养猪-沼气-植物"三位一体的生态养猪模式,就是一种典型的生态养猪模式。

二、生态养猪的主要技术特点

中国现代化养猪业污染环境、破坏环境是一个严重问题，生态养猪业在项目工程立项过程中必须把环境污染问题作为一个中心问题处理，按猪与环境自然协调的原则打造园林式的生态猪场。生态养猪的主要技术路线是病原体的净化系统—排污净化系统—绿色饲养系统—优美的生态猪场环境。

生态养猪从品种的优选劣汰到仔猪的生长、商品猪的出栏，整个过程采用封闭的跟踪系统，有效地杜绝外来病原菌的侵入，配以各个阶段猪场隔离净化技术，可以最大限度地降低和清除重大传染病的影响，保障猪场和猪群健康；排泄净化系统将有害的废弃物转化成农业产业必需的有机化肥，减少化肥农药的使用量，确保粮食生产的生态环境卫生；绿色饲料的生产，能有效地提高饲料转化率，降低粪便的污染。在生猪饲养过程中，使用绿色饲料，尽量避免使用抗生素，从而生产安全的猪肉产品。

第二节　生态养猪的类型和流行模式

一、生态养猪的类型

生态养猪业在我国可以和庭院经济的开发结合进行，适用于目前广大农村地区，也可以实施规模化养殖。现代化养猪业要求无论养猪规模大小，都要实行生态养猪。目前生态养猪有下列几种类型。

1. 养—养结合型　养—养结合型是养殖业的主体开发型，主要是利用猪粪尿的科学处理，结合不同种类动物对食物和环境条件的需求差，进行合理的搭配、科学的组合，相互利用，相互促进，实现低投入、高产出，多层次的效益。

（1）养猪—养鱼　这是利用养猪废弃物和猪粪尿换取鲜鱼的模式。一般养一头 90 千克肉猪约产猪粪尿及污水 2 500 千克，每 40 千克猪粪尿可养出 1 千克鲜鱼，如果亩*产 400 千克鲜鱼，全年饲养 6～7 头肉猪即可，这种类型的鱼产量主要是指滤食性鱼类。若要挖掘池塘生产潜力，也可增放其他吞食性鱼类，增加青精饲料，达到精养、高产的目的。

（2）养猪—猪粪尿厌氧发酵生产沼气—沼气燃烧产生热能　这种类型的利用方式有沼水、沼渣—养鱼，沼水、沼渣—养蚯蚓—生产养殖业饲料，沼水、沼渣—有机肥料—培育中草药、花卉等。

（3）养猪—养胡子鲶　胡子鲶是杂食性鱼类，具有生长快、耐低氧、疾病少、离水不易死亡、便于运输等特点，在我国南方广为流行。一般每亩水面可放养 3.3 厘米左右长的鱼苗 4 000～7 000尾，饲料可用子孑、蚯蚓、脏蛆、粪尿等，每天投食量为鱼体总重量的 5%～10%。投食做到定位、定时、定量（每 10 千克鱼可投猪粪尿 3 千克）。注意防止农药毒害和预防蛇类、水蜈蚣等敌害。

2. 养—种结合型　养种结合型立体开发，是将养猪业与种植业有机地结合一起，形成食物链式利用，提高物质良性循环和转化速度，其中猪粪尿的科学处理和利用是关键所在。当猪粪尿渗透进入土壤时，借着生物作用使粪污中某些有机物被微生物分解；经过土壤的物理作用过滤除去细菌；而化学作用可使某些物质被氧化还原加以去除。

养种结合型的利用方式主要有养猪—水稻种植，养猪—牧草、蔬菜、经济作物种植，养猪—果树种植，养猪—有机肥料—有机蔬菜、有机水果。

田间处理猪粪尿需掌握三条原则：①不影响作物生长及其品

---

* 亩为非法定计量单位，1 亩＝1/15 公顷。

质；②不因长期施用而劣化土壤；③不污染水源和空气，造成公害。

3. 养—种—养混合型　养—种—养混合型是一种养殖—种植—养殖或养殖—养殖—种植结合型的立体开发，利用食物链的模式，将多种养殖业和种植业有机地结合在一起，实行多层次的深度开发，实现物质多层次的转化，获得多层次的效益。利用方式主要有下列几种。

（1）养猪—种桑—养蚕—养鱼　利用猪粪尿种桑，种桑与养蚕、养鱼密切配合，桑叶养蚕，蚕茧缫丝，蚕沙、蚕蛹和蚕蛹水养鱼。

（2）养猪—种草—养鱼　每百千克猪粪尿直接养鱼，可生产滤食性和杂食性鱼 2.5 千克；如果用来种草，可产草 100 千克以上，用草来养鱼可产草鱼 4 千克以上，并带养滤食性和杂食性鱼 1.5 千克以上，合计产鱼可达 6 千克。

（3）养猪—种植食用菌—利用菌糠加工饲料等。

二、生态养猪的模式

目前国内外生态养猪主要流行以下几种模式。

1. 养猪—沼气—蔬菜种植能源生态工程模式　利用猪粪尿入池产生沼气，供日常生活使用，将沼渣用来种植蔬菜，沼液和部分菜叶用来喂猪。

2. 养猪—养鱼—种粮模式　猪粪尿入沼气池和水沟，水沟里养鱼，猪粪便成了鱼的养料，利用沼气照明、加工饲料；沼气产生有机肥料，发展农业生产。使用沼肥，既减少粪便污染环境，也降低了农作物种植成本，更可以改良土壤，保持生态平衡。

3. 养猪—沼气—养鱼—种植水果、粮食模式　猪粪便入沼气池产生沼气，沼液流入鱼塘，最后进入氧化塘，经净化后再排到稻田灌溉。利用沼气渣、鱼塘泥作肥料，施于果园。由于建立了多层次的生态良性循环，构成了一个立体的养殖结构，可以有效开发和循环利用饲料资源，降低生产成本，变废为宝，减少环境污染，防止畜禽流行性疾病的发生，获取最大的经济效益。

4. 养猪—沼气—种草模式　把猪的排泄物放入沼气池进行厌氧发酵作无害化处理，沼液抽到牧草地灌溉杂交狼尾草。养猪户把狼尾草打成草浆，按 1：1 搅拌混合饲料饲喂生猪。一头商品猪从小猪到 100 千克出售，可以节约饲料成本 25 元左右，由于吃草的猪肉质鲜美，每头猪以高于市场价格出售，一头喂草的猪可比喂精料的猪增收 55 元左右。

5. 鸡、鸭养殖—养猪—沼气—养鱼模式　将鸡、鸭粪便发酵掺入配合饲料喂猪，或用鲜、干鸡粪喂猪，在猪圈旁建沼气池，利用猪粪制取沼气，沼液流入鱼池养鱼，使放养的鲢、鳙鱼产量增加 50%，沼渣还可作果树、蔬菜和水杉的肥料，形成了一个布局合理、结构严密的生态农业。

6. 养禽—沼气—养猪—种粮模式　用鸡粪便作为沼气池发酵的原料，既重复利用鸡粪中的有机物质，又净化了鸡场本身及周围的环境。所产沼气用于炒茶、孵化、鸡舍保温和村民生活用能源，节约了大量的煤炭。在猪饲料中沼渣用量为 20%，再以猪粪、沼渣肥田，提高了土壤生产能力，一年可节省化肥 5 吨，生产粮食每公顷达 12 吨。

总之，生态养猪业是一项现代化养猪业的系统工程，需要因地制宜，从当地环境实际出发，探索物质循环规律，找出良性生态循环的现代养猪模式，获取最大限度的生态效益、经济效益和社会效益。

第八章
猪场建筑设计及设备

随着猪场向规模化、集约化、工厂化方向的发展，对猪场设置的要求更加严格，必须给予足够的重视。一般应当考虑保证场区有较好的小气候条件，有利于舍内空气环境的控制；有利于防疫，便于严格执行各项卫生防疫制度和措施；便于合理组织生产，有利于提高设备利用率和劳动生产率。因此，猪场的设置应从场址选择、场地规划与建筑物布局等方面考虑，尽量做到完善合理。

第一节　场址选择

场址的选择应根据猪场的性质、规模、集约化程度等基本特点，对地势、地形、土质、水源、能源、交通、防疫、粪尿处理等方面进行考虑，综合分析后再作决定。

一、地势地形

地势应高燥，地下水位应在 2 米以下，以避免洪水威胁和土壤毛细管水上升造成地面潮湿。

地面应平坦而稍有缓坡，以便排水，一般坡度在 1%～3% 为宜，最大不超过 25%。

地势应避风向阳，减少冬春风雪侵袭，故一般避开西北方向的山口和长形谷地等地势；为防止在猪场上空形成空气涡流而造成空气的污浊与潮湿，主场不宜建在谷底和山坳里。

地形要开阔整齐，有足够的面积。场地过于狭长或边角太多不便于场地规划和建筑物布局，面积不足会造成建筑物拥挤，不利于舍内环境改善和防疫，一般按可繁母猪每头 40～50 米² 考虑。

二、土　壤

猪场场地土壤的物理、化学、生物学特性，对猪场的环境、猪只的健康与生产力均有影响。一般要求土壤透气透水性强，毛细管作用弱，吸湿性和导热性小，质地均匀，抗压性强，且未曾受过病原微生物污染。

沙壤土兼具沙土和黏土的优点，是建猪场的理想土壤。

土壤一旦被病原微生物污染，常具有多年危害性，因此，选择场址时应避免在旧猪场场址或其他畜牧场场地上重建或改建。

为了少占或不占耕地，选择场址时对土壤种类及其物理特性不必过于苛求。

三、水源水质

猪场需有可靠的水源，保证水量充足，水质良好，取用方便，易于防护，避免污染。

四、电力与交通

选择场址时，应重视供电条件，特别是集约化程度较高的大型猪场，必须具备可靠的电力供应，并具有备用电源。

猪场的饲料、产品、粪便等运输量很大，所以，场址应选在农区，交通必须方便，以保证饲料就近供应，产品就近销售，粪尿就地利用处理，以降低生产成本和防止污染周围环境。

五、卫生防疫

选择场址时，应重视卫生防疫。交通干线往往是疫病传播的途径，因此，场址既要交通方便，又要远离交通干线，一般距铁路与国家一、二级公路不应少于 300～500 米，最好在 1 000 米以上，距三级公路不少于 150～200 米，距四级公路不少于 50～100 米。

猪场与村镇居民点、工厂、其他畜牧场、屠宰厂、兽医院应保持适当距离，以避免相互污染。与居民点、工厂的距离宜在 1 000 米以上；与其他畜牧场的距离宜在 1 500 米以上；与屠宰厂和兽医院的距离宜在 2 000 米以上。

第二节　场地规划与建筑物布局

场址选定后，应遵循有利防疫、改善场区小气候、方便饲养管理、节约用地等原则，考虑当地气候、风向、场地的地形地势、场地各种建筑物和设施的尺寸及功能关系，规划全场的道路、排水系统、场区绿化，安排各功能区的位置及每种建筑物和设施的朝向与位置。

一、猪场总体布局

一个完善的规模化猪场在总体布局上应包括四个功能区，即生活区、生产管理区、生产区和隔离区。考虑到有利防疫和方便管理，应根据地势和主风向合理安排各区。

（一）生活区　生活区包括职工宿舍、食堂、文化娱乐室、活动或运动场地等。此区应设在地势较高的上风向或偏风向，避免生产区臭气与粪水的污染，并便于与外界联系。

（二）**生产管理区**　此区包括消毒室、接待室、办公室、会议室、技术室、化验分析室、饲料厂、仓库、车库、水电供应设施等。此区也应设在地势较高的上风向或偏风向。由于该区与社会联系频繁，与场内饲养管理工作关系密切，应严格防疫，门口设车辆消毒池、人员消毒更衣室以及洗澡间。饲料厂的位置应考虑场外原料入库方便，成品料便于向厂内运输，原料最好经卸料窗入库，非本场内车辆一律禁止入场。

（三）**生产区**　生产区包括各类猪舍和生产设施，是猪场的最主要区域，禁止一切外来车辆与人员入内。饲料运输用场内小车经料库内门领取，围墙处设装猪台，售猪时经装猪台装车，避免装猪车辆进场。

（四）**隔离区**　隔离区包括兽医室、隔离猪舍、尸体剖检和处理设施、粪污处理区等。该区设在地势较低的下风或偏风处，并注意消毒及防护。

二、生产区布局

生产区的各类猪舍是根据不同类别、年龄猪群的生理特点与其对环境的不同要求进行设计的，一般划分为五类，即配种舍、妊娠舍、分娩舍、保育舍和生长育肥舍。在布局上应考虑有利防疫、便于饲养管理、节约用地等原则，尽可能按照工厂化养猪的工艺流程进行安排。一般将种猪舍安排在地势较高的上风向或偏风向；保

图8-1　生产布局示意图

育与生长育肥舍安排在地势较低的下风向或偏风向，两区间最好保持适当距离或采取一定的隔离防疫措施。猪场的育肥猪所占比例较大，所需饲料量及粪尿排泄量也大，其位置应考虑靠近粪便处理区，饲料运输应便利。

第三节　猪舍建筑

一、猪舍形式

猪舍按墙壁结构、窗户有无和猪栏排列分为多种形式。

（一）按猪舍屋顶结构分类　按猪舍屋顶结构将猪舍分为单坡式、双坡式、联合式、平顶式、拱顶式、钟楼式、半钟楼式等。

1. 单坡式　一般跨度较小，多用于单列式猪舍，优点是结构简单，屋顶材料较少，施工简单，造价低，舍内通风、光照较好；缺点是冬季保温差，土地面积及建筑面积利用率低。适合于养猪专业户和小规模猪场。

2. 双坡式　双坡式可用于各种跨度的猪舍，一般用于跨度较大的双列或多列式猪舍。双坡式屋顶由于跨度大，其优点是保温好，若设吊顶保温性能更好，节约土地面积及建筑面积。缺点是对建筑材料要求高，投资稍大。我国规模较大的猪场多采用此种类型。

3. 联合式　联合式猪舍的特点介于单坡和双坡式屋顶之间。

4. 平顶式　平顶式多为预制板或现浇钢筋混凝土屋面板，可适宜各种跨度。该种屋顶只要做好屋顶保温和放水，合理施工，使用年限长，使用效果较好；缺点是造价较高。

5. 拱顶式　拱顶式猪舍可用砖拱或钢筋混凝土壳拱，现已很少采用。

6. 钟楼式和半钟楼式　钟楼式猪舍是在双坡式猪舍屋顶上

安装天窗，如只在阳面安装天窗即为半钟楼式。优点是舍内空间大，天窗通风换气好，有利于采光；缺点是不利于保温。适宜炎热的地区。

（二）按墙的结构和窗户有无分类　猪舍按墙的结构可分为开放式、半开放式和密闭式，密闭式猪舍按窗户有无又分为有窗密闭式和无窗密闭式。

1. 开放式猪舍　开放式猪舍三面设墙，一面无墙。优点是结构简单，造价低，通风采光好；缺点是受外界环境影响大，尤其是防寒能力差，在冬季如能加设塑料薄膜，也能够获得较好的效果。养猪专业户可采用该种类型猪舍，冬季加设塑料薄膜。

2. 半开放式猪舍　半开放式猪舍三面设墙，一面设半截墙。其使用效果与开放式猪舍接近，只是保温性能略好，冬季也可加设草帘或塑料薄膜。

3. 有窗密闭式猪舍　该种猪舍四面设墙，纵墙上设窗，窗的大小、数量和结构可以当地气候条件来定。寒冷地区可适当少设窗户，南窗宜大，北窗宜小，以利保温。为解决夏季通风降温，夏季炎热地区可在两纵墙上设地窗，屋顶设通风管或天窗。有窗式猪舍的优点是保温隔热性能较好，并可根据不同季节启闭窗扇，调节通风量和保温隔热，使用效果较好，特别是防寒效果较好；缺点是造价较高。它适合于我国大部分地区，特别是北方地区以及分娩舍、保育舍和幼猪舍。

4. 无窗密闭式猪舍　该种猪舍墙上只设应急窗，仅供停电时用。舍内的通风、光照、采暖等全靠人工设备调控。优点是给猪提供适宜的环境条件，有利于提高猪的生产性能和劳动生产率；缺点是猪舍建筑、设备等投资大，能耗和设备维修费用高。因而，在我国还不十分适用。

（三）按猪舍排列分类　猪舍按猪栏的排列又可分为单列式、双列式和多列式猪舍。

1. 单列式猪舍　单列式猪舍的猪栏排成一列，靠北墙设饲喂走道，舍外可设或不设运动场，跨度较小，一般为 4～5 米。优点是结构简单，对建筑材料要求低，采光及舍内空气环境较好；缺点是土地面积及建筑面积利用率低，冬季保温能力差。该种方式适宜养猪专业户和种猪舍。

2. 双列式猪舍　双列式猪舍猪栏排成两列，中间设一走道，或在南北墙再各设一条清粪通道，一般跨度在 7～10 米。优点是土地面积及建筑面积利用率较高，管理方便，保温性能好；缺点是北侧猪栏采光差，圈舍易潮湿。规模化猪场多采用双列式猪舍。

3. 多列式猪舍　多列式猪舍猪栏排成三列、四列或更多列，一般跨度在 10 米以上。优点是土地面积及建筑面积利用率高，管理方便，保温性能好；缺点是采光差，圈舍阴暗潮湿，空气环境差，并要求辅以机械通风。一般情况下不宜采用。

（四）按猪舍的用途分类　不同种类的猪群对猪舍环境条件要求不同，猪栏的形式和大小、饮水、清粪等要求也各不相同，很难用一种方式满足各种猪群的需要。传统养猪生产最简单的只有一种通用猪舍，各种猪群都在同一种猪舍内饲养，这种猪舍没有什么专用设备，造价低，但不能满足各类猪群对环境的要求，不利于防疫，不能按科学技术要求进行饲养管理，不便于规模经营，不利于专业化、工厂化生产。随着现代化养猪的发展，猪舍建筑常根据不同种类的猪群对环境条件的要求，将猪舍划分为四类，即妊娠舍、分娩舍、保育舍、生长育肥舍。猪舍的结构、样式、大小、保温隔热性能等都有所不同。一个猪场需建哪几种猪舍、各建多少，要根据猪场的性质、规模、预期生产水平等而定。

二、猪舍建筑与设备设计参数

建造规模化、集约化、工厂化猪场时，必须考虑各种猪舍的特点，选择适宜的温度、湿度、光照指标。根据不同猪群的特点，确定不同猪栏的高度和面积，对猪舍设备进行合理的设置，以保证工艺流程顺利进行。主要猪舍建筑参数列于表 8-1 和表 8-2。

表 8-1　各类猪舍环境参数

猪舍种类	舍温 （℃）	照度 （勒克斯）	采光系数	相对湿度 （%）	噪声 （分贝）	调温风速 （米/秒）
种猪舍	16～18	110	1/10	75	50～70	0.3
分娩舍	18～22	110	1/10	75	50～70	0.3
分娩舍仔猪	28～32	110	1/10	75	50～70	0.3
生长猪舍	18～22	80	1/11	75	50～70	0.3
育肥猪舍	16～20	20	1/22	75	50～70	0.3

表 8-2　猪栏面积等参数

类　别	体重 （千克）	每头猪最小占地面积（米²）				食槽宽 （厘米）	每栏 头数
		实体地面	部分漏缝	全部漏缝	网上饲养		
断乳仔猪	4～11	0.37	0.26	0.22	0.20	12～15	10～30
生长育肥猪	11～18	0.56	0.28	0.26	0.24	15～20	10～30
	18～45	0.74	0.37	0.35	0.33	22～27	10～30
	45～68	0.93	0.56	0.56	0.56	27～35	10～30
	68～100	1.12	0.74	0.74	0.70	27～35	10～30
后备母猪	113～116	1.40	1.12	1.12	1.12	50～60	4～12
空怀母猪	136～227	1.67	1.40	1.40	1.40	50～60	4～12
初产母猪	—	1.58	1.30	1.30	1.30	50～60	4～10
经产母猪	—	1.67	1.40	1.40	1.40	50～60	4～10

三、猪舍建筑设计及内部布置

不同年龄、不同性别、不同生理阶段的猪对环境及设备的要求不同，设计猪舍应根据猪的生理特点和生物学特性，合理布置猪栏、走道和合理组织饲料、粪便运送路线，选用适宜的生产工艺和饲养管理方式，充分发挥猪只的生长潜力，同时提高劳动效率。

（一）配种舍　配种舍包括公猪栏和待配母猪栏，小规模猪场常分别建公猪舍和母猪舍，采用单列带运动场开放式。在集约化、工厂化猪场，为了管理方便，常将公猪栏和待配母猪栏设置在同一栋猪舍，叫配种舍。配种舍可设计成双列式和多列式，母猪可采用圈养，每圈 4～10 头，面积 1.4～1.7 米²；也可采用限位栏饲养，每栏长 2.1 米，宽 0.6 米。公猪采用圈养，每头一圈，每圈长 3 米，宽 2.4 米，年出栏 1 万头商品猪猪场需公猪栏 21～25 个，母猪 108 头，限位栏 135 个。

（二）妊娠舍　妊娠母猪舍设计成单列式和双列式。小规模猪场可采用单列带运动场开放式。在集约化、工厂化猪场，可设计成双列式或多列式。母猪可采用圈养，每圈 4～10 头，面积 1.4～1.7 米²；也可采用限位栏饲养，每栏长 2.1 米，宽 0.6 米。年出栏 1 万头商品猪猪场妊娠母猪存栏 228 头，需限位栏 312 个。

（三）分娩舍　分娩舍常采用有窗密闭式，舍内配置保育网，每个保育网 3 米²，容纳仔猪 10 头左右，两列三走道或三列四走道设置，配备供暖设备。年出栏 1 万头商品猪猪场保育舍存栏断乳仔猪 1 000 头左右，需保育网 144 张。

（四）生长育肥舍　生长育肥舍可设计成单列式和双列式。小规模猪场可采用单列开放式。在集约化、工厂化猪场，可设计成双列式或多列式。采用实体地面、部分漏缝或全部漏缝地板群养，每圈 10～20 头，面积 0.35～1.1 米²/头。年出栏 1 万头商品猪猪场生长育肥猪存栏 2 700 头左右，需 384 栏（每栏 10 头左右）。常见的为两列中间设置一走道。

第四节　猪场设备

为了给猪创造良好环境，提高劳动生产率，集约化、工厂化养猪必须配备相应的设备，主要有猪栏、漏缝地板、饲料供给及饲喂设备、供水及饮水设备、供热保温设备、通风降温设备、清洁消毒设备、粪便处理系统及设备、检测仪器及用具、运输器具等。

一、猪　　栏

为了减少猪舍占地面积，便于饲养管理和改善环境，在不同的猪舍要配置不同的猪栏，按照猪栏的结构将猪栏分为实体猪栏、栅栏猪栏、母猪限位栏、高床产仔栏、高床育仔栏。有的按其用途将猪栏分为公猪栏、配种栏、妊娠栏、分娩栏、保育栏、生长育肥栏等。

（一）栅栏式猪栏　即猪栏内圈与圈之间以 0.8～1.2 米高的栅栏相隔，栅栏通常由钢管、角钢、钢筋等焊接而成。优点是猪栏占地面积小；夏季通风好，有利于防暑；便于饲养管理。缺点是钢材耗量大，成本稍高；相邻圈之间接触密切，不利于防疫。现代化猪场的猪栏多为栅栏式，适用于公猪、母猪及生长育肥猪群养。

（二）实体猪栏　即猪栏内圈与圈之间以 0.8～1.2 米高的实体墙相隔，材料常用钢筋混凝土预制板、半砖厚每面抹水泥砂浆等。优点是便于就地取材，造价低；相邻圈之间相互隔断，有利于防疫。缺点是猪栏占地面积大；夏季通风不好，不利于防暑；不便于饲养管理。适用于专业户及小规模猪场饲养公猪、母猪及生长育肥猪。

（三）综合式猪栏　即猪栏内圈与圈之间以 0.8～1.2 米高的实体墙相隔，沿通道正面用栅栏。该种猪栏集中了栅栏式猪栏和实体猪栏的优点，既适宜专业户及小规模猪场，也适宜现代化猪场饲养公猪、母猪及生长育肥猪。

（四）母猪单体限位栏　单体限位栏用钢管焊接而成，由两侧栏架和前门、后门组成，前门处安装食槽和饮水器，栏长 2.1 米，宽 0.6 米，高 0.96 米。单体限位栏用于饲养空怀及妊娠母猪，与以圈为单位群养母猪相比，优点是便于观察发情，便于配种；避免母猪采食争斗，易掌握喂量，控制膘情。缺点是限制了母猪运动，容易出现四肢软弱或肢蹄病。适用于集约化和工厂化养猪。

（五）高床产仔栏 用于母猪产仔和哺育仔猪。由底网、围栏、母猪限位架、仔猪保温箱、食槽组成。底网多采用直径 5 毫米的冷拔圆钢编织的编织网或塑料漏缝地板，长 2.2 米，宽 1.7 米，下面辅以角钢和扁铁，靠腿撑起，离地 20 厘米左右；围栏为底网四面侧壁，用钢管和钢筋焊接而成，长 2.2 米，宽 1.7 米，高 0.6 米，钢筋间缝隙 5 厘米；母猪限位架长 2.2 米，宽 0.6 米，高 0.9~1.0 米，位于底网中间，限位架前安装母猪食槽和饮水器，仔猪饮水器安装在前部或后部；仔猪保温箱长 1 米，宽 0.6 米，多由水泥预制板组装而成，置于产栏前部一侧。采用高床产仔栏的优点是少占地，猪舍面积利用率高；便于管理；母猪限位，可防止或减少压死仔猪；仔猪不与地面接触，干燥、卫生、减少疾病和死亡。缺点是耗费钢材量大，投资高。目前规模化猪场多采用高床产仔栏。

（六）高床育仔网 主要用于饲养 4~10 周龄的断乳仔猪，其结构与高床产仔栏的底网及围栏相同，只是高度为 0.7 米，离地面 20~40 厘米，面积根据猪群大小而定，一般长 1.8 米，宽 1.7 米，饲养断乳仔猪 10 头左右。优点是少占地，猪舍面积利用率高；便于管理；仔猪不与地面接触，干燥、卫生、减少疾病和死亡。缺点是耗费钢材量大，投资高。目前规模化猪场多采用高床育仔网培育仔猪。

二、漏缝地板

为了保持猪舍内清洁卫生，改善环境条件，规模化猪场普遍采用粪尿沟上铺设漏缝地板，要求漏缝地板应耐腐蚀，不变形，表面平，不滑，导热性小，坚固耐用，漏粪效果好，易冲洗消毒，适应各种日龄的猪行走站立，不损伤猪蹄。漏缝地板的种类主要有钢筋混凝土地条或板块、钢筋编织网、钢筋焊接网、塑料板块、铸铁块等。

三、供水及饮水设备

猪场用水量较大，需配备供水和饮水设备。主要包括水塔、供水管道和自动饮水器等。

（一）**水塔** 水塔是蓄水的设备，要有相当的容积和适当的高度，容积应能保证猪场 2 天左右的用水量，高度应比最高用水点高出 1～2 米，并考虑保证适当的压力。

（二）**供水管道** 要求设计合理，主要管道要有相当的截面积，并防止滴漏、跑水和冬季冻结。

（三）**自动饮水器** 猪用自动饮水器的种类很多，主要包括鸭嘴式、乳头式、杯式、连通式等。猪场应用最普遍的是鸭嘴式自动饮水器。

鸭嘴式自动饮水器结构简单，耐腐蚀，密封好，不漏水，寿命长，水流出时压力小，流速较低，符合猪只饮水要求。常用的鸭嘴式自动饮水器有大小两种规格，小型的流量为 2～3 升/分钟，适宜哺乳期仔猪和断乳仔猪用；大型的 3～4 升/分钟，适宜生长育肥猪和公母猪用。

四、饲料加工、供给及饲喂设备

猪场饲料的运输、饲喂工作约占工作总量的 40％，为了提高劳动生产率，并将饲料定时、定量、无损的喂给猪只，必须配备相应的设备，尤其是对于集约化和工厂化猪场。其设备主要包括饲料加工机组、饲料运输车，贮料仓、饲料输送机、食槽、自动给料箱等。采用机械设备的种类、数量、程度等应根据猪场的规模、设计的现代化程度及当地的人力资源等条件来定。

根据猪场利用设备的程度，可分为以人工喂料为主和机械喂料为主两种。以机械喂料为主的方式是经饲料加工厂加工好的全价配合饲料，直接装入带搅龙的饲料罐车送到猪生产区内，打入饲料贮存塔，然后用螺旋输送机输送到猪舍内的自动落料饲槽或食槽，供猪采食。这种方式的优点是饲料保持新鲜，不受污染，减少包装、装卸和散漏损失，节省劳力，提高劳动生产率；缺点是投资大，对电的依赖性大。因此，目前只有在少数有条件的现代化猪场采用，而大多数猪场以人工喂料为主，采用袋装，人工送到猪舍，投到自动落料饲槽或食槽，供猪采食。

人工喂料所需设备较少，除食槽外，主要是加料车。加料车目前在我国应用较普遍，一般加料车长 1.2 米，宽 0.7 米，深 0.6 米，有两轮、三轮和四轮三种，轮径 30 厘米左右。饲料车机动性好，可在猪舍走道与操作间之间的任意位置行走和装卸饲料；投资少，制作简单，适宜运送各种形态的饲料。

五、清洁与消毒设备

规模化养猪由于数量大、密度高，一旦有疫情，就很可能在猪群中迅速传播，除了因死亡而造成直接经济损失外，猪只生长发育缓慢，饲料利用率降低，药物、人力等方面的损失也十分巨大，并还会给猪场留下病根，成为后患。因此，猪场必须建立严密的卫生防疫体系，以预防为主，并采取综合措施。其中，卫生消毒是关键措施之一。所需配备的清洁消毒设备主要有人员车辆消毒设施和环境清洁消毒设施。

（一）人员车辆消毒设施　凡是进入场区的人员、车辆等必须经过彻底的清洗、消毒、更衣等环节。所以，猪场应配备人员车辆消毒池、人员车辆消毒室、人员浴池等设施及设备。

1. 人员车辆消毒池　在场门口应设与大门同宽、1.5倍汽车轮周长的消毒池，对进场的车辆四轮进行消毒。在进入生产区门口处再设消毒池。同时在大门及生产区门口的消毒室内应设人员消毒池，每栋猪舍入口处应设小消毒池或消毒脚盆，人员进出都要消毒。

2. 人员车辆消毒室　在场门口及生产区门口应设人员消毒室，消毒室内要有消毒池、洗手盆、紫外线灯等，人员必须经过消毒室才能进入行政管理区及生产区。有条件的猪场在进入厂区的入口处设置车辆消毒室，用来对进入场区的车辆进行消毒。

3. 浴室　生产人员进入生产区时，必须洗澡，然后换上经过消毒的工作服才可以进入。因此，现代化猪场应有浴室。

（二）环境清洁消毒设备　猪场常用的设备主要有地面冲洗喷雾消毒机、火焰消毒器等。

1. 地面冲洗喷雾消毒机　工作时柴油机或电动机带动活塞和隔膜往复运动，将吸入泵室的清水或药液经喷枪高压喷出。喷头可以调换，既可喷出高压水流，又可喷出雾状。地面冲洗喷雾消毒机工作压强一般为 $1.47 \times 10^6 \sim 1.96 \times 10^6$ 帕，流量为 20 升/分钟，冲洗射程 12～14 米。优点是体积小，机动灵活，操作方便；既能喷水，又能喷雾，压力大，可节约清水或药液。因而是规模化猪场较好的地面冲洗喷雾消毒设备。

2. 火焰消毒器　是利用煤油高温雾化剧烈燃烧产生的高温火焰对猪舍内的设备和建筑物表面进行瞬间高温喷烧，达到杀菌消毒的目的。

六、检测仪器及用具

随着我国经济的发展，规模化猪场的集约化程度越来越高，所使用的检测仪器及用具也越来越先进，越来越多，主要有饲料营养成分化验室及其化验仪器和设备，兽医化验室及其仪器设备，人工授精室及其仪器设备，计算机及其猪场管理、育种、饲料配方等软件，母猪妊娠诊断仪，猪活体测膘仪，断尾钳，耳号牌，捉猪器，赶猪鞭，运输器具，称猪器具等。

七、供热保暖设备

猪舍供暖分集中供暖和局部供暖两种方法。集中供暖主要利用热水、蒸汽、热空气及电能等形式。在我国养猪生产实践中，多采用热水供暖系统，该系统包括热水锅炉、供水管路、散热器、回水管路及水泵等设备。猪舍局部供暖最常用的是电热地板、热水加热地板、电热灯等设备。250瓦的红外线灯保暖器使用最为广泛，虽然其本身发热量和温度不可调节，但可以通过调节灯具吊挂高度来调节小猪群的受热量。

八、通风设备

为了排除猪舍内的有害气体，降低舍内的温度，需要进行通风换气，换气量应据舍内的二氧化碳和水汽含量来计算。

对于猪舍面积小、跨度不大、门窗较多的猪场，为节约能源，可利用自然通风。

对于猪舍空间大、跨度大、猪的密度高，特别是采用水冲粪或水泡粪的全漏缝或半漏缝地板猪场，就必须采用机械强制通风。可选择大直径、低速、小功率的通风机，这种通风机通风量大，噪声小，耗电少，可靠耐用。

第九章
猪产品加工

第一节 猪的屠宰加工

一、屠宰前的准备

（一）肉猪的收购与检验 为了保证肉品质量，降低成本，避免误购病畜，防止疫病扩散，在收购前，兽医检疫人员应确认肉猪产区为非疫区时，方可设站收购。收购站应具备能及时安置牲畜的圈舍及隔离病畜的设施，并有一定的饲养条件。对收购来的牲畜要及时安置，对病畜要进行隔离、检疫和管理。

（二）肉猪的宰前检验

1. **宰前检验的目的和意义** 屠畜的宰前检验与管理是保证肉品卫生质量的重要环节之一。屠畜通过宰前临床检查，可以初步确定其健康状况，尤其是能够发现许多在宰后难以发现的传染病，如破伤风、狂犬病、李氏杆菌病、脑炎、胃肠炎、脑包虫病、口蹄疫以及某些中毒性疾病，降低宰后漏检的机会。对这些疾病，做到及早发现，及时处理，减少损失，还可以防止牲畜疫病的传播。此外，合理的宰前管理，不仅能保障屠畜健康，降低病死率，而且也是获得优质肉品的重要措施。

2. **宰前检验的方法** 当屠畜由产地运到屠宰加工企业以后，在未从车船卸下之前，兽医人员应查验检疫证明书、牲畜的种类和头数，了解产地有无疫情和途中病死情况。如发现产地有严重疫病流行或途中病死的头数很多时，即将该批牲畜转入隔离圈，并进行详细的临床检验和实验室诊断，待确诊后根据疾病的性质，采取适当措施（急宰或治疗）。经过初步视检和调查了解，认为基本合格的畜群允许卸下，并令其赶入预检圈休息。逐头视察其外貌、步态、精神状况等。若发现有异常，立即剔除、隔离，待验收后再进行详细检查和处理。赶入预检圈的牲畜，必须按产地、批次分圈饲养，不可混杂。对进入预检圈的牲畜，给予充分的饮水，待休息一段时间后，再进行较详细的临床检查。经检查凡属健康的牲畜，可允许进入饲养场（圈）饲养，病畜或疑似病畜赶入隔离圈，按《肉品卫生检验试行规程》中有关规定处理。

屠畜宰前检验的方法可依靠兽医临床诊断，再结合屠宰厂（场）的实际情况灵活应用。生产实践中多采用群体检查和个体检查相结合的方法。其具体做法可归纳为动、静、食的观察三大环节和看、听、摸、检四大要领。首先，从大群中挑出有病或不正常的屠畜，然后再详细地逐头检查，必要时应用病原学诊断和免疫学诊断的方法。一般对猪的宰前检验都应用群体检查为主，辅以个体检查。

（1）群体检查　是将来自同一地区或同批的牲畜作为一组，或以圈作为一个单位进行检查。检查时可以下列方式进行静态观察（在不惊扰牲畜使其保持在自然安静的情况下，观察其精神状态、睡卧姿势、呼吸和反刍状态）、动态观察（可将牲畜轰起，观察其活动姿势，如有无跛行、后腿麻痹、打晃跟跄和离群掉队等现象）及饮食状态的观察（观察其采食和饮水状态）。

（2）个体检查　是对群体检查中被剔除的病畜和可疑病畜，集中进行较详细地个体临床检查。即使已经群体检查并判为健康无病的牲畜，必要时也可抽10％作个体检查，如果发现传染病时，可继续抽检10％，有时甚至全部进行个体检查。

①眼观　就是观察病畜的表现，这是一种既简便易行又非常重要的检查方法，观察精神、被毛和皮肤，观察运步姿态，观察

鼻镜和呼吸动作，观察可见黏膜，观察排泄物等。

②耳听　可以耳朵直接听取或用听诊器间接听取牲畜体内发出的各种声音。

③手摸　用手触摸畜体各部，并结合眼观、耳听，进一步了解被检组织和器官的机能状态。摸耳、角根、体表皮肤、体表淋巴结、胸廓和腹部等。

④检温　重点是检测体温。体温的升高或降低，是牲畜是否患病的重要标志。

（三）宰前检验后的处理

1. 准宰　凡是健康合格、符合卫生质量和商品规格的屠畜，都准予屠宰。

2. 禁宰　经检查确诊为恶性传染病的病畜，采用不放血法扑杀。肉尸不得食用，只能作工业用或销毁。同群屠畜，必须严格控制，严格处理。

3. 急宰　确认为无碍肉食卫生的一般病畜及患一般传染病而有死亡危险时，应立即屠宰。

4. 缓宰　经检查确认为一般性传染病和其他疾病，且有治愈希望，或患有疑似传染病而未经确诊的牲畜应予缓宰。

宰前检查结束后，兽医人员将宰前检验的结果及处理情况详细记录，以备统计查考。

（四）宰前的准备工作　为确保屠宰加工正常、安全、顺利地进行，并确保生产出优质的白条肉，应在生产前做好以下准备工作。

1. 宰前休息、禁食　肉猪如果不进行宰前休息，会造成放血不全、应激反应，使肉品质量下降等。一般需要 12～24 小时休息，天气炎热时，可延长至 36 小时。

宰前禁食的目的是排空胃肠内容物，便于屠宰操作，以免开膛时造成肠道破裂，污染胴体，一般猪宰前禁食 12～24 小时，宰前 3 小时左右停止喂水。

2. 宰前淋浴　淋浴的目的是将体表的污物洗掉，以减少屠宰过程的污染，淋浴中应注意冲淋要均匀，不能过急过大，每批淋浴的数量应当控制，避免淋浴时相互拥挤，冲洗时间不低于5分钟，淋浴后，最好在15分钟内进行电麻工序，时间过长，可能会再次造成畜体污染。

3. 操作人员及设备的准备　应根据生产能力，合理安排劳动力，使各工序进行流畅，宰前检查各设备，准备刀具及清洗、消毒等。

二、猪的屠宰工艺

（一）**带皮猪**　待宰、饮水→淋浴→致昏→刺杀→放血→头部检验（下颌淋巴结检验）→猪体清洗→浸烫→刮毛→燎毛→体表检验→剖腹→取内脏→旋毛虫检验→胴体与内脏同进检验台、检验盖章→下头（带皮猪）→锯半→摘去肾脏、板油→胴体整理→冲淋复检→分级→过磅→进入冷加工或分割加工。

（二）**去皮猪**　待宰、饮水→淋浴→致昏→刺杀→放血→头部检验（下颌淋巴结检验）→猪体清洗→拔鬃→去头→去蹄、尾→人工预剥→机器剥皮→体表检验→剖腹→取内脏→旋毛虫检验→胴体与内脏同进检验台、检验盖章→下头（带皮猪）→锯半→摘去肾脏、板油→胴体整理→冲淋复检→分级→过磅→进入冷加工或分割加工。

1. 致昏　在屠畜宰前的短时间内，利用物理的（如机械的、电击的、枪击的）或化学的（二氧化碳法）方法使其处于昏迷状态，称为致昏。

我国目前大多数猪屠宰场采用电击法，手工电麻电压为65～90伏，电流为0.5～1安培，电麻时间为3～5秒，电极两端浸沾5％的食盐水；自动电麻装置的工作电压为85伏，电流为1.5安培以下，电麻时间为1～2秒。手工电麻操作时，工人穿胶靴戴胶手套，电麻器的前端按在猪太阳穴上，后段按在肩颈部。

2. 刺杀放血　牲畜致昏后，运至放血处进行刺杀放血。家畜的放血方法有刺颈法、切颈法、刺心脏放血法。无论哪种方法，都应尽快放血。刺颈放血主要应用于猪的屠宰，工厂生产为吊起垂直放血，猪的刺杀部位在沿颈中部咽喉处刺入，在胸腔出口处的第一对肋骨附近切断颈动脉和颈静脉，刺入深度为15厘米左右，切口不宜过大，不能刺破心脏，以免放血不全。

3. 煺毛　包括烫猪、下猪、刮毛、燎毛等几道工序。烫猪的水温为61～63℃，浸烫时间应根据所采用的煺毛方法、季节、气温以及猪皮薄厚等情况适当调整，一般为3～5分钟。浸烫时防止烫生或烫老。煺毛分为机器煺毛和人工煺毛，机器煺毛通过橡皮煺毛器的转动和猪体在刮毛机中的不断滚动煺毛，大部分猪毛均可煺掉，然后进行辅助刮毛，同时应注意用清水冲洗猪的体表。人工煺毛时，先去耳、尾部毛，再刮头、四肢毛、背部、腹部毛。

4. 剥皮　猪的剥皮包括拔鬃，洗猪，割尾、蹄、头，手工预剥，机器剥皮等工序。

5. 开膛及胴体修整　煺毛或剥皮后应尽快开膛，并取出内脏。在开膛前还应进行兽医检验、编号及体表检验。开膛的主要操作步骤是撬胸骨（注意不能刺破心脏、胆、肠、胃），割生殖器、直肠，剖腹斩尾，拉住直肠，割断肠系膜、韧带，割下膀胱及输尿管，取下内脏送同步检验线，开膛后用清水冲洗腹腔血污，然后摘取胰脏和肾上腺，进行胴体初检和复检。

胴体劈半时，应沿脊柱中线均匀锯开，不偏不歪，劈半后，用清水冲洗胴体，然后摘除肾脏和板油，并对胴体进行修整，做到无毛、无血、无粪污染及其他污染。

6. 检验、盖印、称重、出厂或入冷却间　通过对头部、内脏、旋毛虫等的初检和复检，合格后盖上"兽医验讫"章，称重，进入冷却间或出厂。

三、猪的宰后检验

宰后检验是屠宰场中兽医卫生的重要工作，其目的就是防止病猪的肉及内脏进入市场。宰后检验的方法是以感官检验为主、微生物和理化检验为辅的原则。

以下为宰后检验的顺序。

（一）头部检验 猪的头部检验包括口腔、咽喉黏膜、下颌淋巴结等部位，看有无炭疽病、结核病等，然后是剖检咬肌，观察有无囊虫。

（二）内脏检验 肺部检查，检查猪有无出血性败血症、肺丝虫病；心脏检查，检查心包是否正常、心脏有无出血现象，以及心瓣及心内膜等处是否正常；肝脏检查，检查外观颜色、弹性、组织状态，以及有无寄生虫等。另外检查脾脏、胃肠、肾脏等器官。

（三）胴体检验 主要观察皮肤、脂肪、肌肉、胸膜、腹膜等处是否正常，有无异常出血斑点等，然后对胴体淋巴结进行剖检，检查腰肌有无囊虫、旋毛虫等。

（四）旋毛虫检验 猪宰后必须进行旋毛虫检验，方法是：取 20 克横膈膜肌脚左右各一块，将其剪至米粒大小，取 12～24 粒用 50～60 倍显微镜检查，也可以将猪肉先经胃蛋白酶、盐酸等消化处理（37℃，10～14 小时培养），然后取沉渣做镜检，观察是否有旋毛虫。

四、原料肉的分级及分割

经宰后检验合格的原料肉，应立即进行分级，分级的标准和方法，各国各地区都不尽相同，分级的形式有胴体分级和部位切割分级，胴体分级适合于生产规划和商贸批发，按部位切割分级对于肉品加工更有意义。

（一）**猪的半胴体分级**　我国原来以皮下脂肪厚度来分级，现在已不适用。日本猪半胴体的分级标准是以半胴体的重量与9～13胸椎处最薄的背部皮下脂肪厚度、外观和肉质三要素综合评定，将猪肉分为五个等级。其中外观及肉质的具体指标有胴体的匀称性、脂肪及肌肉在整个胴体的附着性、宰杀处理状态、肉的纹理和致密性、肉的色泽、脂肪的色泽及质量、脂肪在肌肉内或肌肉间的沉积状态等指标。半胴体的分级由经过训练的专门人员负责。

（二）**我国猪肉分割分级**　目前零售带皮鲜猪肉，分切为六大部位三个等级，六大部位是肩颈、背腰、臀腿、肋腹、前颈以及前、后肘子。其中三个等级为：

一等肉：臀腿部、背腰部。

二等肉：肩颈部。

三等肉：肋腹部，前、后肘子。

等外肉：前颈部及修整下来的腹肋部。

如下为内外销分割部位肉规格：

一号肉（颈背肌肉）大于0.8千克。

二号肉（前腿肌肉）大于1.35千克。

三号肉（脊背大排）大于0.55千克。

四号肉（臀腿肌肉）大于2.20千克。

第二节　肉制品加工

一、肉制品加工的常用方法

（一）**肉的腌制**　无论是西式肉制品，还是中式肉制品，腌制都是一项重要的加工方法及加工工序，腌制加工工序的主要目的是抑制微生物的生长繁殖，提高肉制品的保存性，稳定肉的颜色，改善肉制品的风味，提高肉制品的质量。

在肉类腌制中，主要是用食盐、硝酸盐、亚硝酸盐、维生素C、磷酸盐等材料。

肉制品的腌制方法有干腌法、湿腌法、快速盐腌法等。

湿腌法主要用于火腿、培根等制品；干腌法用于腌渍火腿、小型火腿、压缩火腿、香肠的原料肉腌制。无论采用哪一种腌制方法，腌制时都应要求腌制液均匀渗入肉的各个部位，为了达到盐腌的目的（提高风味、发色、保水及提高结着性），就需要一定的腌制时间和温度。因此，腌制时要求干净卫生的环境，并保持一定的低温状态（一般为 0～4℃）。

（二）烟熏　在肉制品加工中，许多肉制品需要烟熏工序。烟熏最初的目的是为了提高肉制品的保存性。但现代的烟熏目的，主要有五方面：一是使肉制品产生能引起食欲的烟熏气味；二是烟熏可以使肉制品脱水干燥，有杀菌防腐作用，使肉制品更耐贮藏；三是烟熏可以产生特有的烟熏颜色；四是可以加快硝酸盐、亚硝酸盐的发色效应，使肉制品色泽红润鲜艳；五是烟熏可以使肠衣表面适度干燥，增加肠衣牢固度，蒸煮时不易破裂。因此，烟熏在中西式肉制品加工中广泛应用。

烟熏方法可分为两大类，一类为直接烟熏法，另一类为间接烟熏法。

直接烟熏法是在烟熏室内使用木片燃烧直接烟熏肉类的方法，在烟熏时，按温度高低又可分为冷熏、温熏、热熏、焙熏等。

间接烟熏法是一种不在烟熏室内发烟，而将烟雾发生器发生烟送入烟熏室对肉品进行烟熏的方法。

（三）蒸煮　加热蒸煮是许多肉制品加工的必需工序，加热蒸煮的作用是：使肌肉黏着、凝固；使肉制品产生独特的香味；稳定肉的颜色；灭菌，提高肉制品保存性。

加热蒸煮一般分为热水煮和蒸汽蒸两种。

用热水煮时，小规模生产可以用煤、煤气等作为能源。大规模生产时，采用蒸汽加热方法。无论采取哪种方式，应能控制温度。在加热时，在有效容积内，煮罐内的温度偏差最低为1.5℃，最高为4.7℃。水煮时，应由固定肉制品的架子，不能让其漂浮起来，肉制品的取出与放入也应尽量方便。

蒸汽加热是通过蒸煮室完成的，比较先进的蒸煮设备具有一次完成干燥、烟熏、汽蒸、喷淋冷却等工序，自动化程度很高。

（四）干燥　脱水干制是一种有效的食品加工方法和贮藏手段。我国传统的肉类加工制品，许多是通过除去鲜肉中的大部分水分，而达到保存的目的。新鲜肉类食品中的水分含量在60%以上，经过脱水干制后，水分含量可降到20%以下，这样就有效地抑制了微生物的生长繁殖，从而便于贮藏、运输、烹调；干燥的另一个目的是改变了食品本来的性状，产生了新的食品。

脱水方法可分为两大类，即自然干燥和人工干燥。自然干燥是利用自然条件进行干燥的方法，包括日光干燥、阴干、冷干、风干等。自然干燥费用低，比较适合小规模生产，尤其是在干制过程中，可以使肉制品成熟，产生风味物质，这类产品在国内外有许多成功经验，但是天气好坏直接影响干燥质量，制品容易出现变色、腐败、害虫的污染等问题。

人工干燥法有常压、加压、真空干燥等几种方法，在肉制品中应用也较广泛。

（五）罐头制造　罐头食品是将食品密封在容器中，经高温加热，使内部达到接近灭菌状态，这样可以防止外界微生物再次侵入，即使是常温条件下，这种食品也可以长期贮存。简单地说，罐头食品是用密封容器包装并经高温杀菌的食品。罐头生产的最基本工序是，将食品装入罐藏容器中、排气、密封、杀菌、检验、包装等。

二、常见肉制品

（一）腌腊制品　腌腊肉制品是我国的传统肉制品，在全国各地分布较广，比较有代表性的有咸肉、火腿、香肚、腊肉、腊肠等，这些制品是利用盐和香料在较低的气温下自然风干腌制而成。腌制过程中使肉制品中大部分水分脱去，肉质紧密硬实，确保肉制品可以在常温中保存较长时间。由于肉制品工业的发展，我国引入了国外先进的肉品加工工艺和设备，使一些传统肉制品工艺得以改进，促进了中式肉制品的发展。

1. 金华火腿　金华火腿是我国著名的肉制品，原产于浙江省东阳县，距今有 800 多年的历史，它的加工口味独特，营养丰富，在我国及世界肉制品评比中多次获奖。工艺流程为：原料选择→鲜腿的修整→腌腿→洗腿→整形→晒腿→上架发酵→落架和堆叠→成品。

（1）原料要求　金华火腿选用的猪种为金华猪，这种猪的特点是皮薄肉嫩，瘦肉多肥肉少，选用经兽医检验合格的爪小、细皮、脂肪少、腿心丰满的新鲜猪腿，每只猪腿重量以 5～8 千克，皮的厚度在 3 毫米以下，皮下脂肪厚度为 2.5 毫米左右为宜。猪腿的切割方法是，前腿沿第二节颈椎将前颈肉切除，在第三肋骨处将后端切下，将胸骨连同肋骨末端的软骨切下，形状为方形；后腿是先在最后一节腰椎骨节处切开，然后沿大腿内斜向下切。

（2）鲜腿的修整（修整腿坯）　将初切下来的前后腿进行初步整表，包括刮净皮面上的残毛和脚蹄间的细毛，挤出残留血管里的淤血，削平趾骨，修整坐骨，斩去脊骨，割去浮油和油膜，在修整过程中不要损伤肌肉面，露出肌肉表面即可，经修整后腿成"琵琶"形。

（3）腌腿　腌制是金华火腿加工的关键，应根据腌制季节、气温等条件，确定腌制的用盐量和腌制时间。在金华地区，从每年 11 月至次年的 2 月间，气温为 3～8℃，是比较适宜的腌制温度，腌制的肉温在 4～5℃左右，在此条件下，用盐量为鲜腿重的 9％～10％，分 7 次上盐，早冬和春节还要加硝石，气温升高时，用盐量增加，但腌制期缩短。

第一次上盐，撒盐应均匀，但不能过多，平叠堆放，一般12～14层，经 24 小时后进行第二次上盐（是在出血水盐的次日），加盐量是最大的一次，约占总用盐量的一半，重点在腰荐骨、耻骨关节和大腿上部三个部位多撒盐，第二次上盐后的 4～5 天，进行第三次上盐，同时将堆码的上下层调换，再经过 5～6 天进行第四次上盐，用盐量为总用盐量的 5% 左右，此时可以检查腌制的效果，用手指按压肉面，有充实坚硬的感觉，说明已经腌透，第五、第六次上盐分别间隔 7 天左右，火腿的颜色变为鲜红色，经六次上盐后，重量小的已经可以进入洗腿工序，较大的火腿可进行第七次上盐，腌制的总时间约为 30～35 天。

（4）洗腿　腌制结束后，将火腿放在清水池中浸泡，然后用清水将火腿表面的血水和油污物洗净，洗刷完毕后，经 4 小时左右晾晒，使表面无水后，打印商标。

（5）整形　将腿骨校直，脚爪校成弯曲，皮面压平，腿头与脚对直，腿心丰满，使其外形美观。

（6）晒腿　将整形好的腿吊挂，曝晒 4～5 天，使腿皮呈黄油亮，并产生香味。

（7）上架发酵　上架发酵的作用，是使肉中的蛋白质及脂肪发生变化，使火腿产生独特的风味，发酵时间为 4～5 个月，发酵时注意调节温度、湿度，保证通风。

（8）落架和堆叠　将发酵好的火腿从火腿架上取下，进行堆叠，一般为 15 层，堆时肉面向上，皮面向下，要根据气温不同，定期倒堆一次。

（9）成品规格　根据金华火腿的颜色、气味、咸度、肌肉丰满度、重量、外形等方面来评定等级，一般分为四级，其中香味是很重要的指标，评定方法是用竹签插入火腿不同部位，嗅竹签带出的香味来制定的。

2. 广式腊肉　广式腊肉是指用鲜猪肉切成条状，经腌制、焙烤或晾晒而成的肉制品，其成品特点是色泽鲜明，肌肉呈鲜红或暗红色，脂肪透明，肉身干燥，有腊制品特有的风味，成品中盐含量低于10%，亚硝酸盐含量低于0.002%。加工工艺流程为：选料与切条→腌制→焙烤→成品。

（1）选料与切条　选用不带奶脯的肋条肉，去掉残毛和污物，切成长33～38厘米、宽3～4厘米的条肉，在上端硬膘处打一小洞，以便穿绳悬挂。

（2）腌制　腌制料的配比为50千克的条肉，用精盐1.25千克、红酱油1.5千克、白酒（60度）1～1.5千克、白糖0.2千克、硝酸钠25克，桂皮、花椒、大小茴香各0.1千克。

腌制前先将肉条在40～50℃水中浸泡，除掉肉条上的浮油、取出沥干水分，放在容器中，将肉条与腌制料充分混合，腌制6～8小时，并每隔2小时上下翻拌一次，腌制完后，可穿上麻绳直接挂在通风处晾干，即为方式腊肉，也可进行焙烤加工。

（3）焙烤　将腌制好的肉坯取出，吊挂，放入焙房内焙烤。焙房一般分为三层，底层温度最高，80℃左右，中间温度在50℃左右，首先将肉坯在底层焙烤，每隔24小时往上面一层，应根据焙烤的实际情况，适时调整肉坯位置，使焙烤均匀，待肉坯干透后，即可取出成品。

3.广式腊肠　广式腊肠的成品特点是色泽鲜明，工艺齐整，长短一致，粗细均匀，入口爽适，香味可口。加工工艺流程为：原料整理→晾晒和焙烤→拌料→灌肠→晾晒→焙烤→成品。

（1）原料整理　广式腊肠选用的是上等猪前后腿及大排精肉，分割后去掉筋膜、油膘、血块，然后将瘦肉切成10～12毫米厚的薄片，用冷水浸洗10分钟，取出沥干，切成肉丁；将肥肉切成9～10毫米的方形丁，肥肉不能成糊状，粒应大小均匀，用30℃温水洗净，以除去表面浮油、杂物，使肉干爽。

（2）拌料　广式香肠的瘦肉与肥肉的比例为（2～2.5）：1，每50千克料肉（肥肉15千克、瘦肉35千克），加精盐1.4～1.5千克、白糖4.5～5千克、白酱油1～1.5千克、白酒1.5～

2.5 千克、硝酸钠（土硝）0.05 千克，加水 7.5～10 千克。

拌料时，先用温水将白糖、精盐、硝酸钠、白酱油等溶解、过滤，然后先与瘦肉再与肥肉混合，最后将水、白酒加入搅拌均匀，即可进入灌肠工序。

（3）灌肠　广式腊肠选用的是猪小肠衣，口径在 24 毫米左右，使用前，先将干肠衣浸泡，灌肠时应随时排除出肠内空气，灌满一条肠衣后，以 23 厘米为截，等距离用水草扎住，在每两节中间用麻绳套在肠子上，再用清水洗净灌肠表面的肉汁和料液，以保持肠表面清洁。

（4）晾晒和焙烤　灌肠清洗后，先在太阳下晾半天，然后装入焙房，焙房一般分为三层，湿肠进入焙房时，放入底层，温度为 55℃，中间的温度为 45℃ 左右，根据焙烤情况，调整灌肠位置，一般经 48 小时左右即可终止焙烤。

（二）酱卤制品　酱卤肉制品是我国的传统肉制品，产品分布较广，不同地区有不同风味的产品，但大体工艺相似，主要是有两个主要工序，一是调味，二是煮制。煮制保证酱卤制品都是熟食，可以直接食用；调味是酱卤制品形成不同风味的关键。调味包括基本调味、定性调味和辅助调味，基本调味主要是咸味；原料经腌制后，加入主要调料酱油、酒、香料等通过煮制成红烧，这一过程决定了产品的口味，称为定性调味；在煮制之后出锅前加入糖、味精等增加产品的色、香、味，称之为辅助调味。

酱卤制品可分为酱制品和卤制品，而这主要是煮制方法和所用调味材料不同。酱制品一般用调料、酱油的量偏多，味重色浓，煮制时将原料与各种调料一起煮，大火烧开，文火收汤；而卤制品调味以咸为主，其他辅料较少，产品以原有色泽、味道为主。煮制时，先将各种辅料煮成清汤，再将肉块下锅煮制。根据加入辅料的种类和数量的不同，也可将酱制品分为五香制品、红烧制品、酱汁制品、蜜汁制品、糖醋制品。由于酱卤制品多带有汁液，不易包装和贮藏，适合就地加工就地销售。酱卤制品的国家标准规定，出厂时细菌总数不超过3万个/克制品，销售时不超过8万个/克制品，大肠菌群每100克中出厂时不超过70个，销售时不超过150个，产品中不能检出致病菌。实际生产中一定要加强卫生管理。

1. **苏州酱汁肉**　苏州酱汁肉是苏州著名肉制品，历史已有百年，产品生产特点是季节性较强，选料讲究，加工精细，产品形状方块整齐，皮糯肉嫩，肥而不腻，色泽鲜艳，酥润可口。

工艺流程为：原料选择→配料→酱制→制卤汁。

（1）**原料选择**　一般采用太湖猪种，选用皮薄肉嫩的新鲜肉，膘厚适度，肥膘在2厘米左右，取带皮整块肋皮肉为原料，切成4厘米见方的肉块，一般每千克肉切成18～22块。

（2）**配料**　以50千克肉块，加白糖2.5千克，绍兴酒2～2.5千克，食盐1.5～1.75千克，红曲米0.6千克，葱1千克，茴香、桂皮、生姜各0.1千克。

将各种香料装入纱布袋中，红曲米磨成细粉。

（3）**酱制**　将方块肉分批在清水中煮，五花肉煮10分钟，硬膘肉煮15分钟，捞出后，放在清水中除去污物。煮制时，为防止锅底及四周粘锅，用猪骨头或竹制容器放在锅底部，在上面依次放上猪头肉、桂皮、茴香、葱、姜、盐等，然后放肉块。加入肉汤浸没肉块，盖上锅盖，用大火煮40分钟，出锅时必须用竹签逐块取出，平整放在盘中，不要堆叠。

（4）**制卤汁**　制卤是酱汁肉的技术关键。卤汁制法：取肉出锅后的剩汤汁，加入糖后，煎熬，要不断搅拌，使酱汁成薄糯糊状，卤汁黏稠、细腻，食用时将卤汁泼在肉块上，口味是甜中带咸，甜味为主。

除肋条肉做成酱汁肉外，猪的其他部位如排骨、猪头肉、猪舌、猪爪等可按酱汁肉方法制作同类产品，实际制作中往往是将其混合制作。

2. 卤猪心

（1）配料　50千克猪心原料，加盐2千克，清水25千克，大葱0.5千克，鲜姜0.25千克，大料、花椒各0.1千克，桂皮0.05千克。

（2）制作　取新鲜猪心，将猪心切开，用刀在外表切几条小口，用水洗去残血，放入清水中浸泡2小时，取出沥干，放在沸水中预煮20分钟，再放入锅中慢火卤制40分钟，即为成品。

3. 卤猪大肠

（1）配料　按50千克大肠计算，加入食盐2千克，白糖2千克，酱油2千克，黄酒1千克，葱0.25千克，生姜0.2千克，茴香、桂皮、丁香、甘草、花椒、八角各0.1千克，玉果、陈皮各0.05千克。

（2）制作　将所有香料装入布袋中，先与其他调味料加水一起放入锅中，将大肠切成40厘米长，洗肠，再放入沸水中泡15分钟，取出放入冷水中冷却，沥干水分，放入卤水锅中烧煮1小时左右，煮熟后出锅。

其中香料袋可以重复使用3次左右。

（三）中式香肠制品　大家知道，灌肠起源于国外，是西式肉制品，后来，这项技术传入我国，在国外技术及配方的基础上，结合我国的口味要求，逐步形成了中式风味灌肠制品。目前，我国灌肠品种达几十种，产销量在肉制品中占很大比例。我国制定的国家标准，将灌肠制品定义为：以鲜（冻）畜肉腌制、切碎，加入辅助材料灌入肠衣后经煮熟而成的熟肉制品，包括风干香肠、香雪肠、红肠、肉肠等。灌肠的感官指标为：肠衣（肠皮）干燥完整，并与内容物密切结合，坚实而有弹力，无黏液及霉斑，切面坚实而湿润，揉成均匀的蔷薇红色，脂肪为白色，无腐臭，无酸败味。

每千克制品中亚硝酸盐的含量必须低于30毫克，出厂时细菌总数每克低于3万个，大肠菌群每100克低于40个，不能检出致病菌，销售时细菌总量每克低于 5 万个，大肠菌群每 100 克中低于 150 个，不能检出致病菌。

我们通常将传统的中式肠制品称为香肠或腊肠，而采用西式工艺、西式配料的称为灌肠。

猪肉灌肠的产品特点是，皮为紫红色，有皱纹，肉质软嫩，粉红色，每根长约 40 厘米。

加工工艺流程如下：原料修整→腌制→拌料→灌肠→烘烤→烟熏。

1. 原料修整　取健康新鲜猪腿精肉，将其切成方形块，白膘肉切成 0.8 厘米的方丁。

2. 腌制　先配好腌制料：以 50 千克原料计算（其中 30 千克大粒瘦肉、20 千克小粒瘦肉），加入白膘肉 5 千克，精盐 1.75 千克，白糖 1.25 千克，大曲酒 0.25 千克，茴香、五香粉各 100 克，胡椒粉、味精各 100 克，玉果粉 25 克，淀粉 2.5 千克，胭脂红 0.6 克，浓度 2.5% 的亚硝酸钠 100 克。

将肉丁和食盐混合拌匀，在 1～2℃ 冷库内腌制 12～24 小时，取出后搅成肉粒，继续腌制 12 小时。

3. 拌料　将不同大小的瘦肉肉粒加水搅拌，然后加入肥肉丁混合均匀。

4. 灌肠　取口径为 38 毫米的肠衣，灌肠前先将肠衣用温水浸泡，洗净后灌肠，并不断针刺排气，然后挂在烘烤架上。

5. 烘烤　烤房温度以 65～80℃ 为宜，烘烤 45 分钟，肠表面干燥光滑，不湿不黏，呈深红色，即可出房。

6. 烟熏　烟熏温度为 60～70℃，时间为 5～7 小时，肠壁干燥有光泽，有皱纹，切开肠，肉呈红色，即为成品。

（四）肉松　畜肉是一种营养价值高的食品，但其中含有大量的水分，影响肉的保存、运输，为了解决这一问题，将肉经过煮烂、炒制、揉搓等工序，将肉中的水分脱除，制成脱水肉制品。在制作过程中，加入一些辅助材料，使产品具有营养丰富、易消化、食用方便、易携带、易贮藏等特点。比较著名的脱水肉制品有太仓肉松、福建肉松等。

太仓肉松原产于福建太仓，已有100多年的历史，是用鲜猪瘦肉，经高温煮透并经脱水加工复制而成条状的猪肉干制品。产品感官指标为呈金黄色或淡黄色；带有光泽、絮状，纤维疏松，无异味；成品中水分含量低于20%，脂肪不超过8%，蛋白质为38%～40%。每克肉松中细菌总数少于3万个，每100克肉松中大肠菌群少于40个，不能检出致病菌（指肠道致病菌及致病性球菌）。加工工艺流程为：原料肉的选择与处理→配料→煮烧→炒压→成熟→包装和贮存。

1. 原料肉的选择与处理　选用猪前、后腿肉，先剔去骨头，去皮，去掉脂肪及伤肉，再将瘦肉切成约3～4厘米的方块肉。

2. 配方　配料为猪瘦肉50千克、精盐0.835千克、酱油3.5千克、白糖5.55千克、52度白酒0.5千克、八角茴香0.15千克、生姜0.14千克、味精0.085千克。

3. 烧煮　将肉块、生姜、香料（用纱布包好扎紧）放在锅中，加水，用大火煮沸，撇去油沫，翻动肉块，继续烧煮，烧煮中应掌握肉的熟烂程度，可用筷子夹挤肉块，肌肉纤维自行分离，表示肉已煮烂，煮至汤干为止，取出生姜和香料袋进入炒压期。

4. 炒压期　在此时期，应将大火改为中等火力，用锅铲一边压散肉块，一边翻炒。

5. 成熟期　用小火边炒边翻动肉快，当肉块炒松、炒干时，肉纤维由棕色变为金黄色，即为成品。

6. 肉松的包装和贮存　成品检验合格后，进行包装，一般采用塑料袋、玻璃瓶和马口铁盒包装，包装要密封防潮，贮存在阴凉干燥处。

第十章
猪 病 防 治

猪病包括传染病、寄生虫病、内科病、外科病及产科病等。这些疾病的发生，都给养猪生产造成重大损失。在这些疾病中，尤以传染病的危害最严重，它不仅可以引发猪只的大批死亡，造成巨大的经济损失；同时，一些人兽共患的传染病（如猪丹毒、布鲁氏菌病等），还能传染给人，对人的健康造成威胁。因此，做好猪的疾病防治工作，是养猪生产中不可忽视的问题。在养猪生产中，为了防止猪病的发生给生产带来的损失，提高养殖生产效益，必须在对猪群实行科学饲养、提高猪只抗病能力的前提下，坚持"预防为主"的方针，坚决贯彻执行国务院颁发的《家畜家禽防疫条例》及实施细则等法规，使防疫措施制度化、经常化，从而提高猪病的防治水平和效益。

第一节 猪病综合性防疫措施

一、猪场的选址和布局

1. 猪场应选建在背风、向阳、地势高燥、通风良好、水电充足、水质卫生良好、排水方便的沙质土地带，易使猪舍保持干燥和卫生良好。

2. 猪场应处于交通方便的位置，但要和主要公路、居民点、其他繁殖场至少保持 2 千米以上的距离，并且尽量远离屠宰场、废物污水处理站和其他污染源。

3. 猪场的布局，应按育种核心群→一般繁殖场方向布置。育种核心群在上风向，每个分场按生活管理区→生产配套区（饲料加工车间、仓库、兽医化验室、消毒更衣室等）→生产区（猪舍）排列，并且严格做到生产区和生活管理区分开。生产区周围应有防疫保护设施。生产区按配种怀孕舍、分娩舍、保育舍、生长测定舍、育成舍、装猪台从上风向下风方向排列。

二、封闭隔离饲养

1. 猪场大门必须设立宽于门口、长于大型载货汽车车轮一周半的水泥结构消毒池，并装有喷洒消毒设施。人员进场时应经过消毒人员通道，严禁闲人进场，外来人员来访必须在值班室登记，把好防疫第一关。

2. 生产区最好有围墙和防疫沟，并且在围墙外种植荆棘类植物，形成防疫林带，只留人员入口、饲料入口和出猪舍，减少与外界的直接联系。

3. 生活管理区和生产区之间的人员入口和饲料入口应以消毒池隔开，人员必须在更衣室淋浴、更衣、换鞋，经严格消毒后方可进入生产区，生产区的每栋猪舍门口必须设立消毒脚盆，生产人员经过脚盆再次消毒工作鞋后进入猪舍，生产人员不得互相"串舍"，各猪舍用具不得混用。

4. 外来车辆必须在场外经过严格冲洗消毒后才能进入生活管理区和靠近装猪台，严禁任何车辆和外人进入生产区。

5. 加强装猪台的卫生消毒工作　装猪台平常应关闭，严防外人和动物进入；禁止闲杂人员（特别是猪贩）上装猪台，卖猪时饲养人员不准接触运猪车；任何猪只一旦赶至装猪台，不得再返回原猪舍；装猪后对装猪台进行严格消毒。

6. 如果是种猪场应设种猪选购室，选购室最好和生产区保持一定的距离，介于生活区和生产区之间，以隔墙（留密封玻璃观察窗）或栅栏隔开，外来人员进入种猪选购室之前，必须先更衣换鞋、消毒，在选购室挑选种猪。

7. 饲料应由本场生产区外的饲料车运到饲料周转仓库，再由生产区内的车辆转运到每栋猪舍，严禁将饲料直接运入生产区内。生产区内的任何物品、工具（包括车辆），除特殊情况外不得离开生产区，任何物品进入生产区必须经过严格消毒，特别是饲料袋应先经熏蒸消毒后才能装料进入生产区。有条件的猪场最好使用饲料塔，以避免已污染的饲料袋引入动物疾病。

8. 场内生活区严禁饲养畜禽　尽量避免猪、狗、禽鸟进入生产区。生产区内肉食品要由场内供给，严禁从场外带入偶蹄兽的肉类及其制品。

9. 休假返场的生产人员必须在生活管理区隔离消毒二天后，方可进入生产区工作，猪场后勤人员应尽量避免进入生产区。

10. 全场工作人员禁止兼任其他畜牧场的饲养、技术工作和屠宰贩卖工作。保证生产区与外界环境有良好的隔离状态，全面预防外界病原侵入猪场内。

三、免疫接种和监测

免疫接种工作是预防动物疫病的重要方法之一，猪场应根据本地区疫病流行情况、疫苗的性质、气候条件、猪群的健康情况及其他因素决定本场使用疫苗的种类。免疫接种必须有完整的计划，综合考虑母猪母源抗体、猪只发病年龄、发病季节等因素，制定出完整的免疫程序。根据本场的具体情况，以周或月为单位进行计划免疫，实行规范化作业。执行过程中应定期采取血清监测各种疾病（主要是五号病和猪瘟）抗体的消长情况，效果不佳时，及时补打疫苗并调整免疫程序。根据周围疫病发生情况，适当加大剂量和增加免疫密度，以确保免疫效果。其他的管理措施要跟得上。疫苗的选择、运输、保存、使用及使用记录都要建立一系列严格的制度，以备考查，保证有效地将疫苗注射到猪体，起到应有的免疫效果。加强对猪群疫病的监测在防疫工作中占有重要的位置，猪场应制定改进防疫具体措施的优化疫病控制的系统计划，建立兽医检验室，并定期派技术人员到本场商品猪屠宰场检查屠体，以死猪剖检、商品猪屠宰检查、实验室诊断结合临床诊断，了解猪群的健康水平及猪场的防疫、用药效果和管理水平，每半年要对全场所有的种公、母猪定期采血进行全面的疫病普查，发现苗头及时处理解决，确保安全防疫。

四、卫生消毒工作

消毒工作是切断疫病传播途径、杀灭或消除停留在猪体表存活的病原体的好办法。猪场应定期对生活管理区、生产区、猪舍内外环境（特别是卫生死角）、猪身体进行认真严格的消毒。消毒前要做好清洁卫生工作，才能使消毒更彻底、更有效，生产区要在安全的范围内适当加大消毒药液浓度。消毒方法视不同物品可采用紫外光照射、药物熏蒸、浸泡、喷洒和火焰消毒等。常用的消毒药有醛类（福尔马林等）、碱类（氢氧化钠、石灰粉等）、过氧化物（过氧乙酸等）、有机氯（迈高"消特灵Ⅱ"等）及复合酚类（衣福、菌毒敌等）和季铵盐类（百毒杀等）等，但必须有计划定期交替使用，以减少病原微生物的抗药性。猪场应制定消毒制度，并严格执行消毒制度。

（一）生产操作中的消毒 配种员、分娩舍护理人员特别要注意防止母猪生殖道感染以及乳房炎的发生。因此，工作时应用消毒药消毒手臂，戴上一次性胶皮手套再操作，对操作的部位也要消毒后再实施工作。仔猪出生后断尾、剪牙、去势、打耳号、注射补铁针和做系列小手术时都要使用消毒过的器械，并注意伤口消毒。各类猪转群前后栏舍的消毒往往被忽略，但它的作用却比服用抗生素更合算。先进行卫生清洁，再用热水喷雾枪高压冲洗，可杀死微生物，特别是对于球虫卵囊，用消毒液效果不佳，用此办法较合适。待干燥后用消毒药再喷洒消毒。如果发生过大面积流行病的猪舍应反复消毒，至少空置两周后再进猪。

（二）**器械、工具的消毒** 防疫、治疗用的器械应每天消毒一次，防疫、手术用的器械应分开使用，每次使用前后要消毒。

（三）**尸体、粪便的处理** 病死猪只解剖后要做无害化处理，场地要清洗消毒，操作人员使用的工作服和工作鞋不要与饲养人员用的混穿。粪便不要在场内堆放，应集中放在场外固定区域堆积发酵，采用生物热消毒后再作肥料。

五、保健及疾病预防

1. 坚持每天对全场猪群进行全面检查，了解猪群的基本情况，发现问题及时处理上报。

2. 定期对种猪、保育期仔猪和生长猪进行体内外驱虫工作。药物驱虫是保健工作不可忽视的一部分，母猪进入分娩舍前1～2周在怀孕舍进行驱虫，防止把寄生虫卵带入分娩舍感染仔猪；仔猪60日龄时进行驱虫以后间隔6天再驱虫一次；成年公、母猪及后备猪至少每季度驱虫一次，或根据粪便及刮耳检查疥螨的结果决定是否需要驱虫。

3. 坚持定期进行各种类型的药敏试验，筛选出适期最佳防治药物。根据不同季节气候变化的特点在饲料中添加预防性药物，可减少细菌性疾病发生的机会。仔猪断奶后腹泻及生长育成猪呼吸道疾病是猪场多发病，通过选择敏感药物投放于饲料或饮水中进行预防，比治疗更有意义。

4. 定期采血检疫，除日常详细记录整个猪群的基本情况，出现可疑病例，及时送病料检验外，每年应在猪群中（特别是后备猪、育成猪、断奶母猪）按一定比例采血进行各种疾病的监测工作，并定期进行粪便寄生虫卵检查，同时做好资料的收集、记录、分析工作。

5. 坚持不懈地进行不同阶段病死猪的剖检工作，随时掌握本场疫病的动态。

6. 坚持定期进行水质检查和对饲料进行微生物学和毒物学检查，看其是否含有沙门氏菌、霉菌毒素等有害物质。

7. 及时淘汰治疗效果不佳的病猪和僵猪，防止疾病的传播。

8. 抓好猪群"围产期"（包括怀孕、哺乳和保育期）各种疾病的防治工作，坚持防重于治，确保母仔健康。

9. 对不同品种猪的疫病控制应有所侧重，如长白猪较易患气喘病，大白猪易患萎缩性鼻炎等，针对不同情况采取不同的对策，才能起到应有的防治效果。

六、加强猪群饲养管理，提高猪群抵抗力

1. 根据季节气候的差异，做好小气候环境的控制，适当调整饲养密度，加强通风、改善猪舍的空气环境。做好防暑降温、防寒保温、卫生清洁工作，使猪群生活在一个舒适、安静、干燥、卫生的环境中。

2. 提供猪群不同时期各个阶段的营养需要量，保证免疫系统的正常运转。

3. 加强运动，增强肢蹄结实度和机体抵抗力，降低易感性。

4. 实行标准化饲养，着重抓好母猪进产房前和分娩前的猪体消毒、初生仔猪吃好初乳、固定乳头和饮水开食的正确调教、断奶和保育期饲料的过渡等几个问题，减少应激，防止仔猪断奶综合征等疾病的发生。

七、种源净化

1. 坚持自繁自养，有时为了补充血统，引进新遗传因子，

避免近交，最好是引进非疫区的优良公猪精液进行人工授精。如果确有必要引进活猪时，必须从没有疫病流行地区并经过详细了解的健康种猪场引进种猪，经隔离 30～90 天后，通过严格检疫，确认无任何疫病，特别是对布鲁氏菌、伪狂犬病、繁殖和呼吸综合征等要特别重视，经有关兽医检疫部门检测，确认为阴性，并监测猪瘟、口蹄疫抗体情况，进行本场常规的免疫注射后方可转入生产区进行混群饲养。

2. 种猪选育过程中应特别重视提高种猪对疾病的抵抗力，可根据每胎育成猪头数和后代日增重、饲料报酬等一些育种指标来衡量，弃弱留强，逐渐淘汰生产成绩差、四肢纤细、抗病弱的个体及后代，经多代选育，提高该品种的抗病力。

3. 定期检疫净化，防止猪疫病垂直传播或水平扩散。

4. 结合种猪集中配种、测定、选育转群的特点，采用"全进全出"的饲养方式，栏舍经严格冲洗消毒，空置数天后再转入新的猪群。

5. 条件较好的大型种猪场应采取各种措施，逐渐净化各种种源，可通过建立无特定病原猪群（如气喘病、萎缩性鼻炎等）等措施逐步实现。

八、废物、污水处理和杀虫、灭鼠

猪场废物、污水处理是猪场疫病控制的一个组成部分，猪场应结合本场的具体特点，建立完整的废物（死猪尸体及粪便等）污水处理系统。随着社会的发展，人们对于生活环境质量要求越来越高，特别是国家环保法颁布后，环保部门对养猪场污水排放的要求越来越严格。妥善处理好猪场的污水问题，显得特别重要。粪便、污水的处理方法应在投资少、效果好的前提下，尽量采用物理和化学的方法进行分级处理。

1. 先用固—液分离机和沉淀池，除去猪场污水中的固体成分。

2. 采用厌氧发酵的办法处理，降解部分有机物，杀灭部分病原微生物。并可利用所产生的沼气作燃料和发电之用。

3. 用生化方法，让好氧微生物进一步分解污水中的胶体和溶解的有机物，常用的办法有氧化渠法、活性污泥法、旋转生物盘法、氧化塘法、曝气塘法等。

提倡走农牧结合的道路，如猪鱼结合、猪果（果林）结合，综合利用，既能解决污水问题又能提高综合效益。除做好污水处理工作外，猪场应定期进行除草、通渠、灭鼠、杀虫（特别是蚊、蝇）等工作，搞好环境卫生和绿化工作，提高猪场的综合防病能力。

九、加强信息收集，警惕新病发生

建立和健全各项防疫制度，以法治场，认真贯彻《中华人民共和国动防疫法》和国务院颁发的《家畜家禽防疫条例》，增强全场员工的防疫观念和意识，加强学习，更新认识，提高生产技术人员的整体素质，避免因某一防疫环节上疏忽或差错而出现问题，全方位提高猪场对疫病的抵抗力。猪场领导干部要着重引导技术人员抓防疫的关键。不要钻牛角尖，花大力气钻研疑难杂症，而是要抓总体防疫。重点解决常见的传染性疾病及妨碍母猪正常繁殖的疾病。种猪场应和科研单位或大专院校保持长期的技术联系，积极参加各方举办的兽医学术活动，加强同当地畜牧防检部门的联系，随时掌握疫病流行的信息，针对不同情况，及时采取相应的措施，防止疫病的发生，而且必须对近年来国内外新发生的疫病引起高度重视。

十、发生疫情时采取的应急措施

1. 猪群出现传染性病或疑似传染病时，应立即隔离，全面彻底消毒，迅速向上级有关主管部门报告，由场部召开紧急防疫会议，制定应急措施并严格执行。

2. 严禁任何人、猪只、车辆和其他可能作为传播途径的动物和物品运出。如特殊情况必须转出时，必须经上级有关部门批准，经严格消毒后方可转出。

3. 封锁疫点，结合疫病的具体情况，加强消毒工作，对病猪进行隔离或扑杀。派专人日夜值班，限制疫点人员的行动，疫点人员集中住宿。全场猪群不准随意调动，特殊情况确需调动，应由有关主管部门批准。同时加强疫区猪群的护理工作，必要时可在饲料中添加两种不同抗生素以提高猪群抵抗力，防止并发其他疾病。

4. 做好紧急接种工作。紧急免疫接种应按先健康群、后可疑群，由外向里的顺序进行紧急接种，接种剂量应加倍，并严格做到每注射一头猪换一针头。

5. 病、死猪的尸体和废弃物必须按规定做烧毁、深埋等无害化处理，严禁运出食用或作其他用途。

6. 做好疫点和疫区内的灭鼠、灭蚊蝇等工作，污水经严格消毒处理后才能排出，避免病原向外扩散。

7. 严格按操作规程采集病料并妥善保存，及时送检，送检病料应按该种传染病的性质、种类作特殊处理，防止病原污染。

8. 最后一头病猪痊愈或处理完毕，经过一段时间封锁后，不再出现新发病的猪，并经有关主管部门批准才能解除封锁。发病场所可用生石灰加烧碱水反复刷洗消毒 2～3 次以上，并经一定时间空置后，才能恢复生产。

第二节　猪病免疫接种技术

一、免疫接种类型

免疫接种是指使用疫苗、菌苗等各种生物制剂，激发猪体产生特异性抵抗力的一种有效手段，是防治猪传染病的重要措施之一。免疫接种分为预防接种和紧急接种。

1. 预防接种　预防接种是指为了防止传染病的发生与流行，定期有计划地给健康猪群进行免疫接种。预防接种通常采用疫苗、菌苗、类毒素等生物制品，使猪群产生自动免疫。接种后经过 7～21 天，可获得数月甚至 1 年以上的免疫力。

2. 紧急接种　紧急接种是指为了迅速扑灭疾病的流行而对尚未发病的猪群进行的临时性免疫接种。紧急接种使用免疫血清较为安全，且立即生效，但血清价格高，用量大，免疫保护期短，在养猪生产中很少使用，多数还是采用疫（菌）苗。紧急接种一般用于发生传染病的疫区及其周围受疫病威胁的地区。

二、免疫接种方法

1. 皮下注射法　注射部位多在耳根皮下，也可在颈部两侧或股内侧皮肤较松弛部位。剪毛，酒精或碘酒消毒，注入疫苗即可。如猪丹毒氢氧化铝甲醛菌苗。但油类疫苗一般不做皮下注射。

2. 肌内注射法　注射部位多在在臀部、股部或颈部肌肉丰满部位。剪毛，酒精或碘酊消毒，把针头直刺入肌肉，注入疫苗。如猪瘟、猪丹毒、猪肺疫三联冻干弱毒苗。

3. 皮肤刺种　猪痘弱毒疫苗常用此法接种，选定皮肤无血管处，用刺种针或钢笔尖蘸取疫苗刺入即可。

4. 滴鼻接种法　滴鼻接种属于黏膜免疫的一种。目前使用比较广泛的是猪伪狂犬病基因缺失疫苗滴鼻接种。

5. 口服接种法　将疫（菌）苗混于饲料或饮水，或抹于母猪的乳头上经口服下，达到接种目的。必须注意，大小动物要分开饲喂，使其能均匀吃到含疫（菌）苗饲料，如猪肺疫弱毒菌苗。饮水免疫先停水 4 小时左右，再饮水免疫接种，注意不能用含有消毒药物的水稀释疫（菌）苗。

三、疫（菌）苗种类

疫苗和菌苗是指使用病原微生物（病毒、细菌）自身组织结构或成分，经人工加工处理，除去或减弱其致病作用而制成的生物制剂。用细菌制成的制剂称为菌苗；用病毒制成的制剂称为疫苗。猪常用的疫（菌）苗分为活疫（菌）苗和灭活疫（菌）苗两大类。

1.活疫（菌）苗　活疫（菌）苗是用人工定向变异的方法培育出的具有良好抗原性的弱毒或无毒的毒（菌）株，不经过灭活制备而成的一类生物制品。真空冻干苗及湿苗都是活苗，如猪瘟兔化弱毒疫苗、猪伪狂犬病基因缺失疫苗等。

2.灭活疫（菌）苗　灭活疫（菌）苗是用化学药物或其他方法将病毒或细菌杀死，除去其致病性，保存其抗原性而制成的生物制品。加氢氧化铝的灭活苗和加油佐剂的灭活苗都是灭活的死苗，如口蹄疫灭活疫苗、猪蓝耳病灭活疫苗。猪常用疫（菌）苗及其使用方法见附录二。

四、疫（菌）苗运输和保存

1.疫苗和菌苗的运输、保存，应严格按照说明书的要求进行。

2.运输活疫（菌）苗时，应将活疫（菌）苗装入有冰的广口保温瓶中，避免日晒和高温，夏季高温季节运输灭活疫（菌）苗时，要使用冷藏箱。

3.一般活疫（菌）苗保存在$-15℃$以下，零度以上不宜长期保存。真空冻干活疫苗在$-15℃$以下保存期为2年。灭活疫（菌）苗最适宜保存的温度是$2\sim8℃$，一般为1年，疫苗和菌苗保存时间不得超过该制品所规定的有效保存期。

五、免疫程序制定

　　免疫程序是根据猪群的免疫状态和传染病的流行季节，结合当地疫情而制订的疫苗预防接种计划，包括接种疫病的种类，疫（菌）苗种类，接种时间、次数和间隔等内容。

　　制定免疫程序时，应根据猪病在本地区及附近地区的发生和流行情况、抗体水平、疫病种类、生产需要、饲养管理方式、疫苗种类与性质、免疫途径以及养猪用途（种用、肉用）、年龄等方面因素综合考虑，应根据猪场实际情况建立科学、合理的免疫接种计划。主要猪病推荐免疫程序见附录五。规模化猪场参考免疫程序见附录六。

六、疫苗接种注意事项

　　1. 制定科学合理的免疫程序，选择可靠和适合本猪场的疫苗，严格根据疫苗的使用说明书进行疫苗接种。

　　2. 疫（菌）苗使用之前，仔细检查疫（菌）苗瓶外观及制品的颜色和性状是否正常，发现异常者不能使用。

　　3. 接种疫（菌）苗前，检查猪群的健康状况，清点猪头数，确保每头猪都进行免疫。凡患病或传染病流行时，不要接种疫苗。同时做好猪群防疫注射登记。

　　4. 注射器、针头等器具应保存完好并严格消毒；注射剂量准确，注射部位正确并消毒。

　　5. 接种结束后，所有疫（菌）苗瓶、器皿、注射器等进行严格消毒并妥善处理。

　　6. 疫苗注射前后 3 天，严禁使用抗病毒药物，两种病毒性活疫苗的使用最好间隔 7～10 天，减少相互干扰。活菌疫苗注射前后 5 天，严禁使用抗生素。

第三节　猪病治疗方法

一、口服给药法

口服给药是治疗猪病常用的给药方法，是将药物喂服或从口灌入。口服的药物，依据药物的性状、气味、形态及剂量的不同，采用以下几种给药方法。

1. 混饲法　混饲法是指将药物均匀地混合在饲料中让猪采食，要求这种药物没有特殊气味。使用时先将药物称好，放入少量精饲料中拌匀，再将含药的饲料拌入日粮中，搅拌均匀，撒入食槽，让猪自由采食。该方法常用于大群猪的预防性投药和早期发病猪的治疗。

2. 饮水法　饮水法是预防性投药和早期发病猪治疗给药最为常用的方法。将药物溶解在一定体积的饮水中，使猪饮水的同时吃入药物，达到预防或者治疗疾病的目的。要求药物必须溶于水。

3. 胃管投服法　病猪不吃食，药物剂量大，或者药物有异味时，可采用胃管投服法。这种方法适用于投服液体或者经溶化后的固体和中药煎液。把猪保定好，将猪嘴用木棒撬开，放入开口器，然后将橡皮小胃管或导尿管，通过开口器的小孔缓慢地送到咽喉部，等猪出现吞咽动作时，趁机将胶管送入食管，这时胶管略有阻力。此时用力挤压胃管中间的小橡皮球或将管口靠近耳边听，看是否有气流冲出，如果橡皮球不鼓起或耳边没有呼吸气流流出，证明胃管已插入食管，再继续送入适当深度，接上漏斗，就可以投药。如果橡皮球鼓起或耳听有呼吸气流冲出，证明胃管插入了气管，必须拔出重新插入，直至确定胃管正确插入食管内以后，方可灌药。

4. 丸剂或舔剂投药法　将药物加入适量粉剂，调成糊状，待猪保定好后，用木棒撬开猪嘴，用薄竹板或薄木板将药物涂抹在猪的舌根部，使它吞咽。若制成丸剂，将药丸放至口腔深部，便可吞下。对发病较多的小猪，这种方法是简单、迅速而安全的喂药方法。

5. 汤匙投药法　这种方法一般用于液体药物、溶化后的固体药物或者中草药煎剂等。将猪保定好后，用木棒撬开猪嘴，手拿小勺，从猪舌侧面靠腮部倒入药液，等它咽下后，再灌入第二勺。如猪含药不咽时，可摇动木棒促使咽下。采用这种方法要特别注意，坚持少量、慢灌的原则，以防药液呛入气管而引起异物性肺炎或窒息死亡，造成不必要的损失。

二、注射给药法

注射给药法是治疗病猪常用的给药方法，是应用注射器将药液注入体内，分为皮下注射、肌内注射、静脉注射、腹腔注射等。

1. 注射器和针头　猪用注射器有玻璃注射器、金属注射器和塑料注射器。根据使用方法分为单次注射器和连续注射器。玻璃注射器、金属注射器可重复使用，但在每次使用后和下次使用前都要消毒。塑料注射器可一次性使用。在大规模疫苗免疫时，使用连续注射器更为方便。注射药物时，不同年龄的猪选用不同规格的针头，对于大猪可用 16 号针头，仔猪可用 9 号针头，新生仔猪可用 7 号针头。所有针头在每次使用前后进行消毒处理，在注射时做到一头猪更换一个针头，以免因针头被污染而传播疾病。

2. 肌内注射　注射部位一般选择臀部或颈部。注射时先用碘酊消毒，右手持注射器，将针头迅速垂直刺入肌肉内 3～4 厘米，回抽活塞没有回血，即可注入药液，注射完毕，以酒精棉球压迫针孔，拔出注射针头，最后以碘酊涂布针孔。在使用金属注射器进行肌内注射时，一般在刺入动作的同时将药液注入，要求刺入的动作轻快而突击有力，用力的方向须与针头一致。

3. 皮下注射　注射部位在耳根后或股内侧，局部剪毛，碘酊消毒，在股内侧注射时，应以左手的拇指与中指捏起皮肤，食指压其顶点，使其成三角形凹窝，右手持注射器垂直刺入凹窝中心皮下约2厘米（此时针头可在皮下活动），左手放开皮肤，抽动活塞不见回血时，推动活塞注入药物。注射完毕，以酒精棉球压迫针孔，拔出注射针头，最后以碘酊涂布针孔。在耳根后注射时，由于局部皮肤紧张，可不捏起皮肤而直接垂直刺入约2厘米，其他操作与股内侧注射相同。

4. 静脉注射　注射部位在耳大静脉或前腔静脉。局部消毒后，左手拇指和其他指捏住耳大静脉（或用橡皮带环绕耳基部拉紧做个活结），使其怒张，右手持注射器将针头迅速刺入（约45°角）静脉，看见回血后，放开左手（或取去橡皮带），慢慢注入药液。注射完毕，左手拿酒精棉球紧压针孔，右手迅速拔出针头。进行前腔静脉注射时，使猪仰卧保定，注射人员站在猪前方，轻轻移动前肢位置，见第一肋前沿与胸骨柄间的凹陷，在凹陷后1/3进针，针头向着胸腔入口中央气管腹侧面方向刺入。针刺深度，小猪1.0～2.5厘米，中猪2.0～2.5厘米，母猪3.0～3.5厘米，大肥猪6～7厘米。静脉注射常用于抢救危急病猪或者对局部刺激性较大的药液。

5. 腹腔注射　注射部位在猪后侧腹部，可定在倒数第二个乳头外侧1厘米处，大猪可站立或侧卧保定，小猪倒提两后肢，左手先捏起腹部皮肤，术部皮肤用5%碘酊消毒，针头与皮肤垂直刺入腹腔，回抽活塞，如无气体和液体时，再慢慢注入药液。注入药液前，应预先将药液加温至接近猪的正常体温。腹腔注射常用于大剂量补糖、补液，静脉注射困难者。

6. 胸腔注射法　注射部位可选择肩胛骨后缘3～6厘米处，

两肋间进针。用5％碘酊消毒皮肤，左手寻找两肋间位置，针头垂直刺入胸腔。针头进入胸腔后，立即感到阻力消失，即可注入药液或疫苗。

三、灌肠给药法

灌肠是将药液通过橡皮导管经肛门灌入大肠内的给药方法，猪可用橡皮球式灌肠器。若没有专用的灌肠器，则用橡皮管接上漏斗，或用带针头的注射器灌药。将导管插入肛门时，动作要轻缓，不要捅伤肠管，大猪可插入25～30厘米，小猪8～10厘米。药液最好加热至40℃左右灌入，灌完后，保留短时，然后抽出橡皮管。凡是用于口服、肌内及皮下注射的药液均可使用保留灌肠法给药，特别适用于肠道便秘类病症。母猪子宫炎症，需要子宫灌药或子宫冲洗时，也可采用类似的方法，将药液从阴门灌入阴道和子宫内。

第四节　猪常用药物

药物治疗一般是指使用化学药物抑制或杀灭机体内的病原微生物、控制动物机体感染或治疗、缓解机体临床症状和生理功能异常的治疗方法。用于化学治疗的药物统称为化学药物，包括抗细菌药物、抗病毒药物、抗寄生虫药物、解热镇痛药、兴奋药、镇静药、利尿药、解毒药、健胃药、止血药等。

在临床使用兽药时，请仔细阅读药品标签和说明书，按要求使用，并注意避免和防止药物超剂量使用、滥用和药物耐药性。现在国内各兽药生产厂的兽药制剂多种多样，多数用商品名，在充分了解兽药作用与用途、用法与用量等内容后，正确合理地使用。同时加强自我保护意识，避免购买假劣兽药。猪病常用化学药物详见表10-1至表10-5。

表 10 - 1　　猪常用抗菌药物

药品名称	使用方法	使用剂量	临床应用范围
青霉素 G 钠（钾）	肌内注射	每千克体重 1 万～2 万国际单位，2 次/日	链球菌病、葡萄球菌病、炭疽、猪肺疫、丹毒、仔猪副伤寒、乳腺炎、子宫炎、临床上应注意与四环素等酸性药物及磺胺类药有配伍禁忌
氨苄青霉素	内服	每千克体重 5～15 毫克，2 次/日	作用类似于青霉素 G。临床上用于肺炎、肠炎、子宫炎、胆道及尿路等感染的治疗，与卡那霉素、庆大霉素、链霉素有协同作用
	肌内注射	每千克体重 2～7 毫克，2 次/日	
羟氨苄青霉素	肌内注射	每千克体重 2～7 毫克，2 次/日	呼吸道、泌尿道及胆道感染，疗效优于青霉素，注意不可在体外与氨基糖苷类药物混用
头孢噻吩钠	肌内注射	每千克体重 10～20 毫克，2 次/日	呼吸道、泌尿道的严重感染及乳腺炎、败血症等。用于对青霉素耐药的金黄色葡萄球菌感染。不宜与庆大霉素合用
头孢氨苄	肌内注射	每千克体重 10～15 毫克，2 次/日	对革兰氏阳性菌和革兰氏阴性菌有强抗菌作用。不宜与红霉素、卡那霉素、四环素、硫酸镁合用
红霉素	口服	每千克体重 20～40 毫克，2 次/日	临床上用于耐药金黄色葡萄球菌的严重感染及肺炎、子宫炎、乳腺炎、败血症、链球队菌病、支原体病、衣原体病等
	静脉或肌内注射	每千克体重 1～2 毫克，2 次/日	
泰乐菌素	混饲	100～200 毫克/千克	抗菌作用类似于红霉素，对支原体作用强，用于呼吸道炎症、肠炎、乳腺炎、子宫炎及螺旋体病等。临床上主要用于猪气喘病的预防
	肌内注射	每千克体重 2～10 毫克，2 次/日	

药品名称	使用方法	使用剂量	临床应用范围
四环素	混饲 肌内注射	300～500 毫克/千克 每千克体重 2.5～5 毫克，2 次/日	用于革兰氏阳性菌、革兰氏阴性菌、支原体、衣原体、立克次氏体、螺旋体等引起的临床感染；治疗子宫炎、坏死杆菌病等
金霉素	内服 混饲	每千克体重 10～20 毫克，3 次/日 200～500 毫克/千克，连用 3～5 日	对革兰氏阳性菌、阴性菌和支原体、衣原体、立克次氏体、螺旋体等引起的临床感染都有疗效。本品为广谱抗生素，与阿莫西林、支原净或氟苯尼考联合使用效果更好
强力霉素	混饲 肌内注射	100～200 毫克/千克 每千克体重 1～3 毫克，1 次/日	抗菌作用类似土霉素和四环素，但作用强 2～10 倍。用于治疗支原体病、立克次氏体、大肠杆菌病、沙门氏菌病等。不可与青霉素联用
磺胺嘧啶	内服	首次每千克体重 140～200 毫克，2 次/日，维持量减半	用于革兰氏阳性菌和阴性菌等引起的各种感染。治疗脑部细菌性疾病的首选药物，适用于呼吸道、消化道、泌尿道等细菌感染性疾病，内服应配合等量的碳酸氢钠
磺胺二甲氧嘧啶	内服	首次每千克体重 50～100 毫克，2 次/日，维持量减半	用于革兰氏阳性菌和阴性菌等引起的各种感染。为治疗脑部细菌性疾病的首选药物，适用于呼吸道、消化道、泌尿道等细菌感染性疾病，内服应配合等量的碳酸氢钠

药品名称	使用方法	使用剂量	临床应用范围
磺胺对甲氧嘧啶	内服	首次量每千克体重50～100毫克，2次/日，维持量减半	对化脓性链球菌、沙门氏菌和肺炎杆菌有良好的抗菌作用。对尿路感染疗效显著。与三甲氧苄胺嘧啶合用，增强疗效。内服应配合等量的碳酸氢钠，肾功能受损慎用
三甲氧苄氨嘧啶（TMP）	内服	一般按1∶5的比例与磺胺类药物或某些抗生素联合使用	对多种革兰氏阳性菌和阴性菌均有抑制作用，与磺胺类药物或某些抗生素联合使用，能增强疗效，一般不单独使用。内服吸收良好，主要用于呼吸道、泌尿生殖道、消化道及全身性感染和败血症
复方磺胺嘧啶钠注射液	肌内注射	每千克体重20～25毫克，2次/日	用于革兰氏阳性菌和阴性菌等引起的各种感染。为治疗脑部细菌性疾病的首选药物，适用于呼吸道、消化道、泌尿道等细菌感染性疾病
诺氟沙星	内服 肌内注射	每千克体重10～20毫克，2次/日 每千克体重10毫克，2次/日	对大肠杆菌、变形杆菌、肺炎克雷白杆菌、产气杆菌、沙门氏菌等革兰氏阴性菌及葡萄球菌、链球菌等革兰氏阳性菌有强的杀菌作用，多用于泌尿系统、呼吸系统感染。不可与酸性药合用
环丙沙星	肌内注射 静脉注射	每千克体重2.5～5毫克，2次/日， 每千克体重2毫克，2次/日	对葡萄球菌、链球菌、肺炎双球菌、绿脓杆菌作用强。对β-内酰胺类和庆大霉素耐药菌也有效。多用于泌尿系统、呼吸系统感染。不可与氨茶碱合用

药品名称	使用方法	使用剂量	临床应用范围
恩诺沙星	内服 肌内注射	每千克体重 2.5～5 毫克，2次/日 每千克体重 2.5 毫克，2次/日	对革兰氏阳性菌、阴性菌均有杀灭作用，对支原体有特效，用于仔猪腹泻、断奶猪大肠杆菌肠毒血症和腹泻、猪支原体肺炎、胸膜肺炎、嗜血杆菌感染、乳房炎、子宫炎和无乳综合征等。禁止和卡那霉素或庆大霉素混合使用
盐酸林可霉素	口服 肌内注射	每千克体重 10～15 毫克，3次/日 每千克体重 5～10 毫克，2次/日	对革兰氏阳性球菌作用较强，尤其对厌氧菌作用强，用于支气管炎、肺炎、败血症、乳腺炎、骨髓炎、化脓性关节炎、蜂窝组织炎及泌尿道感染等。对革兰氏阴性菌无效，不可和卡那霉素、磺胺类及红霉素合用
泰妙菌素（支原净）	混饲、饮水	100～120 毫克/千克，连用 5～7 日	对革兰氏阳性菌、支原体、猪胸膜肺炎及猪密螺旋体等有较强的抗菌作用。本品禁止与聚醚类抗生素合用
氟苯尼考	混饲 肌内注射	150～200 毫克/千克 见说明书	对革兰氏阳性菌、阴性菌均有强大的杀灭作用，对其他抗生素产生耐药性菌株效果显著，能有效控制猪的呼吸道和消化道疾病，如猪气喘病、传染性胸膜肺炎和黄痢、白痢等
制霉菌素	口服	50 万～100 万单位，3次/日	主要用于胃肠道、呼吸道长期服用广谱抗生素后所致的真菌感染

药品名称	使用方法	使用剂量	临床应用范围
克霉唑	口服	每千克体重 10～20 毫克，3 次/日	广谱抗真菌药，对念珠菌、曲霉菌、皮肤癣菌有良好作用；主要用于治疗各种深部真菌病，如胃肠道、呼吸道、泌尿道感染和败血症
	肌内注射	每千克体重 10 毫克，2 次/日	

表 10-2 猪常用抗病毒药物

药品名称	使用方法	使用剂量	临床应用范围
黄芪多糖注射液	肌内注射	每千克体重 20 毫克，2 次/日	广谱抗病毒药物，对多种病毒，包括流感病毒、副流感病毒、腺病毒、疱疹病毒、痘病毒、轮状病毒等有抑制作用
白介素干扰素	肌内注射	2 万～4 万国际单位，1 次/日，连用 3 日	广谱抗病毒药物，用于防治猪流行性腹泻、传染性胃肠炎、轮状病毒性腹泻、伪狂犬病、细小病毒病、温和型猪瘟、流行性感冒等

表 10-3 猪常用抗寄生虫药物

药品名称	使用方法	使用剂量	临床应用范围
精制敌百虫	内服	每千克体重 80～100 毫克	对畜禽体内外寄生虫均有杀虫作用，临床主要用于驱除畜禽胃肠道线虫及体外寄生虫，如蜱、螨、蚤、虱、蚊、蝇等。治疗量与中毒量接近，中毒时用解磷定、阿托品等解救。禁止与碱性药物或碱水合用
	外用	1%～3% 溶液，局部涂擦或喷雾	
盐酸左旋咪唑	内服	每千克体重 10～15 毫克	对多种消化道线虫有较好杀灭作用，对猪蛔虫、类圆线虫和后圆线虫有良好驱除效果，对猪肾虫亦有效，并有免疫调节作用
	肌内注射	每千克体重 7.5 毫克	

（续）

药品名称	使用方法	使用剂量	临床应用范围
伊维菌素	内服 皮下注射	每千克体重0.3～0.5毫克 每千克体重0.3毫克，间隔7天重复注射1次	对猪后圆线虫、猪蛔虫、有齿冠尾线虫、食道口线虫、兰氏类圆线虫以及后圆线虫幼虫均高效。对外寄予生虫如猪疥螨、猪血虱等也有极好的杀灭作用
贝尼尔、血虫净	肌内注射	每千克体重4～6毫克	主要用于锥虫、焦虫、猪附红细胞体病的治疗。用药前或用药时注射阿托品，减少副作用
丙硫苯咪唑	内服	每千克体重20～80毫克，连用3日	主要用于驱除肠道线虫、猪棘头虫、肺线虫、猪囊尾蚴、吸虫、结节虫等
硫双二氯酚	内服	每千克体重80～100毫克，连用3日	主要用于驱除消化道寄生虫，如姜片吸虫、绦虫、猪棘头虫、结节虫等
吡喹酮	内服、肌内注射	每千克体重20～40毫克，连用3日	治疗血吸虫病的最佳药物，并对多种绦虫及未成熟虫体有效，主要用于治疗猪囊尾蚴、姜片吸虫、细颈囊尾蚴等

表 10-4　猪常用特效解毒药物

药品名称	使用方法	使用剂量	临床应用范围
碘解磷定（派姆）	静脉注射	用4%的浓度按每千克体重15～30毫克，重度中毒时，2小时重复用药1次	常用于有机磷杀虫药或农药中毒，如对硫磷（1605）、内吸磷（1059）等急性中毒的解救。中毒早期使用，同时与阿托品合用，静脉注射速度应慢
亚硝酸钠	静脉注射	0.2克/次	用于氰化物中毒的解毒，本品必须与硫代硫酸钠合用

· 180 ·

药品名称	使用方法	使用剂量	临床应用范围
硫代硫酸钠	肌内注射	1～3 克/次	主要用于氰化物中毒；也可用于碘、汞、砷、铝和铍等中毒。早期用药，药量要足，并配合抗心律失常药物
乙酰胺（解氟灵）	肌内注射、静脉注射	每千克体重 50～100 毫克，2～3 次/日，连用 5～7 日	常用于氟乙酰胺和氟乙酸钠等农药中毒的解毒，早期用药，药量要足
亚甲蓝（美蓝）	静脉注射	每千克体重 0.1～0.2 毫升（解救高铁血症）；每千克体重0.25～1 毫升（氰化物中毒）	用于缓解亚硝酸盐中毒，也可用于治疗氨基比林、磺胺类药引起的高铁血红蛋白症；用于氰化物中毒的解救，须与硫代硫酸钠合用。禁止皮下注射或肌内注射
二巯琥珀酸钠	静脉注射	用 5％溶液按每千克体重 20 毫升，1 次/日，连用 5～7 日	主要用于锑、汞、砷、铅的解毒，毒性低。对锑中毒的解毒能力尤强

表 10-5　猪常用消毒药物

药品名称	使用方法与剂量	临床应用范围
石炭酸	清洗、喷洒，2％和5％水溶液	2％～5％溶液用于消毒外科器具，车辆、猪舍的消毒等；2％溶液用于皮肤止痒；禁止用于创伤及皮肤消毒；对芽孢和病毒无效
煤酚皂溶液（来苏儿）	清洗、喷洒，1％～10％水溶液	用于杀灭一般病原菌，对芽孢无效，对病毒作用可疑；低浓度溶液用于手和皮肤浸泡；5％～10％溶液用于猪舍、器械、排泄物和染菌材料等消毒

药品名称	使用方法与剂量	临床应用范围
复合酚（菌毒敌）	清洗、喷洒，稀释100～200倍	用于杀灭细菌、霉菌及病毒，也可杀灭多种寄生虫虫卵；主要用于圈舍、器具、排泄物和车辆等消毒；禁与碱性药物或其他消毒剂合用
醋酸（乙酸）	喷洒，稀释到5%～6%	用于杀灭绿脓杆菌、嗜酸杆菌和假单胞菌属；用于空气消毒，预防感冒和流感，也可带猪消毒
氢氧化钠（火碱）	喷洒，配成3%～5%溶液	3%溶液用于车船、猪舍地面及其用具的消毒；5%溶液用于喷洒炭疽芽孢、口蹄疫和猪瘟感染区；禁止带猪消毒，以防烧坏皮肤。消毒时注意防护
氧化钙（生石灰）	配成10%～20%石灰乳	20%～30%石灰乳涂刷猪舍墙壁、畜栏和地面等；对繁殖型细菌有良好的消毒作用，而对芽孢和结核杆菌无效
过氧乙酸（过醋酸）	喷洒，0.2%溶液或0.5%溶液	主要用于猪舍、器具和空气等消毒；稀溶液对呼吸道和眼结膜有刺激性
漂白粉	喷洒，5%～20%混悬液	用于消毒猪舍、猪栏、排泄物、炭疽芽孢污染的场所；0.3～1.5克/升，饮水消毒
二氯异氰尿酸钠	喷洒、浸泡，0.5%～10%水溶液	用于生产用具、地面消毒；用于饮水消毒（有效氯4毫克/升水）；与多聚甲醛粉配合，用于熏蒸
碘伏（爱迪优、络合碘）	使用见说明书	对大部分细菌、病毒、真菌、原生动物及细菌芽孢有杀灭作用，用于畜栏、猪舍、墙壁和车辆工具、衣物等消毒

药品名称	使用方法与剂量	临床应用范围
百毒杀	使用见说明书	杀灭各种病毒、病原菌及有害微生物；用于环境消毒；用于饮水、水管、水塔等消毒
菌毒清	使用见说明书	适应广泛的酸碱环境，灭菌谱与百毒杀相近。用于猪舍、用具等消毒
甲醛溶液	喷洒、熏蒸，1%～10%水溶液	用于栏舍、用具等喷雾消毒；与高锰酸钾粉配合，用于猪舍熏蒸
漂白粉	喷洒	用于消毒细菌、病毒污染的栏舍、场地、车辆等
碘酊	2%～5%碘酊 10%碘酊	用于皮肤及手术部位消毒 治疗皮肤慢性炎症和关节炎等
酒精（乙醇）	75%溶液	用于皮肤和器械消毒
新洁尔灭	0.1%溶液 0.01%～0.1%溶液	用于浸泡手、皮肤、手术器械和玻璃、搪瓷等用具 用于冲洗黏膜和深部感染创
洗必泰	0.02%溶液	用于浸泡手臂，冲洗创伤，喷洒无菌室，手术室用具等消毒

第五节　常见猪病防治

一、猪　　瘟

本病是猪的一种高度接触性传染性疾病，可呈急性、亚急性、慢性、非典型性和隐性过程。

（一）病原　猪瘟病毒是黄病毒科、直径 40～50 纳米和有囊膜的 RNA 病毒。猪瘟病毒只有一个血清型，但毒株的抗原性变异很大，野毒株的毒力有较大差异，而抗原性与毒力之间无明显的相关性。

病毒在腐败动物尸体中，以骨髓中存活时间最长，可达 15 天。在猪肉或某些猪肉制品中可存活数月，这在流行病学中具有重要意义。脂溶剂如乙醚、氯仿等可很快杀灭病毒。作为消毒剂，2% 的氢氧化钠最合适。

（二）**流行特点** 猪是本病毒的唯一自然宿主，也是病毒的主要来源。疾病传播的主要途径是易感猪与感染猪的直接接触。感染猪在发病前和发病过程中，可通过口、鼻和眼分泌物、尿和粪等排毒。康复猪在产生特异性抗体之前仍可排毒。强毒感染排毒时间长，排毒量大，散毒快，可引发猪群的高发病率。慢性感染则持续或间歇性排毒。妊娠母猪感染低毒力毒株后症状不易察觉，但病毒可感染子宫内胎儿，引起死胎和弱胎。由于胎儿的持续感染可造成分娩时大量散毒。部分感染胎儿外表健康，不易察觉，但极易造成散毒。这类先天性感染具有重要的流行病学意义，尤其是在毒力较弱病毒株流行地区。

猪场暴发猪瘟的传染源最常见的是购进外表健康的感染猪、运输过程中接触病毒污染物或运输工具被污染，另一个重要途径是含病毒的下脚料消毒不严。

（三）**临床症状** 猪群中出现强毒感染时，部分猪表现精神沉郁、不愿活动。强迫站立时表现弓腰或畏寒姿势，食欲下降或厌食。感染后 6 天内体温可高达 $41\sim42℃$ 甚至更高，同时出现白细胞数下降。开始发热时常出现便秘，随后出现严重的灰黄色水样腹泻。早期可能出现眼结膜炎、分泌物增加并可能出现眼睑粘连。病猪畏寒，出现扎堆。少数猪可能出现抽搐。随着病程的发展，猪群中发病数量增加。后期在猪的腹部、鼻唇部、四肢内侧及身体的末梢部位出现紫红色斑块，指压不褪色。

急性感染猪大部分在感染后 $10\sim20$ 天死亡。亚急性感染猪症状稍轻，一般在 30 天内死亡。慢性感染，根据临床表现可分为三个阶段：首先表现精神沉郁、体温升高及白细胞减少；几周后食欲和外表出现明显的改观，体温降至正常或稍高；第三阶段表现精神沉郁和厌食，直肠温度升高，直至临死前下降。慢性感染猪发育严重迟滞，有皮肤病变，站立时常见弓腰。这类猪可能存活 100 天以上。

另一种类型为"后发病"型猪瘟。先天性感染的猪可能在开始的较长时间并不发病，而在几个月之后出现轻度的厌食、精神沉郁、结膜炎、皮炎、腹泻和运动障碍，体温正常。这种猪可能存活 6 个月以上，但最终死亡。

先天性感染可引起流产、死胎、木乃伊胎、畸形胎及弱胎，而且弱胎可能表现震颤。子宫内感染的仔猪常有皮肤出血。新生仔猪死亡率高，但也有部分宫内感染猪能够康复。

（四）**病理变化**　超急性型猪瘟一般没有明显的病变。急性型病例淋巴结和肾脏的病变最常见，淋巴结肿大，呈周边性或弥散性出血，外观大理石样或暗红黑色。肾脏有出血点或出血斑。膀胱、喉、会厌、心脏、小肠黏膜、浆膜和皮肤也可见出血点和出血斑。有时可见皮肤发绀。

脾脏梗死是猪瘟的特征性病变。梗死灶在脾脏的边缘，呈黑色泡状，略突出于脾表面，大小不一，呈单个或融合形成梗死带。胆囊和甲状腺也可出现梗死，后者可导致坏死，继发细菌侵入后引起化脓性甲状腺炎。

盲肠、结肠及回盲口黏膜上出现轮状纤维坏死，突出于肠表面，形成大小不一的圆形纽扣状溃疡。

先天性感染引起木乃伊胎、死胎和畸形胎。死胎全身皮下水肿，腹腔和胸腔积水。畸形胎主要出现头和四肢畸形，脑、肺发育不全等。

大部分病例有脑炎变化，血管内皮细胞增生，小胶质细胞增生，形成血管袖套现象。持续性感染最明显的病变是胸腺萎缩，淋巴细胞严重缺失，外周淋巴器官生发中心消失。

（五）**诊断**　暴发典型猪瘟时，可根据病史、流行病学和病理变化进行初步诊断。

流行病学调查包括免疫预防情况，近期猪只引进情况，邻近农场发病情况，人员采访及是否饲喂过下脚料等。急性猪瘟在不同年龄猪中可迅速传播，出现症状后 1～2 周发病率高。白细胞减少是猪瘟的一个较为一致的症状。剖检时具有诊断意义的病变是淋巴结、肾脏和其他器官出血及脾梗死。

在临床诊断中应与败血性沙门氏菌病、链球菌病、猪丹毒及猪嗜血杆菌感染相区别，必要时应进行实验室检查。

亚急性、慢性及"后发病"型猪瘟，临床上较复杂。症状较轻，并可能为间歇性发病，可能很长时间不易察觉，而且猪群中可能只有少数猪发病，临床上诊断比较困难。因此，根据临床症状和流行病学怀疑为猪瘟时，应采样送相关的实验室进行检查。

对某些组织的冰冻切片采用荧光抗体检查组织中的猪瘟病毒，尤其是扁桃体组织切片在检查中更有意义。另外，已建立了特异性的 ELISA 方法用于猪瘟的诊断。以上两种方法均可以将强毒感染和疫苗免疫区分开，而且诊断快速。

（六）防制　由于发生本病后没有特异性的治疗方案，因此，必须采取良好的预防措施。首先，对于必须引进猪只的农场或地区，应对猪的来源及健康情况进行充分的了解，避免引入该病。另外，做好人员及车辆的消毒工作，防止该病的机械性传入；第二，必须做好预防接种工作，制定严格的免疫计划，保证接种密度和定期免疫。在疫苗的运送、保存和使用过程中应严格遵照有关说明，防止疫苗的效价下降或失效；第三，认真做好卫生清洁工作，加强饲养管理。

怀疑发生猪瘟时，应及早进行诊断，及时采取措施控制和消灭猪瘟以减少损失。

确诊为猪瘟后，首先应对猪群进行检查，病猪应立即清除、捕杀并进行焚烧或深埋处理。对发病猪舍进行隔离和消毒；第二，对尚未发病或受威胁地区的猪进行猪瘟疫苗的紧急接种。应注意，已处于感染潜伏期的猪注苗后可能加速其发病和死亡，但从生产实践看来，紧急接种在一定程度上可以有效地制止猪瘟的发展，缩短流行过程，减少经济损失；第三，对猪场和饲养管理用具必须进行严格的消毒。2%的氢氧化钠消毒效果较好。

二、猪 丹 毒

猪丹毒是由猪丹毒杆菌引起的一种急性高热性传染病，也是一种人兽共患的传染病。其特征是急性型呈败血症症状，发高热；亚急性型表现为皮肤紫红色疹块，呈菱形、圆形、方形不等，俗称打火印；慢性型表现为疣状心内膜炎和关节炎。

（一）病原 猪丹毒杆菌是极纤细的小杆菌，形状为直形或稍弯，革兰氏阳性菌，无芽孢，无荚膜，不能运动，在培养基中细菌老化，易被染成革兰氏阴性。猪丹毒杆菌对外界抵抗力很强，在盐腌或熏制的肉内能存活3～4个月，在掩埋的尸体内能活7个多月，在土壤内能活35天。但对消毒药的抵抗力较弱，2%福尔马林、3%来苏儿、1%火碱、1%漂白粉都能很快将其杀死。

（二）流行特点 本病分布较广，不同品种、年龄的猪均易感染，一般多发于3～12月龄的架子猪，也偶发于水牛、绵羊、马、禽类，人也可感染，称为类丹毒。猪丹毒流行无明显季节性，但夏秋多雨、炎热季节多发生。病猪、临床康复猪及健康带菌猪都是传染源。病原体随粪、尿、唾液和鼻分泌物等排出体外，污染土壤、饲料、饮水等，后经消化道和损伤的皮肤而感染。带菌猪在不良条件下抵抗力降低时，细菌也可侵入血液，引起自体内源性传染而发病。猪丹毒经常在一定地方发生，呈地方性流行或散发。

（三）临床症状 感染猪丹毒后潜伏期的长短与猪的抵抗力大小、感染途径、病原菌的数量及其毒力强弱等有密切关系。人工感染潜伏期1~7天，一般为3~5天。临床上一般分为急性、亚急性和慢性三型。

1. **急性型（败血型）** 见于流行初期，个别猪可能不表现症状而突然死亡，多数病例体温升高达42℃以上，食欲废绝，不愿行动，间或呕吐，眼结膜充血。病初便秘，后腹泻。发病1~2天后，皮肤上出现大小不一、形状不同的红斑，指压褪色。多数病程为2~4天，病死率80%以上。哺乳仔猪和刚断奶的小猪发生猪丹毒时往往有神经症状，表现抽搐，病程不超过1天。

2. **亚急性型（疹块型）** 此型败血症症状轻微，其特征是在皮肤上出现疹块。病初食欲减退，精神不振，不愿走动，体温升高但很少超过42℃。发病后1~2天在背、胸、颈和四肢等部位出现菱形、方形等大小不等的疹块，先呈浅红，后变为紫红，以至黑紫色，稍隆起，界限明显，白毛猪很容易看出。随着疹块的出现，体温下降，病情减轻，数天后疹块消退，形成干痂并脱落。病程1~2周。

3. **慢性型** 单独发生较为少见，多由急性或亚急性转化而来。主要是四肢关节炎或心内膜炎，有时两者兼有。患关节炎的猪，受害关节肿胀、疼痛、僵硬、步态强拘，甚至发生跛行。患心内膜炎的猪，体温一般正常，少有偏高者，食欲时好时坏，呼吸短促增快，有轻微咳嗽，可见黏膜发绀，猪体的下腹部及四肢发生浮肿，或后肢麻痹，心脏听诊有明显的杂音，强迫激烈行走时，可突然倒地死亡。皮肤坏死常发生于背、肩、耳及尾部。局部皮肤变黑，干硬如皮革样，逐渐与新生组织分离，最后脱落，遗留一片无毛而色淡的瘢痕。

（四）病理变化

1. **急性型** 皮肤有红斑或弥漫性红色；脾肿大，呈樱红色，切面髓质隆起，实质易刮脱；淋巴结充血、肿大、呈紫红色，切面多汁，有出血点；肾脏淤血、肿大、呈暗红色，皮质部有多量小出血点；胃及十二指肠发炎，有出血点。

2. 亚急性型　特征是皮肤疹块，内脏变化略轻于败血型。

3. 慢性型　常有房室瓣疣状心内膜炎，多见于左心二尖瓣，瓣膜上有菜花状灰白色的赘生物。关节炎的病猪，肿大的关节腔内常有纤维素性渗出物。

（五）诊断　根据流行病学、临床症状、病理剖检变化等进行初步诊断，但为了获得确实可靠的诊断结果，需进行细菌检查和血清学反应等。取血液、脾或肝涂片，革兰氏染色、镜检。特别是急性败血型容易查出细菌。血清学诊断以血清平板凝集试验和全血平板凝集试验最为适用。具体操作方法为：取全血（血清）一滴加在载玻片上，再加一滴抗原，搅匀，2～3分钟观察结果，细菌明显凝集成团块者为阳性，否则为阴性。诊断时需注意，注射过猪丹毒疫苗的猪，可出现阳性反应。

（六）鉴别诊断

1. 猪瘟　呈流行性发生，发病率和死亡率极高。

（1）从病理剖解变化上区别，猪瘟脾脏出血性梗死，淋巴结出血，呈大理石样花纹，肾呈灰黄色，并有许多小出血点且不肿胀，回盲结肠口处的扣状溃疡等均可区别。

（2）猪瘟用药物治疗无效。

2. 链球菌病　皮肤有出血斑点，但不会有疹块状出血，实验室检查出链状球菌，即可区别。

3. 猪肺疫　与饲养管理条件有密切关系，临床症状以呼吸困难，咽喉部急性肿胀为特征。剖检变化以肺及呼吸道病变为主。可见肺充血、水肿，脾不肿大。取病料做革兰氏染色，镜检可见革兰氏阴性杆菌，呈长椭圆形，两端浓染。

4. 仔猪副伤寒　多发生于2～4月龄的仔猪。特别是阴雨潮湿时多见。先便秘后下痢，胸腹部皮肤呈蓝紫色。死后剖检，肠系膜淋巴结明显肿大，盲结肠肠壁有灰黄色麸皮样坏死物，肝有小点状灰白色坏死灶，脾肿大。

（七）预防

1. 加强猪只的饲养管理，做好卫生防疫工作，提高猪群的自然抵抗力。凡从其他猪场购进的猪只，必须先隔离观察 2～4 周，确认健康后方可入混群饲养。注意杀死或驱除蚊、蝇和鼠类，经常保持猪栏、运动场及管理器具的清洁，定期用消毒液消毒，食堂下脚料及浴水必须经煮沸后才能喂猪，粪便垫草要经堆积发酵处理后方可利用。

2. 加强交通检疫、屠宰检疫及农贸市场的检查。如发现病猪或带菌产品，应立即进行隔离消毒，处理产品，杜绝病原传播。

3. 预防注射　按免疫程序注射猪丹毒苗是重要的预防措施。耐吖啶黄弱毒菌苗，不分品种、年龄、性别均可采用猪只皮下接种 1 毫升，免疫期约 6 个月。猪丹毒 GC42 弱毒菌苗在生后 3 个月开始免疫接种，对未断乳或刚断乳的仔猪使用本菌苗后，应在断乳后 2 个月左右再免疫一次，以后每隔 6 个月免疫一次。也可使用猪丹毒 G10T（10）弱毒菌苗进行皮下或肌内注射。目前，我国使用的单一菌苗有两种，即猪丹毒弱毒菌苗和猪丹毒氢氧化铝甲醛苗。另外，我国已生产三联苗（猪瘟、猪丹毒、猪肺疫），免疫效果也很好，猪瘟免疫期 8 个月以上，猪丹毒与猪肺疫均为 6 个月，使用方法和剂量遵照说明书进行。

预防注射注意事项：①一般来说，仔猪在 1～2 月龄时必须进行第一次预防注射，3 月龄后再注射一次。②种猪应每隔 6 个月预防注射一次，但配种后两周以内的母猪、妊娠末期的母猪及哺乳期的母猪暂不注射。③由于本菌苗为活菌制剂，因此，在接种前 3 天和接种后 7 天内，应避免在饲料内添加抗生素或直接给猪只注射抗生素。

4. 紧急防制　当猪群中发生该病时，应及时进行隔离治疗。病猪污染的猪圈，用具等应彻底消毒，粪便、垫草应进行烧毁或堆积发酵处理。病猪尸体和解剖的内脏器官应深埋或烧毁。对同群未发病猪只用抗生素进行紧急预防性注射，连用 3～5 天，每天 2 次。停药后立即进行 1 次全群大消毒，待药效消失后再接种 1 次菌苗，对患慢性猪丹毒的病猪应尽早淘汰。

（八）**治疗**　青霉素为本病特效药，用量为每千克体重 1 万国际单位，肌内注射，每天 2 次，直至体温和食欲恢复正常 24 小时后。注意不宜过早停药，以防复发或转为慢性。另外盐酸四环素、红霉素、金霉素也是有效药剂，但磺胺类制剂无效，在临床上用药时应注意选择。

三、猪 肺 疫

猪肺疫又称猪巴氏杆菌病，主要是由多杀性巴氏杆菌引起的一种传染病，呈急性或慢性经过。本病分布很广，世界各地均有发生。

（一）**病原**　多杀性巴氏杆菌、溶血性巴氏杆菌成为本病的机会致病菌，二者在形态、染色、培养特性、抵抗力等方面基本相似。病料组织或体液涂片用瑞氏、姬姆萨或美蓝方法染色，显微镜下观察可见菌体多数呈卵圆形，两极浓染，中央部分着色较浅，很像并列的两个球菌。革兰氏染色为阴性球杆菌。

（二）**流行特点**　多杀性巴氏杆菌对多种动物和人都有致病性，一般认为，家畜在发病前已经带菌。有资料指出，猪的鼻道深处和喉头带菌率为 30.6%，扁桃体带菌率可达 63%。当气候剧变、闷热、潮湿、营养不良等因素导致猪机体抵抗力下降时，病菌可乘机侵入体内，经淋巴液进入血液，发生内源性感染。病猪的排泄物、分泌物不断排出有毒力的病菌，污染饲料、饮水、用具和外界环境，通过消化道途径传播给健康家畜，或通过飞沫经呼吸道传播。本病的流行形式依据猪体的抵抗力和病菌的毒力不同而呈地方流行性和散发性两种，散发者较为多见，多与其他疾病（猪气喘病、猪瘟病等）混合感染或继发。本病的发生无明显的季节性。

（三）临床症状　猪肺疫最常见的临床症状是急性支气管肺炎。肺部气管充满泡沫状液体，引起病猪呼吸困难和特征性的张口呼吸。病初出现无分泌性干咳，以后发展成有分泌性的湿咳。严重感染时，体温升高到 40.5～41.6℃，精神沉郁，食欲废绝。病初便秘，后期腹泻，随着病情的发展，病猪消瘦无力，卧地不起，多因窒息而死。急性病程为 5～10 天。不死的病猪转为慢性，病程 3～5 周或更长时间，这些猪可出现持续性干咳，经鼻流出少许脓性分泌物。有时，病猪出现痂样湿疹、关节肿胀。病猪一般丧失经济效益。

（四）病理变化　最急性病例主要病变为全身黏膜、浆膜和皮下组织大量点状出血，以咽喉部及周围结缔组织的出血性浆液性浸润为特征；切开颈部皮肤时，可见大量胶冻样淡黄色或灰青色纤维素性浆液；全身淋巴结出血，切面红色；心外膜和心包膜有小点出血；肺急性水肿；脾脏出血，但不肿大；胃肠黏膜有出血性炎症变化；皮肤有原发性红斑。

急性病例特征性病变是纤维素性肺炎。肺有不同程度的肝变区，周围常伴有水肿和气肿，病程长的肝变区内有坏死灶，肺小叶间浆液浸润，切面呈大理石纹理；胸膜常有纤维素性附着物，严重病例胸膜与肺粘连，胸腔及心包积液；胸腔淋巴结肿胀，切面发红，多汁；支气管、气管内含有多量泡沫状黏液，黏膜发炎。

慢性病例尸体极度消瘦、贫血。肺肝变区扩大，并有黄色或灰色坏死灶，外面有结缔组织包裹，内含干酪样物质，有的形成空洞，与支气管相通；心包、胸腔积液，胸腔有纤维素性沉着，胸膜肥厚，常与病肺粘连。有时，在肋间肌、气管周围淋巴结、纵隔淋巴结以及扁桃体、关节和皮下组织见有坏死灶。

（五）诊断　根据病理变化，结合临床症状、病史和细菌学检查即可确诊。

（六）**鉴别诊断**　最急性猪肺疫起病急骤、颈部高热红肿，口鼻流出泡沫，呼吸极度困难，病程短，死亡快，死后全身淋巴结出血，切面潮红，咽喉部红肿，脾不肿大，可与急性猪瘟、猪丹毒区别。仅颈下红肿症状与急性炭疽的咽喉肿相似，但炭疽为个别病例，与最急性猪肺疫呈流行性不同。耳静脉血（生前）、颈部水肿液、胸液、淋巴结、肝脾等涂片瑞氏染色镜检，发现有荚膜两极浓染的球杆菌，结合病状、病史加以判断即可确诊。

急性猪肺疫可以单独发生，也可与猪瘟、猪丹毒等传染病混合感染。若单独个别发病，除败血症外，又具有明显的急性胸膜肺炎，淋巴结切面发红，脾不肿大，病变组织、体液涂片检查有巴氏杆菌，可与猪瘟、猪丹毒区别。若具有本病特征，还有其他症状，又陆续发生传染，则应考虑可能与其他传染病混合感染。

慢性病例与猪气喘病区别比较困难。但气喘病症状较轻，肺部病变多局限于肺尖叶、心叶、中间叶和膈叶的前缘，实变区呈肉色而且较小。

（七）**预防**　根据本病传播的特点，防制首先应增强机体的抵抗力，加强饲养管理，保持呼吸系统的完整性是预防巴氏杆菌和其他继发性病原引起的疾病的关键。流行性感冒、蛔虫幼虫移行、猪肺丝虫、支气管波氏杆菌引起的萎缩性鼻炎和猪气喘病均可成为巴氏杆菌发生的环境条件。

适当的药物治疗和免疫接种可预防继发性巴氏杆菌病。

常用的疫苗有猪肺疫氢氧化铝甲醛菌苗或猪肺疫口服弱毒苗，可在春秋两季进行两次免疫接种。

（八）**治疗**　多杀性巴氏杆菌对多种抗菌药物敏感，对氨苄青霉素、增效磺胺、四环素、红霉素、喹诺酮类药物敏感性高。另外，注意保持良好的饲养管理措施，如猪舍通风良好、温暖干燥、水源清洁、营养均衡等，将有助于治疗效果和减少经济损失。

四、仔猪白痢

由于猪的生长期和致病性大肠杆菌血清型的差异，猪大肠杆菌病在临床上可划分为仔猪白痢、仔猪黄痢和猪水肿病三种。

仔猪白痢又称迟发型大肠杆菌病，由致病性大肠杆菌引起。本病是1月龄以内仔猪常见的急性肠道传染病，以泻出灰白色、瓦灰色糨糊状有腥臭味的稀粪为特征。发病率高，死亡率低，但影响仔猪生长发育，是危害仔猪的重要传染病之一，在农村中普遍存在本病。

（一）病原　本病病原以致病性大肠杆菌为主，本菌是革兰氏阴性、中等大小的杆菌，有报道指出病原还包括轮状病毒。本菌主要血清型为 O_8、K_{88}，其次为 O_{60}、O_{115}。本菌周身有鞭毛，能运动，不形成芽孢，需氧和兼性厌氧，肉汤中发育茂盛，高度混浊，形成浅灰色易消散的沉淀物，在琼脂平板上生成浅灰湿润菌落；在麦康凯培养基上形成红色菌落，为本菌主要特征之一。本菌对外界抵抗力不强，50℃加热30分钟，60℃加热15分钟即可死亡。常用消毒药均可迅速杀死本菌。

（二）流行特点　一般饲养条件下的仔猪均可发生，以10～20日龄的仔猪最易发病，病情也较严重。10日龄以内和1月龄以上的猪很少发病。本病一年四季均可发生，但以春秋母猪产仔季节最为常见。哺乳母猪乳汁过浓或过稀，猪舍卫生条件差、阴冷潮湿，气候骤变，饲料中矿物质缺乏均可促使本病发生。从病猪体内排出来的大肠杆菌，其毒力增强，健康仔猪吃了病猪粪便污染的食物时，就可引起发病，因此一窝小猪中有一头下痢，若不及时采取措施就会很快传播给整窝及其他窝群。农户养猪为散发，大型猪场和集体猪场多呈地方性流行。

（三）临床症状　病猪突然拉稀，排出白色、灰白色或黄绿色糨糊状的粪便，有特殊的腥臭味。在尾、肛门及其附近常沾有粪便。同时畏寒脱水，呼吸次数增加，背拱起，行为缓慢，毛色粗糙无光，体表不洁，食欲减少，发育迟滞。病程可长达五周以上，多自然康复，死亡较少。此间若病菌进入血液则体温升高，有的并发肺炎，呼吸困难，有啰音，一般经过 4～6 天死亡，病死率高低与饲养管理的好坏和及时治疗有密切关系。

（四）病理变化　久病死亡的仔猪外表十分消瘦，严重脱水，肛门和尾部有污秽的粪便，其内脏没有明显的变化，仅胃肠道有卡他性炎，胃内充满气泡并有胃炎，小肠内容物有气泡，结肠内容物为糊糊状或油膏状，黄白色。肠黏膜充血和出血，肠壁薄而透明，肠系膜淋巴结轻度肿大。

（五）诊断　根据流行特点、症状、粪便的色泽和质地，具有恶腥浓臭，即可进行诊断。

（六）鉴别诊断

1. **猪流行性腹泻**　发生于寒冷季节，大小猪几乎同时发生腹泻，大猪在数日内可康复，乳猪有部分死亡，应用免疫荧光或免疫电镜技术可检测出猪流行性腹泻病毒抗原或病毒，该病疗效不明显。

2. **仔猪黄痢**　1 周内仔猪和产仔季节多发，发病率和病死率均高，少有呕吐，排黄色稀粪，病程为最急性或急性，小肠呈急性卡他性炎症，十二指肠最严重，空肠、回肠次之，结肠较轻。能分离出大肠杆菌，一般来不及治疗即死亡。

3. **仔猪红痢**　3 日龄内仔猪常发，1 周龄以上很少发病，偶有呕吐，排红色黏粪，病程为最急性或急性，小肠出血、坏死，肠内容物呈红色，坏死肠段浆膜下有小气泡等病变，能分离出魏氏梭菌，一般来不及治疗即死亡。

4. **副伤寒**　2～4 月龄猪多发，无明显季节性，呈地方性流行或散发。急性型初期便秘，后期下痢，拉恶臭血便。耳、腹及四肢皮肤呈深红色，后期呈青紫色。慢性者，便秘与下痢反复交替，粪便呈灰白、淡黄或暗绿色，皮肤有痂样湿疹，盲肠、结肠有凹陷及不规则的溃疡和假膜，肝、淋巴结、肺中有坏死灶等病变，能分离出沙门氏菌，综合治疗有一定疗效。

（七）预防

1. 加强对母猪的饲养管理，提高饲料质量，在母猪分娩前 3 天，猪圈应彻底清扫、消毒，保持母猪乳房清洁。

2. 加强对仔猪的饲养管理，仔猪出生后要注意保温，尽早让其吃到初乳，哺乳仔猪应提前开食，并补饲铁剂，减少各种应激因素。

3. 给临产母猪或初生仔猪注射大肠杆菌基因工程苗。母猪分娩前 15～25 天，口服第二代双价基因工程苗，1 次剂量为 300 亿活菌，或注射 50 亿活菌。如果疫情严重，在分娩前 1 周加强免疫 1 次，剂量减半。

4. 仔猪出生后立即口服乳康生或促菌生。仔猪出生后每天早晚各服乳康生 1 次，连服 2 天后隔 1 周服 1 次，可服 6 周，每次服 0.5 克。仔猪出生后立即服促菌生 1 次，以后每天 1 次，连服 3 天，每次为 3 亿活菌。口服乳康生或促菌生时禁服抗菌药物。

5. 氟哌酸或吡哌酸散剂拌料，药物预防效果很好。

（八）治疗

1. 氟哌酸或吡哌酸治疗效果很好。

2. 痢菌净　0.5％痢菌净溶液每千克体重口服或肌内注射 0.5 毫升，2 次/天，2 天就可有效。

3. 大蒜疗法　大蒜 500 克，甘草 120 克，捣碎后加白酒 500 毫升浸泡 5～7 天，混入适量的百草霜（锅底灰），混匀后分成 40 剂，每天每头猪灌服 1 剂，连用 2 天即可收效。另外还有一些中草药治疗方法，也比较简单有效，如苦参汤、双白蒜汁汤、白龙散等。

病猪对各种药物的敏感性不同，使用某种药物 2 天后无效，应立即更换其他药物。

五、仔猪红痢

仔猪红痢又称猪梭菌性肠炎，是由 C 型产气荚膜梭菌引起的 1 周内仔猪的高度致死性传染病。临床特征为出血性下痢、肠坏死，病程短，病死率高，是危害仔猪的重要传染病。

（一）病原　本病的病原体为 C 型产气荚膜梭菌，又称魏氏梭菌，是一种革兰氏阳性、有荚膜、不运动的厌氧大杆菌。它能够产生 α 和 β 毒素，引起仔猪肠毒血症、坏死性肠炎。

病菌在动物体内形成荚膜，在体外以芽孢形式存在，对环境有很强的抵抗力。

（二）流行特点　疾病主要发生在 1～3 日龄的仔猪，五周龄以上的猪很少感染，同一群中，各窝的发病率不同，最高可达 100%，整个猪群的死亡率为 5%～59%。

病菌在自然界中分布较广，肠道内带有 C 型菌株的母猪粪便和污染的皮肤是出生仔猪的感染源。一个猪群一旦发生感染，病原就会长期存在，若不采取预防措施，以后出生的仔猪中，会重新发生本病。

（三）临床症状　疾病在同一猪场不同窝之间和同窝仔猪之间病程差异很大。因此，可将病程分为最急性、急性、亚急性和慢性型。

1. **最急性型**　仔猪在出生后一天内就发病。初生仔猪突然下血痢，后躯沾满血样粪便，病猪虚弱，不愿走动，很快变为濒死状态。少数猪不出现腹泻症状便昏倒和死亡。病猪常在出生后的当天或第 2 天死亡。

2. **急性型**　病程常维持两天。在整个病程中，仔猪排出含有灰色坏死组织碎片的褐色水样粪便。仔猪逐渐消瘦、衰弱，一般在第 3 天死亡。

3. **亚急性型**　病猪呈现持续性的非出血性腹泻。病初粪便软而黄，继而变成液状，内含灰色坏死组织碎片，似"米粥"样。病猪渐进性脱水和消瘦，一般在出生后5～7天死亡。

4. 慢性型　病猪在1周以上时间呈间歇性或持续性腹泻，粪便为灰黄色，呈黏液状，肛门周围附有粪痂，病猪逐渐消瘦，生长停滞，于数周后死亡或因生长受阻而被淘汰。

（四）病理变化　病理变化主要在空肠，有时扩展到整个回肠，十二指肠一般不受损伤。空肠呈暗红色，肠腔内充满血样液体。肠系膜淋巴结鲜红色。病程稍长的病例，肠管的出血性病变不严重，而以坏死性炎症为主。肠壁变厚，黏膜呈黄色或灰色坏死性假膜，容易剥离。心肌苍白，心外膜有出血点。肾呈灰白色，皮质部小点出血，膀胱黏膜也有小点出血。

（五）诊断　根据流行病学、临床症状和病理变化的特点，即可确诊。本病的特征为：主要发生于1周龄内仔猪，红色下痢，病程短，死亡率高，病变肠段呈暗红色，肠腔充满血样液体，以坏死性炎症为主，肠黏膜下层与肌层有气肿。

（六）预防　搞好猪舍和周围环境的卫生和消毒工作非常重要。接生前，母猪奶头的清洗和消毒，可以减少本病的发生和传播。对于有本病发生史的猪场，可以通过母猪的主动免疫来预防将要出生的仔猪发病。具体方法是：在母猪产前一个月和产前2～3周两次注射C型菌类毒素，每次5～8毫升。也可应用抗猪红痢血清直接给初生仔猪注射而获得被动免疫。仔猪每千克体重肌内注射抗血清3毫升，可获得充分保护。

（七）治疗　由于本病的病程太急，发病后药物治疗往往效果不佳。必要时，可用抗生素和磺胺药物给刚出生的仔猪口服，作为紧急预防措施。

六、猪繁殖与呼吸综合征（PRRS）

猪繁殖与呼吸综合征是由猪繁殖与呼吸综合征病毒引起的以

生殖障碍为主要特征的传染病。世界各地有十多种名称，如猪繁殖障碍综合征、新生仔猪病、猪蓝耳病、猪流行性流产与呼吸综合征等。

（一）**病原**　本病毒于1991年分离出，并根据实验室所在地被命名为 Lelystad 病毒，经人工感染试验和抗体检查，判定该病毒为 PRRS 的病原。

（二）**流行特点**　环境恶化、密度过大、管理不当均可成为本病的诱因。在大流行后，隐性感染病例增多，临床病例明显减少，症状减轻，这可能是病毒变异或免疫力上升，使猪的易感性降低的结果。该病毒传播力很强，一旦感染可迅速传播。该病可经感染猪的转移而长距离传播。因为病毒可在感染猪机体中长期存在（最长为8周，同居感染试验为14周），猪群可发生持续感染，是 PRRS 病毒易随病猪的转移而传播的主要原因，同时还可经空气传播和精液传播，使用急性期患病种猪的精液时需特别注意。

（三）**临床症状**　如果病毒侵入成年健康猪群，部分猪出现食欲不振、精神沉郁、发热、呼吸变化等症状。发病初期很少出现流产，仔猪偶尔出现神经症状。因本病有时表现为耳部发绀、外阴、尾、鼻、腹部淤血、发绀，所以被称为蓝耳病。经1～3周，感染迅速扩大，出现早产、死胎、弱胎和仔猪呼吸系统疾病等。雄性种猪感染后性欲减退、精神异常。

1. **生产障碍（生产异常）**　妊娠初期感染，可使妊娠率低下或妊娠中断。妊娠中期（45～49日）胎儿感染较难。妊娠后期（77～79日）种母猪可出现一时性食欲不振、精神沉郁、发热等症。异常产胎儿一般个体较大，死胎有白色的和黑色的。根据母猪情况的不同，一头母猪的胎儿中异常率为0～100％不等。生下的活仔猪由于体质较弱，四肢外张，吮奶能力低，死亡率很高。

2. **呼吸系统病**　多发生在仔猪和育肥猪，特别是幼仔死亡率高达 80％，成年猪也有发生。表现为呼吸急促、鼻炎、腹式呼吸，其程度与发生情况有关。仔猪还可出现眼睑肿胀、结膜炎、出血性素质、下痢、呕吐等症状。感染初期可出现白细胞减少。

（四）诊断　本病特异性临床症状和病变较少，诊断依靠病毒学、血清学检查。但由于该病隐性感染较多，采集异常产仔猪血清较难，易引起继发感染，诊断比较困难。

1. 临床诊断　可根据出现死胎、新生仔猪死亡、呼吸系统疾病等症状判断本病，同时应注意本病的发生规模，在不同猪场发病情况可能有些差异。

2. 病理学诊断　仔猪和育肥猪的病理学变化有一定的诊断价值，而母猪及异常产死仔猪的诊断价值低。特征病变为大叶性增生性间质性肺炎。也可观察到鼻炎、非化脓性脑炎、多发性心肌炎等病变。

3. 病毒分离　利用感染猪及胎儿的血清、扁桃体、肺、淋巴结等材料分离病毒，但用黑色死胎分离不出病毒。还可利用肺泡巨噬细胞和猴肾建立的细胞株分离培养本病毒，其中肺巨噬细胞对病毒的感受性较好。一般用间接荧光抗体法和酶抗体法对病毒进行鉴定。对肺、脾用荧光抗体或酶抗体染色可检出病毒抗原。另外，还可用 PCR 法标记病毒抗原蛋白基因作遗传基因的诊断。白色死胎及弱胎的血清、体液可检出抗体，有较高的诊断价值。另外，在抗体检查时，由于本病毒的抗原具有多样性，所以最好使用当地流行的病毒株进行。

（五）防制　利用间接荧光抗体法和酶抗体法可在感染本病毒 6～7 日后检出抗体，说明机体可产生免疫，但免疫机制尚不清楚，加之此病毒抗原性的多样性，所以开发有效的疫苗很困难。另外，本病多为隐性感染，在个体和群体水平上可持续感染，也给防制带来困难。为防止病毒的侵入和扩散，欧洲一些国家采取对初期感染猪群的淘汰和限制其移动等方法，效果也不理想。由于目前还没有特异有效的预防、治疗方法，所以只能采取对症疗法，改善猪舍环境、降低饲养密度、早期断奶，断奶猪分隔饲养，育肥猪、育成猪的全进全出及抗体阴性猪群的导入等措施，均可使猪群的被害程度减轻，净化猪群。

七、伪狂犬病

伪狂犬病是由伪狂犬病病毒引起的一种急性传染病。成年猪常为隐性感染，出现流产、死胎及呼吸系统症状；新生仔猪除神经症状外，还可侵害消化系统。

（一）病原 伪狂犬病病毒属疱疹病毒，有囊膜，直径150～180纳米。只有一个血清型，但不同毒株的生物学和物理化学特性有所差异。

伪狂犬病病毒对外界环境的抵抗力较强，8℃可存活46天，24℃可存活30天。在有蛋白质保护时抵抗力更强。0.5%的石灰乳或0.5%苏打1分钟可杀灭病毒；1%～2%的氢氧化钠溶液可立即将病毒破坏。

（二）流行特点 伪狂犬病病毒污染的污物是易感猪的主要感染源。犬、猫、鼠皆为致死性终末宿主，在疾病的传播中具有重要作用。这类动物感染一般是与感染猪有过直接或间接接触，感染持续时间短，一般在出现临床症状后2～3天死亡。而且大多数在出现症状后，通过鼻和口腔的分泌物排毒，再直接或间接传播给猪。当然用感染动物尸体或污染饲料饲喂动物也可造成感染。

农场发生感染的最常见途径是引进排毒或潜伏感染的猪，包括种猪、育肥猪等，或与野猪接触。地区之间发生传播与人员、伴侣动物、运输工具、野生动物、水和空气流动有关。已证明，含病毒的气溶胶可将病毒从某个感染点传播到2千米以外的非感染区。

（三）临床症状　与所感染的毒株、感染剂量及猪的年龄有关。幼龄动物感染后症状较明显。病毒对神经系统和呼吸系统有亲嗜性，临床症状常与此有关。一般说来，哺乳和断乳仔猪常表现神经症状；呼吸症状多见于育成猪和成年猪。

猪群感染后的反应不一。有些猪群可能出现迅速传播，而另一些猪群可能仅表现隐性感染，只有在进行血清学检查时才能发现。无新生仔猪的猪群更常表现为隐性感染，而在新生仔猪猪群中，若为首次感染，则隐性感染极少，因为新生仔猪高度易感。

典型的症状是首先有少量的母猪流产，育成猪咳嗽、精神沉郁和厌食，或者一些被毛粗乱的哺乳猪出现精神沉郁、厌食，24小时内出现运动失调和抽搐。猪群出现上述任何症状，应立即进行确诊，因为在暴发前早期免疫接种可以减少损失。

新生哺乳仔猪感染的潜伏期很短，一般为2～4天。在出现典型症状之前，仔猪精神沉郁、厌食和发热（41℃）。部分仔猪在出现临床症状的24小时内表现中枢神经症状，并发展为震颤、多涎、共济失调、眼球震颤，甚至角弓反张或严重的癫痫样发作。部分感染猪由于后肢麻痹呈犬坐姿势，而其他的猪表现为转圈、侧卧、作划水姿势，出现呕吐和腹泻。表现中枢神经症状的猪通常在24～36小时内死亡。哺乳仔猪的死亡率非常高，接近100%。由于母猪的免疫水平不同，不同窝的仔猪，甚至同窝的不同个体的临床症状亦有所差异。易感母猪在妊娠末期感染，可生产弱胎，出生后立即表现临床症状并在1～2天死亡。

3～9周龄断乳仔猪中，幼龄猪可能出现类似上述哺乳仔猪的症状。但是症状较轻，且很少出现严重的中枢神经系统症状。3～4周龄仔猪死亡率可达50%。较大的猪感染后3～6天表现精神沉郁、厌食、发热。通常有呼吸道症状，特别是打喷嚏、流鼻液、呼吸困难并发展为严重咳嗽，迅速消瘦。临床症状可持续5～10天，大多数猪在退烧和恢复食欲后，很快完全康复。5～9周龄猪，护理得当且无继发感染时，死亡率不超过10%。出现神经症状和严重感染的猪一般都会死亡。即使存活也可能成为僵猪。

　　育成猪主要表现是呼吸道症状，发病率可达100%。无并发感染时，死亡率很低，一般为1%～2%。也可有散发性中枢神经症状，表现为轻度的肌肉震颤或严重抽搐。一般在感染后3～6天出现典型症状，其特征是发热（41～42℃），精神沉郁，厌食，有轻度或严重的呼吸症状。发展为鼻炎时可引起打喷嚏、流鼻液，发展为肺炎时，表现剧烈咳嗽、呼吸费力，尤其是在强迫运动时更明显。猪消瘦，症状可持续6～10天。退烧和恢复食欲后可迅速恢复健康。

　　成年公、母猪自然感染主要表现呼吸道症状，与育成猪非常相似。怀孕小母猪常常出现流产，这也是育成和种猪场首先看到的临床症状。妊娠前期感染伪狂犬病病毒可引起胚胎被吸收，母猪重新发情；第二阶段感染引起的繁殖障碍表现流产或死胎；在分娩末期感染则产弱胎。

　　（四）病理变化　　一般无明显的肉眼病变或难于察觉。打开头部暴露整个鼻腔，可见有浆液性或纤维素性鼻炎。病变可延伸到喉，甚至气管。常见坏死性扁桃体炎和口腔及上呼吸道淋巴结肿胀，出血。下呼吸道有病变时，表现为肺水肿，有小的坏死灶和出血。

　　常见有角膜结膜炎，肝和脾散在有典型的黄白色疱疹性坏死灶（2～3毫米），有时可能仅见于浆膜面下。

　　刚流产的母猪可能有轻度的子宫内膜炎，子宫壁增厚并水肿。胎盘出现坏死性胎盘炎。流产胎儿可能较新鲜，或浸渍，或偶尔有木乃伊胎。感染的胎儿或新生仔猪肝、脾出现上述的坏死灶。肺和甲状腺有出血性坏死灶。公猪的生殖道唯一的肉眼病变是阴囊水肿。幼龄猪在空肠和回肠也可出现坏死性肠炎。

　　组织学变化中以非化脓性脑膜炎和神经节炎具有特征性。

　　（五）诊断　　对伪狂犬病的诊断主要综合猪群的病史、临床症状、病理变化、血清学及病毒的检测。根据典型的症状，新生仔猪中出现局灶性肝、脾坏死及坏死性扁桃体炎等病变可做出推测性诊断。育成猪和成年猪发病时较难诊断。仅出现呼吸道症状时，易与猪流感混淆。若有少量猪出现神经症状，则较易做出推测性诊断。及时采集样本并进行适当处理可以查出病毒。组织学检查确定为病毒性原因时则有助于确诊。要完全确诊则需要进行下述的一些实验室工作。

1. 病毒分离 急性感染猪可采集脑、脾和肺组织；未死亡的育成猪和成年猪可采集鼻拭子，或流产胎儿组织进行处理后接种细胞培养并进行鉴定。在不能进行病毒分离鉴定的地区，可采集脑组织制成 20％的悬液，取上清经肌肉接种于兔后腿肌肉，经 48～96 小时后，注射部位出现奇痒，并自咬注射部位，最后死亡。这一方法有助于伪狂犬病的诊断。

2. 荧光抗体诊断技术 采用特异性的荧光抗体检查感染猪组织中的伪狂犬病病毒，是一种快速、可靠的诊断方法。

3. 血清学诊断 目前应用较广泛的方法主要有微量中和试验、ELISA 和乳胶凝集试验。对血清学检查结果的解释比较困难，尤其是幼龄猪，母源抗体可持续到 4 月龄，易于将被动抗体与感染后所产生的抗体相混淆。采用血清学方法诊断必须隔 2 周采集双份血清，抗体效价上升 4 倍以上可判定为感染。

（六）防制 对本病目前尚无特效治疗措施，在无本病地区或农场应做到：

1. 必须从无病场引进猪。引入猪时应做好检查和隔离观察后方可引入。

2. 对于疫区，接种疫苗是防止本病的重要手段，现行疫苗有灭活苗、弱毒疫苗和基因缺失苗（国外）。接种疫苗可以防止出现临床症状，减少疾病流行造成的损失，另外可以防止发生宫内感染。某些弱毒株还可以防止潜伏感染。

3. 猪场应加强饲养管理，严格执行兽医卫生消毒措施，并做好灭鼠工作。

八、猪细小病毒感染

猪细小病毒感染可引起母猪的繁殖障碍，其特征是母猪一般不表现临床症状，而胚胎或胎儿发生感染和死亡。母猪在妊娠前半期经口鼻感染病毒，可经胎盘感染未产生免疫力的胎儿，给养猪业造成经济损失。

（一）病原 猪细小病毒属细小病毒科，病毒粒子直径大小约为 20 纳米左右，无囊膜。

猪细小病毒在外界环境中有较强的抵抗力。3％甲醛需 1 小时，甲醛蒸气需相当长时间才能杀死病毒。0.5％漂白粉液、2％的氢氧化钠 5 分钟内可杀死病毒。

（二）流行特点 猪细小病毒感染在主要养猪地区广泛存在，呈地方性流行或散发。易感猪群初次感染时还可能呈现急性暴发，造成相当数量的头胎母猪流产、产死胎等繁殖障碍，尤其是在春、秋母猪产仔季节。

感染的种猪及污染的猪舍是细小病毒的主要传染源。急性感染猪分泌物中的病毒经几个月后仍具有传染性。本病可发生水平传染和垂直传染。最常发生的感染途径是消化道、交配及胎盘感染。母猪发生流产时，死胎、木乃伊胎、子宫分泌物及活胎中均含有大量的病毒。公猪在该病的传播中也具有重要作用。急性感染阶段可通过多种途径排毒，包括精液。

本病有较高的感染性，易感的健康猪群中，病毒一旦传入，3 个月内几乎能导致 100％感染。

（三）临床症状 仔猪和母猪急性感染一般没有典型的临床表现，主要的特征或仅有的临床反应是繁殖障碍，以头胎母猪居多。怀孕母猪可能再度发情，有时可引起公、母猪不育。

由于妊娠母猪感染时期不同，临床表现也有所差异，整个妊娠期感染均有可能发生流产，但以中、前期感染最易发生。当妊娠早期胚胎受感染时，胚胎、胎儿死亡率可达 80%～100%，死亡胚胎可能被母体吸收，母猪不孕或重复发情。妊娠中后期感染可致部分胎儿死亡，胎水被重吸收，母猪腹围减少，形成形状不同、大小不一及木乃伊化程度不同的木乃伊胎，在正常分娩时与死胎、弱胎或活仔猪一起产出。

公猪感染后对性欲和受精率无明显影响，但在流行病学上具有重要意义。

（四）病理变化　母猪感染细小病毒后，肉眼病变不明显，或仅见子宫内膜轻度炎症、或胎盘有钙化现象。组织学检查，在固有膜深层和子宫内膜邻近区域出现单核细胞聚集。大脑、脊髓和眼脉络膜有浆细胞和淋巴细胞形成的血管套。

感染胎儿表现不同程度的发育障碍。胎儿可能出现充血、水肿、出血、体腔积液及木乃伊化等。肝、肺、肾组织学检查可见细胞坏死炎症和核内包涵体。死产和流产仔猪有脑脊髓炎病变，以细胞管套为主，并可见神经胶质细胞增生和变性。

（五）诊断　猪场在同一时期，多头母猪，尤其是初产母猪发生流产、死胎、木乃伊胎现象，而母猪又没有任何临床症状，同时证明具有传染性时，可怀疑为细小病毒感染。确诊则有赖于实验室诊断。

1. 病毒分离鉴定　采集一定的病料，经处理后接种于细胞培养，并进行病毒分离鉴定。这一方法费时、费力，而且需要一定的设备，不宜作常规诊断。

2. 免疫荧光检测技术　检查胎儿组织冰冻切片中的病毒抗原，是一种快速、敏感而可靠的方法。

3. 血凝和血凝抑制试验　在没有抗体的情况下，以豚鼠红细胞作血凝试验检查病料中的病毒抗原是很有效的。当木乃伊胎不适于作上述检查时，可采用血凝抑制试验检查母体的血清，如果没有抗体，可以排除细小病毒感染。如果在一段时间内，血清中抗体转阳并伴有繁殖障碍出现，则具有诊断意义。由于细小病毒感染的普遍性，单份血样检查意义不大。而检查胎儿和未经哺乳的新生仔猪血清或体液中有无抗体可以确定是否是子宫内感染。

（六）鉴别诊断　引起母猪繁殖障碍的原因包括传染性和非传染性两方面的因素。就传染性病因来说，应与伪狂犬病、乙型脑炎、猪瘟、布鲁氏菌病、衣原体病、钩端螺旋体病、弓形虫病等引起的流产相区别。可根据流行病学、症状、病理变化、病原分离、血清学等方法进行综合鉴别。

（七）防制　发生本病后尚无特异性的治疗方法。根据本病的特点，其防制原则应是：

1. **防止将带毒猪引入无病的猪场**　猪场最好做到自繁自养。如果要引入后备种猪，必须隔离半个月以上，经二次血清学检查（血凝抑制试验），阴性或效价在 1：256 以下才能引入，阳性猪最好不要混入阴性猪群中饲养。

2. **初产母猪产生主动免疫后再配种**　目前对预防细小病毒引起繁殖障碍的有效方法是接种疫苗，保证母猪在怀孕前获得主动免疫，免疫接种应在怀孕前几周内进行，以便在怀孕的整个敏感期产生免疫力。母源抗体对主动免疫有一定的干扰作用。

已研制成功细小病毒灭活苗和弱毒苗。接种和免疫期一般为 4～6 个月。

九、口 蹄 疫

口蹄疫是猪的一种急性、高度传染性疾病。其临床特征是在口腔黏膜、蹄部和乳房皮肤形成水疱和溃烂。

（一）病原　口蹄疫病毒属小 RNA 病毒科，成熟的病毒粒子直径为（23±2）纳米。病毒分 7 个血清型，分别为 O、A、C、SAT1、SAT2、SAT3 和 Asia I。各型内又分为不同的亚型。不同型之间没有交叉免疫。在同型内的亚型间有部分交叉免疫性。各亚型与其主型间虽有较近的抗原关系，但在外界环境影响下仍可引起一定数量和不同程度的发病，从而给免疫造成困难。另外，该病毒易发生变异，常有亚型出现。

在肉品中，由于产生乳酸，pH下降至5.3～5.7，可杀死病毒，但病毒在骨髓和淋巴结中可存活一年以上。1%～2%的甲醛可杀灭病毒。

（二）流行特点　口蹄疫病毒可侵害多数动物，其中以偶蹄兽最易感，而且较容易从一种动物传到另一种动物。病畜是主要的传染源，在出现症状后的头几天排毒量最大，病猪排毒量以破溃的蹄皮为最多。猪经过呼吸排至空气中形成的含毒气溶胶比牛多1 000倍。

病毒以直接或间接接触方式传染。经消化道、损伤或未损伤的皮肤和黏膜均可感染。呼吸道感染是一条重要的途径。家畜的流动、畜产品、家畜排泄物、运输工具、人员及某些非易感动物都是重要的传播媒介。空气流动也可散毒，病毒可随气流传播至50～100千米以外。高湿和适中的气温更有利于空气传播。

本病的发生没有严格的季节性，但以秋末、冬春多发。一旦发生，往往呈流行性，其传播既有蔓延式的，也有跳跃式的。

（三）临床症状　本病潜伏期为1～2天，病初体温可高达40～41℃，精神不振，食欲减退或废绝。蹄冠、蹄叉和蹄踵部肿胀、发红并形成水疱，水疱内为透明或混浊的淡黄色液体。水疱破溃后出现红色的糜烂，表现有浆液性渗出液，出现跛行。另外在鼻镜、乳头、唇、舌、齿龈及上颚也常形成水疱或糜烂，尤其是哺乳母猪乳房部水疱和溃烂较常见。无继发细菌感染时，1周左右可结痂愈合。继发感染则严重侵害蹄叶，蹄壳脱落，患肢不能着地，病猪卧地不起。

哺乳仔猪一般呈急性胃肠炎和心肌炎而突然死亡。病死率可高达60%～80%。病程稍长者可见齿龈、唇、舌及鼻内有水疱和糜烂。

（四）**病理变化** 除口腔、蹄部及乳房等部位形成水疱和糜烂之外，死亡的小猪可见心肌变性、色泽较淡、质地松软或心肌变性坏死，有淡黄色斑纹或不规则斑点，一般称虎斑心。心内膜、外膜出血。

（五）**诊断** 根据临床症状、病理变化及流行病学可进行初步诊断。采用病毒分离、补体结合试验、交叉保护试验、中和试验等方法可以确诊。

猪口蹄疫应与传染性水疱病、水疱性疹和水疱性口炎进行鉴别诊断。

（六）**防制** 在未发生过本病的地区，平时应加强饲养管理，采取严格的兽医卫生措施，禁止从疫区引入种畜、畜产品及饲料等。发生口蹄疫时，应立即上报疫情并进行确诊，划定疫区范围，严格实施封锁、隔离及消毒等。对病猪及同群猪扑杀并进行无害化处理。剩余的饲料、被污染的场地、用具及工作服都需彻底消毒。消毒药可选用2％～4％的氢氧化钠、过氧乙酸等。疫区解除封锁的时间是在最后一头病畜痊愈、死亡后几天，并对全场进行全面消毒。

对疫区及周围地区的畜群应坚持接种疫苗。一些弱毒苗可能有一定的残余毒力，主要用于国境线防疫；在其他地方多用灭活苗。

十、猪日本乙型脑炎

日本乙型脑炎有时简称为日本脑炎或乙型脑炎，是一种经蚊传播的动物和人的病毒性传染病。主要特点是引起猪脑炎和繁殖障碍，导致妊娠母猪死胎和繁殖障碍及公猪的睾丸急性炎症。

（一）**病原** 日本脑炎病毒属黄病毒科，有囊膜，病毒直径为40～50纳米，具有血凝性，可凝集成年鹅、1日龄雏鸡及鸽的红细胞。病毒可以在鸡胚、鸡胚成纤维细胞，猪、羊、猴或白鼠肾等原代细胞培生长。乳鼠极易感，脑内接种后 72 小时可引起脑炎而死亡。病毒对外界环境的抵抗力不强，一般消毒剂很易将病毒杀灭。

（二）**流行特点**　自然条件下，乙型脑炎病毒感染具有一定的周期性。鸟类，特别是苍鹭是病毒的天然宿主。病毒在其体内繁殖而不显示临床症状。人畜发生感染的主要媒介可能是蚊（主要为库蚊）。越冬蚊的体内可携带病毒，并可传递给后代。

日本乙型脑炎具有重要的公共卫生意义，猪感染与人感染之间有明显的相关性。猪是病毒在这个生态群中的重要贮藏宿主。易感猪形成病毒血症后，蚊叮、咬、吸血而感染蚊。在蚊活动季节开始后不久即开始蚊—猪之间的循环。其他的动物在脑炎发生中也起着重要作用。鸡和野马可能长年表现血清学阳性。冷血脊椎动物，如蜥蜴冬眠时亦可带毒。

（三）**临床症状**　虽然易感的幼龄仔猪偶尔可出现临床症状，但成年猪和妊娠猪很少出现临床病例。妊娠后期有明显的胎儿异常，同窝仔猪出现不同数量的死胎、木乃伊胎、有神经症状的弱胎及正常胎。死胎皮下水肿和脑积水。流产并不常见。

夏季公猪不育似乎与日本乙型脑炎有关。病毒感染后侵害性器官，导致生精紊乱，表现为睾丸水肿、充血、附睾变硬、性欲减退。病毒进入精液中可导致精子数量和运动性明显减少，大量精子畸形。

（四）**病理变化**　出生后猪感染日本乙型脑炎病毒一般没有明显的病理变化，但母猪妊娠期感染所产的仔猪有许多异常。死胎和虚弱的新生仔猪可能出现脑积水，皮下水肿，胸腔积水、腹水，浆膜有出血斑，淋巴结充血，肝脏和脾脏有坏死灶，脑膜和脊柱充血。仔细观察可见中枢神经系统发育不全。一些脑积水仔猪的脑皮质特别薄。

组织学变化主要局限于中枢神经系统，多见于皮质、基底神经节、脑干和脊柱。也有弥散性非化脓性脑炎和脊椎炎的报道。

（五）**诊断**　应与猪细小病毒感染、伪狂犬病、弓浆虫病、猪瘟、钩端螺旋体病和肠病毒感染区分开来。

根据母猪和仔猪感染后缺乏明显的临床症状可以排除许多病，加之日本脑炎的发病有季节性，与蚊活动季节明显相关。确诊需要做进一步的实验室工作。

1. 可采集死胎或弱胎的脑组织及病猪血液制成悬液，取2～5日龄乳鼠或3周龄小鼠脑内接种0.02毫升，观察2周是否发病，然后可以在鼠体上或细胞培养上做病毒中和试验进行鉴定。

2. 血清学试验　可采集脑组织或感染乳鼠的脑组织进行血凝、血凝抑制或中和试验。

另一种较快速的方法是用荧光抗体技术检查脑、胎盘或死胎组织中的病毒抗原。

（六）**防制**　消灭蚊虫、阻断病毒的循环是控制虫媒病的一种有效的方法，但在实际生产中难于做到。因此接种日本乙型脑炎疫苗是一种有效的预防方法。在许多国家已广泛应用。

已研制成功的弱毒苗可用于预防猪的日本脑炎。在蚊虫活动季节到来之前给母猪和公猪免疫二次（隔2～3周）。为了更有效地防止该病，可在母猪和公猪配种前再免疫一次。该疫苗也可与其他病毒疫苗一起使用。

十一、传染性胃肠炎

传染性胃肠炎简称 TGE，是猪的一种高度接触传染性肠道疾病，以呕吐、严重腹泻和2周龄以下哺乳仔猪高死亡率为特征。虽然各年龄猪易感，但5周龄以上猪只死亡率很低。

（一）**病原**　TGE 病毒属于冠状病毒科冠状病毒属，由单股RNA 组成，病毒颗粒形态不很规则，有梨状的表面突起。

此病毒在冰冻条件下非常稳定，在−20℃可存活6～8个月以上。室温下易失活，细胞培养病毒存放于37℃ 4天，感染性全部失去，56℃ 30分钟可将其灭活。对光非常敏感，阳光下6小时失活。可被0.03%福尔马林、0.01% β-丙内酯、次氯酸钠、氢氧化钠、碘、季胺化合物、醚和氯仿等灭活。pH为3时稳定，对胰蛋白酶有抵抗力，在猪胆汁中相当稳定。

（二）流行特点　TGE病毒存在于狗、猫、燕、八哥等多种动物，成为传播媒介，但除猪外均不感染此病。各年龄的猪均对TGE易感，以2周龄以内的哺乳仔猪死亡率最高，随年龄的增大死亡率稳步下降，成年猪可自然康复。病猪及康复后带毒猪是本病的传染源，从粪便、呕吐物、乳汁、鼻分泌物以及呼出的气体中排出病毒，通过消化道、呼吸道而传染。

猪感染TGE后可从肠道、呼吸道长期排毒，这与本病常呈散发性或地方流行性有关。据报道感染后104天仍可在肠道、呼吸道内检出病毒，在温暖季节里，构成本病持续存在的疫源。TGE病毒在冰冻季节易存活和传播，又值产仔旺季，因此TGE在冬季呈季节性流行。

（三）临床症状　本病潜伏期短，通常18小时至3天内扩散到整个猪群，大多数猪受侵害。

小猪的典型症状是突然短暂呕吐，同时很快引起水样黄色腹泻，迅速失重。发病率高，2周龄以下乳猪死亡率高，通常乳猪腹泻严重，且粪便常有少量凝乳和未消化的乳液，气味难闻。症状的严重程度、持续时间和死亡率与乳猪的日龄成负相关。大部分7日龄以下猪只在出现临床症状后2～7天死亡。3周龄以上仔猪可幸存，但生长发育受阻，甚至成为僵猪。

生长猪、育肥猪和母猪的症状通常仅限于食欲减退和三至数天的腹泻，个别猪出现呕吐，很少见到死亡。

（四）病理变化　除脱水外，肉眼变化通常局限于胃肠道。胃底黏膜充血，常因凝乳块而膨胀。据报道，在感染最初三天，约50%的病猪在胃憩室边缘膈肌面发生小范围出血。小肠膨大，充满黄色泡沫状液体并含有未消化凝乳块。空肠和回肠绒毛高度萎缩，显微镜下空肠绒毛的长度与滤泡的深度比值由正常时的7：1下降为1：1，肠壁变薄、透明。肠系膜血管充血，淋巴结肿大，肠系膜淋巴管内见不到白色乳糜。肾浑浊肿胀和脂肪变性，镜下表现曲小管变性并伴有坏死和管腔阻塞。

（五）诊断　猪场各年龄猪只很快发生大量水样腹泻，两周龄以下猪只高死亡率，以及空肠绒毛高度萎缩是诊断 TGE 的主要依据，但要注意和轮状病毒病及大肠杆菌病等相区别。小肠冰冻切片作直接荧光抗体检查可进一步确诊。

（六）预防

1. 加强管理，避免从怀疑感染猪场进猪，防止由污染的鞋靴带入病毒。

2. 紧急预防　本病感染猪后能产生免疫力，仔猪从初乳中可获得被动免疫。将病死仔猪胃肠研磨后，给临产一个月前的母猪内服，使母猪主动免疫，后经母乳使仔猪被动免疫。用康复猪全血给仔猪内服有较好的治疗和预防效果。

（七）治疗　目前本病尚无特效治疗方法，防止缺锌、防止继发感染，提供温暖而干燥的环境，提供自由饮水等可降低猪的死亡率。

十二、猪 流 感

猪流感是由 A 型流感病毒引起的一种特异性的急性呼吸道传染病。其特征是突然发病、咳嗽、呼吸困难、发热、虚脱并很快康复。因严重的病毒性肺炎死亡的病例，病变较明显。

（一）病原　A 型流感病毒属于正黏病毒科。根据 1980 年世界卫生组织公布的流感病毒命名方法，一株流感病毒名称包括下面几项内容：型别/宿主/分离地点/毒株序号/分离年代（血凝素亚型和神经氨酸酶亚型）。如 1984 年在美国威斯康星分离的一株猪流感病毒命名为 A/swine/wis/1/84/（H1N1）。

病毒在 9～12 日龄鸡胚中易于繁殖，另外也可以在牛、犬和猪肾细胞，胎猪肺细胞及鸡胚成纤维细胞中繁殖。

（二）流行特点　流感病毒的流行病学至少应从三方面来考虑。

1. **急性猪流感**　猪群中首次暴发流感一般与引进种猪或育成猪有关。多数发病是因为易感猪群中引进感染猪后严重暴发，二者同时发病。主要是鼻咽感染，经猪与猪之间直接接触而传播。感染猪在急性热性阶段，鼻腔分泌物中含有大量的病毒，成为重要的传染来源。易感猪经鼻吸入或接触含毒气溶胶极易造成感染。猪作为流感病毒的储存宿主，不断地将病毒传给幼龄易感猪，由于气候变化和饲养管理等造成应激而引起此病。猪流感的暴发一般具有季节性，但有些地区一年四季均有发生。该病的迅速传播与其本身的高度接触传染性、猪群密度大及猪的流动密切相关。流感病毒还可能随风向传播。

2. **流感病毒的种间传播**　在自然条件下，A 型流感病毒可存在于多种动物中，包括人、低等哺乳动物、鸟类等，可发生种间传染。鸟类 A 型流感可感染猪，并可能引起发病。

3. **公共卫生学意义**　自然条件下部分血清型猪流感病毒可传染给人，并引起急性呼吸道病。

（三）临床症状　猪群感染后，经过 1～3 天的潜伏期突然发病，而且大多数猪同时发病，表现为厌食、不愿活动、疲惫、扎堆等。人员经过或强刺激时仍不愿移动。出现张口和腹式呼吸，呼吸费力，尤其是强迫运动时。运动时阵发性咳嗽，呈犬吠样声音。体温一般在 40.5～41.7℃。有结膜炎、鼻炎表现，流鼻液、打喷嚏。由于厌食和不愿活动，表现明显的消瘦和虚弱。

猪群暴发流感时，发病率可高达 100%。无并发感染时，死亡率低于 1%，但幼龄猪感染时较严重。一般在 5～7 天开始恢复。

（四）病理变化　单纯流感病毒感染主要表现为病毒性肺炎。

病变往往局限于心叶和尖叶。严重的病例可能大半个肺均有病变。在病变和正常肺组织之间有一明显的分界线，受侵害的部位硬而呈紫色。某些部位有明显的小叶间水肿。呼吸道充满血性纤维素性渗出物。支气管和纵隔淋巴结肿胀。严重的病例可能出现纤维素性胸膜炎。

组织学变化可见支气管和细支气管上皮细胞广泛变性和坏死。支气管、细支气管和肺泡中充满渗出物，内含脱落细胞和嗜中性粒细胞（主要是单核细胞）。

（五）**诊断**　夏季或初冬猪群中所有猪或大部分猪暴发急性呼吸道病时，应怀疑为流感。根据临床症状可以进行推测性诊断，但必须与地方流行性肺炎和其他急性、慢性呼吸道病相区别。

确诊猪流感的方法是分离病毒和检查特异性抗体。可以采集急性感染猪的鼻黏液拭子或急性感染阶段的肺组织作材料，制成悬液接种 10 日龄鸡胚。检查抗体必须采集双份血清：急性感染阶段和 2～3 周以后各一份，检查抗体水平是否上升。检测方法中，以血凝抑制试验应用得最多。对有母源抗体的哺乳和断乳仔猪的抗体检查结果进行分析时应慎重。

（六）**防制**　发生猪流感后，无特异性治疗方法。应采取认真的护理措施。垫料应干燥、干净无粉尘。在疾病急性阶段，不要挪动或转运猪群，以免造成对呼吸系统不必要的应激。因为大部分猪都有热性表现，猪群应给与新鲜、干净的饮水。大部分猪因缺乏食欲而消瘦，但临床症状缓解后即可很快恢复。

可以在饮水中加祛痰药和抗生素等，防止并发和继发细菌感染。严重的病例需单独进行抗菌和支持性治疗。

为了防止引进猪时带入流感病毒，必须采取一定的隔离和兽医卫生消毒措施。氢氧化钠、福尔马林等均可有效地杀灭流感病毒。部分国家已研制了流感病毒灭活苗，但在生产中免疫效果不一。

十三、猪气喘病（猪流行性肺炎）

猪气喘病又名猪支原体性肺炎、地方性流行性肺炎，是猪的一种慢性接触性传染病，其主要特征是咳嗽和气喘，而体温和食欲一般没有明显的变化。

（一）病原 病原体为猪肺炎支原体，是一种介于细菌与病毒之间的微生物，具有多形性的特点，常见的形态为球状、杆状、丝状及环状，为革兰氏阴性菌。本菌不易着色，以狄奈氏染色法染色时，可见清晰的蓝色菌落，不褪色，其他细菌的菌落则在 30 分钟后脱色，可作为鉴别。猪肺炎支原体对外界环境抵抗力不强，在室温条件下 36 小时即失去致病力，在低温或冻干条件下可保存较长时间。在一般情况下，日光、干燥及常用消毒药都能在短时间内将其杀死。

（二）流行特点 在自然情况下，本病仅感染猪。不同品种、年龄、性别的猪都能感染，仔猪和乳猪最易感，其次为怀孕后期母猪和哺乳母猪，成年猪常呈隐性感染。主要传染源是病猪和隐性感染猪。病原体长期存在于病猪的呼吸道及其分泌物中，随咳嗽和喘气排出体外后通过接触经呼吸道而使易感猪感染。因此猪舍潮湿，通风不良，猪群拥挤最易感染此病。本病的发生无明显季节性，但以阴湿寒冷的冬春季节多发生。如果继发感染则会大大增加病死率，造成较大损失。新疫区呈暴发性，病势剧烈，传染迅速，发病率和死亡率比较高。老疫区多为慢性经过，症状不明显，病死率很低。

（三）临床症状 潜伏期为 10～16 天，大多呈慢性经过，主要症状是咳嗽、气喘，体温、精神和食欲都无大的变化。病初为短声连咳，在早晨出圈后受冷空气刺激或经驱赶运动和吃食前后易听到。随着疾病的发展，咳嗽加重、次数增加。病中期出现气喘，肋骨边缘剧烈起伏，呈腹式呼吸，呼吸次数每分钟达 40～

70次，甚至达100次以上，此时咳嗽少而低沉，体温、食欲也无明显变化。病后期则气喘加重，病猪呈犬坐姿势，张口呼吸或将嘴支于地面而喘息，同时精神不振，不食、消瘦，不愿走动。这些症状可随饲养管理和生活条件的好坏而减轻或加重，病程可拖延数周，病死率一般不高。当有其他继发病时，体温升高，不食，腹泻，全身情况恶化，有继发病的相应症状。隐性型病猪没有明显症状，有时发生轻咳，全身状况良好，生长发育几乎正常，但X线检查或剖检时可见气喘病病灶。

（四）**病理变化**　病变主要在肺脏和肺门淋巴结，病变由肺的心叶开始逐渐扩展到尖叶、中间叶及膈叶的前下部，病变部与健康组织界限明显，两侧肺叶病变分布基本上是对称性的，呈淡红色、灰红色，随病程延长，病变部转为灰白或灰黄色，触摸时质度硬如肝。外观似肉样或胰样，切面组织致密而湿润，可从小支气管挤出灰白色混浊、黏稠的液体。支气管淋巴结和纵隔淋巴结肿大，切面黄白色，淋巴组织呈弥漫性增生。急性病例有明显的肺气肿病变，当有继发感染时，肺部可能见到巴氏杆菌性肺炎，形成脓灶，肺膜常与胸壁、心包等处粘连等病理变化。

（五）**诊断**　根据流行特点、临床症状和病理学变化可进行初步诊断。对慢性和隐性病猪的生前诊断，可进行肺部X线透视检查或做血清学试验。X线透视可达到早期诊断的目的，常用于分辨病猪和健康猪，以培育健康猪群。血清学试验是采猪血清，用标准抗原做间接血凝试验或琼脂扩散试验，主要用于猪群检疫。

（六）**鉴别诊断**

1. **猪流感**　突然暴发，传播极快，体温升高，流行期不长，病程约1周，而猪气喘病与其恰好相反，温度不升高，病程较长，传播较慢，流行期很长。

2. **猪肺疫**　急性的全身症状较重，较短，慢性病例体温不定，咳嗽重而气喘轻，食欲废绝，高度消瘦，呈败血症和纤维素性胸膜肺炎症状，肺肝变区两边不一定对称，可见到大小不一的化脓灶或坏死灶。而气喘病一般无食欲和体温的变化，肺有肉样或胰样病变区，无败血症和胸膜炎的变化。

3. 猪传染性胸膜炎　全身症状较重，体温升高，剖检有胸膜炎的变化。而气喘病则体温不高，全身症状轻，肺有肉样变区或胰样变区，无胸膜炎病变。

4. 猪肺丝虫　病猪用左旋咪唑治疗后，隔1分钟左右，即能出现痉挛性咳嗽，咳嗽后吐出的黏液中有肺丝虫，剖检在支气管中有肺丝虫。

5. 猪蛔虫　虽有咳嗽，但几天内自行消失。

6. 病甘薯中毒病　有喂病甘薯的历史，吃甘薯多的猪症状严重，用土霉素与卡那霉素治疗无效。剖检见肺高度水肿，切开肺流出大量血水与泡沫，肺无"肉变"或"胰变"。

（七）**预防**　应采取综合性防制措施，才能收到控制的效果。要尽量做到自繁自养，尽量不从外地引进猪。新引入的猪应做1～2次X线透视检查或血清学试验，并隔离观察3个月，确认健康无病方可混群饲养。发病后应对猪群进行X线透视检查或血清学试验，病猪隔离治疗，就地肥育屠宰。未发病猪可用药物预防，同时加强消毒和卫生防疫工作。治愈的病猪，不能再返回健康群。患病母猪新生的乳猪在断乳后经检查，认为正常的也应隔离饲养。加强饲养管理是重要的一环，注意饲料调配，猪圈要干燥，避免拥挤。

进行免疫接种。目前，猪气喘病弱毒菌苗有两种，一种是猪气喘病冻干兔化弱毒苗，适于疫场（区），疫苗对猪安全，攻毒保护率70%～80%，免疫期8个月。另一种是猪气喘病168株弱毒菌苗，适于疫场（区），免疫期6个月，对杂交猪较安全，攻毒保护率为80.8%～96.0%，使用方法见说明书。

（八）**治疗**　治疗的方法很多，多数只有临床治愈效果，不易根除病原。而且疗效与病情轻重、猪的抵抗力、饲养管理条件、气候等因素有关。治疗时可选用下列药物。

1. 土霉素碱粉　每千克体重 40～50 毫克，10％磺胺嘧啶钠注射液 5～20 毫克，混溶后 1 次肌内注射，每天一次，连用 3～5 天，疗效显著。

2. 盐酸土霉素　每千克体重 40 毫克，加 5％葡萄糖氯化钠 5～20 毫克，溶解后 1 次肌内注射，每天 1 次，连用 5～7 天。

3. 支原净　每千克体重 50 毫克，连续 2 周拌料服用，有一定的预防效果。

十四、猪萎缩性鼻炎

萎缩性鼻炎又称传染性萎缩性鼻炎，是猪的一种严重的、广泛流行的慢性接触性传染病。其特征病变是鼻甲骨萎缩。

（一）病原　支气管败血波氏杆菌和多杀性巴氏杆菌毒素源性菌株是引起萎缩性鼻炎的主要原发性病原，在某些非传染性因素如饲养、管理和环境等因素的作用下，两种菌协同作用，常能引起临床性萎缩性鼻炎。

波氏杆菌和巴氏杆菌在临床性萎缩性鼻炎的发展过程中都很重要，但在不同地区，它们的相对重要性不同。在欧洲，波氏杆菌被认为是临床性萎缩性鼻炎发展过程中的一种必要的协同因素，毒素源性巴氏杆菌则被看做是猪群出现萎缩性鼻炎的决定因素。但在美国，人们更多地强调鼻波氏杆菌病，它被看做是最终能导致萎缩性鼻炎的原发性因子。

（二）流行特点　任何年龄的猪都可感染本病，但以幼猪的易感性最大，初生几天到几周内的仔猪感染本病发生鼻炎后，多能引起鼻甲萎缩，但若在断奶后才被感染，则在鼻炎消退后，多不发生或只发生轻度的鼻甲骨萎缩，因此，在出生后不久受到感染的猪，重症病例比较多，1 月龄以后的感染猪多为较轻的病例，3 月龄以后的感染猪一般无临床症状，但可成为带菌猪。

传播方式主要是通过飞沫传染。病猪和带菌猪是本病的主要传染源，现已证明，其他带菌动物也能作为传染源使猪感染发病。

（三）**临床症状** 幼猪打喷嚏、流鼻涕常被看做是最初症状。最典型的临床症状是：鼻甲发育受阻并可能导致明显的脸变形。上颚上颌骨变短导致出现脸部"上撅"，鼻背上皮肤和皮下组织形成皱褶。若脸部的一侧骨生长受阻，往往导致嘴向一侧偏斜的慢性症状，这种病变的严重程度有所不同，即从外观上仅能觉察嘴偏移的严重程度。在一侧性变形的病例中，该侧的萎缩更加明显。脸部变形的流行情况在每次暴发过程中不同，而且不是所有出现鼻甲萎缩的病猪都有严重的脸变形。暴发萎缩性鼻炎时，有时见到从眼角到脸部都有明显的发射状条纹。

猪群中度或严重暴发萎缩性鼻炎时，临床症状通常伴有生长迟缓和饲料利用率下降。

（四）**病理变化** 病变一般仅限于鼻腔和邻近组织。最特征的病变是鼻腔的软骨和鼻甲骨的软化和萎缩，特别是下鼻甲骨的下卷曲最为常见。有时，萎缩仅限于筛骨或上鼻甲骨。萎缩严重者甚至鼻甲骨消失，鼻中隔发生部分或完全弯曲，鼻腔成为一个鼻道。有的鼻甲骨消失，仅留下小块黏膜皱褶附在鼻腔的外侧壁上。

鼻腔常有大量的黏性至干酪样渗出物，随病程长短和继发性感染的性质而异。急性时（早期）渗出物含有脱落的上皮碎屑；慢性时（后期），鼻黏膜一般苍白，轻度水肿。窦黏膜中度充血，有时窦内充满黏液性分泌物。病变转移到筛骨时，当除去筛骨前面的骨性障碍后，可见大量黏液或脓性渗出物积聚。

（五）**诊断** 诊断萎缩性鼻炎主要根据临床症状和病理变化，实验室诊断工作仅作参考之用。

慢性嘴吻向后偏移和（或）上颚明显变短的猪往往存在严重的鼻甲萎缩。通过临床症状的观察就可进行诊断。

对于鼻甲萎缩的流行程度和严重性可通过宰后猪吻的检查来估计。剖检有两种方法：一是沿两侧第一、二对前臼齿间的连线锯成横断面，观察鼻甲骨的形状和变化。在这个部位的横切面上，正常的鼻甲骨明显分为上下两个卷曲。上卷曲呈现两个完全的弯转，而下卷曲的弯转则较少，仅有一个或1/4弯转，有点像钝的鱼钩。上下卷曲几乎占据整个鼻腔。下鼻道比中鼻道稍大，鼻中隔正直。当鼻甲骨萎缩时，卷曲变小而钝直，甚至消失。应当注意，如果横断锯得太前，因下鼻甲骨卷曲的形状不同，可能导致误诊。二是沿头部正中线纵锯，再用剪刀把下鼻甲骨的侧连接剪断，取下鼻甲骨，从不同的水平作横断面，进行观察和比较。

（六）**鉴别诊断**　大白猪、约克夏猪的某些品系中，上颚较短，这与繁殖有关，并不出现鼻甲萎缩。

圈养的小母猪由于经常咬、咀嚼、玩弄栏杆而使面部骨骼发育不对称，出现下颌凸出和下颌歪曲。与萎缩性鼻炎区别的方法是：在耳、眼中点之间划一条假想线，并向前延伸至鼻吻，以此来判断下颌是否偏移。

（七）**预防**　加强国境检疫，杜绝本病来源。对于已存在本病的猪场，实行严格检疫，对有明显症状和可疑症状的猪只要进行淘汰。凡曾与病猪及可疑猪接触的猪只应隔离饲养，观察3～6个月，完全没有可疑症状者，认为健康；如仍有病猪出现则视为不安全。不安全猪场应严格禁止出售种猪和猪苗，只能育肥，供屠宰加工利用。良种母猪感染后，临产时要消毒产房，分娩接产仔猪送健康母猪代乳，培育健康猪群。在执行检疫、隔离和处理病猪过程中，要注意卫生消毒制度。

（八）**治疗**　加强饲养管理，改善环境条件，进行化学治疗和预防接种的联合措施是治疗萎缩性鼻炎的有效方法。总的治疗原则是：

1. 通过母猪免疫、喂药和小猪的抗生素治疗，以减少巴氏杆菌病和波氏杆菌病的发生和流行；

2. 治疗有急性鼻炎的生长发育猪，以减轻细菌感染的程度和发育不良变化的严重性以及保持有效的生长和饲料利用率；

3. 控制猪舍建筑，提高管理水平，以改善猪的生长发育环境。

国外已研制使用的疫苗有：支气管败血波氏杆菌—多杀性巴氏杆菌联合菌苗、支气管败血波氏杆菌菌苗，这些疫苗用于免疫母猪和仔猪均取得了一定效果。

其他多种药物如泰乐菌素、林肯霉素＋壮观霉素等对治疗萎缩性鼻炎都有明显效果。

十五、猪 痢 疾

猪痢疾又称为血痢、黑痢、黏液性出血性下痢或弧菌性痢疾。其特征为大肠黏膜发生卡他性出血性炎症，有的发展成纤维素性坏死性炎症。

（一）**病原** 病原体主要为猪痢疾密螺旋体，它是革兰氏阴性、苯胺染料着色良好的螺旋体，长 6～8.5 微米，宽 0.32～0.38 微米，多为 4～6 个疏螺弯曲，两端尖锐，形如双雁翼状，能自由运动。猪痢疾密螺旋体需要在一些其他微生物（如寄生于结肠或盲肠中的厌氧菌）参与下才能寄生于肠道并引起病变。

（二）**流行特点** 在自然流行中，本病只发生于猪。各种年龄的猪均可感染，7～12 周龄的猪较多发生。病猪和带菌猪是主要传染源，健康猪吃下污染饲料、饮水而受感染。

病原体对外界环境的抵抗力虽然不强，但由于经常不断地由带菌猪的粪便中排出，因此，疾病流行虽然比较缓慢但持续时间比较长，例如有的育肥猪群，猪只入栏时发现此病，直至出售时仍有猪只发病。

本病的潜伏期不同，据报道它的范围为 2 天到 3 个月，但自然感染猪通常在 10～14 天。

（三）**临床症状**　腹泻是猪痢疾最常见的症状，但严重程度不同。该病常常逐渐传播到整群，每天都有新感染猪出现。群内各个猪之间以及群间猪病程都不相同，由一两天到三四周不等，慢者更长。

病初一两周内多为最急性和急性，随后转为亚急性和慢性。最急性病例往往突然死亡，几乎不见腹泻的表现，这种病例不常见。多数病例病初精神稍差，食欲减少，粪便变硬，表面附有各种条状黏液，以后迅速下痢，粪便黄到灰色柔软或水样，重病在 1～2 日间粪便充满血液和黏液，在出现下痢的同时，体温稍高（40.5℃），维持数天，以后下降至常温，随着腹泻进一步发展，病猪排出恶臭、血液、黏液和坏死上皮组织碎片增加的稀粪，长期腹泻导致脱水，伴随渴欲增加，病猪消瘦、虚弱、运动失调和衰竭。

亚急性和慢性病例病情较轻，下痢、黏液及坏死组织碎片较多，血液较少，病期较长，进行性消瘦，生长停滞。不少病例能自然康复，但在一定间隔时间内，部分病例可能复发甚至死亡。

（四）**病理变化**　大肠有病变而小肠没有是典型的特征，常在回盲结合处有一条明显的分界线。大肠和肠系膜充血和水肿，肠系膜淋巴结肿胀。大肠黏膜肿胀，并覆盖着黏液和带血块的纤维素，大肠内容物软至稀薄，并混有黏液、血液和组织碎片，病情进一步发展，肠壁水肿减轻，但肠黏膜病变加重，黏膜表层坏死，形成假膜，呈麸皮或豆腐渣样外观，有时，黏膜上只有散在成片的薄而密集的纤维素，剥去假膜露出浅表糜烂面。大肠病变可能出现在某一肠段，也可能分布于整个大肠。其他脏器无明显病变。

（五）**诊断**　根据特征性的流行规律、临床症状和病理变化可对本病进行初步诊断。有条件的地方可以用大肠黏膜或新鲜粪便抹片，暗视野直接镜检或染色后镜检，每个视野中见有猪痢疾密螺旋体样微生物达 3～5 条，即可确诊。

（六）**鉴别诊断** 沙门氏菌病为败血症变化，实质器官和淋巴结有出血或坏死，小肠黏膜可能出现病变，可从实质器官中分离出沙门氏菌。

猪肠腺瘤（增生性肠炎），病变主要见于小肠。

此外，还应注意与猪瘟、传染性胃肠炎、猪流行性腹泻、鞭虫、胃溃疡等的鉴别。

（七）**预防** 应坚持自繁自养的原则，防止本病传入健康猪群；引进种猪，实行隔离检疫；不要到集散市场购买猪苗；平时加强管理和防疫消毒工作；发现本病时，可根据情况进行隔离消毒；对发病猪群实行全群投药，对无病猪群要进行预防给药，并减少各种应激因素的刺激。

（八）**治疗** 许多药物对治疗猪痢疾都有一定效果。对于发病猪场，所有年龄的猪投喂药物，彻底清扫和消毒圈舍等措施有助于根除本病。常用的药物有：痢菌净 0.5% 水溶液，按每千克体重 0.5 毫升肌内注射或每千克体重 2.5～5.0 毫升内服，每天 2 次，连用 3 天；四环素族抗生素，每吨饲料 100～200 克，连喂 3～5 天。此外，杆菌肽锌、林肯霉素、壮观霉素等都可用于预防和治疗本病。对剧烈下痢者还应采用补液、强心等对症治疗措施。

十六、猪水肿病

猪水肿病是由致病性大肠杆菌引起的断乳后仔猪的一种肠毒血症。本病特征是发病突然，头部肿胀，运动失调，出现神经症状、惊厥和麻痹，胃壁、肠系膜和全身水肿。病程短，发病率低，死亡率高。

（一）**病原** 本病是由一定血清型的溶血性大肠杆菌产生的毒素引起的。主要血清型为 O_2、O_8、O_{138}、O_{139} 和 O_{141} 等。本病病原菌形态、染色特性及培养特性和抵抗力等与前述大肠杆菌相似。

（二）流行特点　本病呈地方性流行，不同品种和性别的仔猪均可发病，主要发生于断奶仔猪，尤以断乳后5～15天内发病较多，1～3周龄以内猪发病很少见，成年猪发病极少，而且春秋季节多发，特别是气候骤变和阴雨季节。在一窝仔猪中肥胖而生长得快的仔猪常首先发病。饲料单一，缺乏矿物质和维生素，肠蠕动紊乱，肠内容物 pH 的变化，饲料调配不当和蛋白含量高，均可诱发本病。

（三）临床症状　疾病暴发初期，常见不到临床症状就突然死亡，发病稍慢的，早期病猪表现为精神沉郁，不食，眼睑、头部、颈部、肛门等部位水肿，有时全身水肿，指压留痕。病初有神经症状，表现兴奋、转圈、心跳增快、震颤和共济失调，叫声嘶哑，后期逐渐发生后肢麻痹。急性病例4～5小时死亡，一般经1～2天死亡或耐过。年龄稍大的猪，病期可长达5～7天。

（四）病理变化　组织水肿是特征性病理变化。眼睑、颜面头顶部皮下水肿，切开呈灰白色凉粉样，胃壁显著水肿，特别是胃大弯和贲门部，切面呈胶冻样，切开后流出灰白色清亮液体。肠系膜、肠系膜淋巴结水肿，全身淋巴结水肿、出血，胸腹腔积液。水肿明显的病猪，其脏器多呈出血变化。

（五）诊断　根据流行病学、临床症状和病例变化可进行初步诊断。

（六）鉴别诊断

1. 猪瘟　发病仔猪可能有神经症状，但体温明显升高，不同年龄的猪都可发病。

2. 营养不良性水肿　发病猪多为比较消瘦的猪。

3. 伪狂犬病　病猪年龄不同，临床症状也有差异，除断乳猪发病外，哺乳仔猪也发病，同时出现发热和神经症状，死亡率甚高，成年猪呈隐性感染，怀孕母猪发生流产。

（七）**预防**　目前尚无特效预防方法，一般采取综合性措施。加强饲养管理，蛋白适量配比，补饲含硒和抗生素添加剂，对本病的预防有一定意义。断奶仔猪在饲喂中加喂大蒜。断奶时适当减少饲喂量，1周后再逐渐添加到足量，均有预防效果。

（八）**治疗**　一般无特效疗法，可采取对症治疗。

1. 使用硫酸钠等盐类泻药促进被吸收的毒素排出。

2. 用醋酸可的松 50～100 毫克，肌内或皮下注射，配合抗生素和磺胺药治疗。

3. 用钙制剂和维生素治疗，以及强心、补液剂等治疗必须在病的早期，后期治疗一般无效，当一窝仔猪中有一头发病时，立即对同窝中其他仔猪隔离治疗。

十七、猪沙门氏菌病

猪沙门氏菌病，又名仔猪副伤寒，是由沙门氏菌属细菌引起的仔猪的一种传染病，主要表现为败血症和坏死性肠炎，有时发生脑炎、脑膜炎、卡他性或干酪性肺炎。世界各地均有发生。

（一）**病原**　引起本病的细菌主要有猪霍乱沙门氏菌、鼠伤寒沙门氏菌、猪伤寒沙门氏菌，此外还有都柏林沙门氏菌、肠炎沙门氏菌，它们是一群血清学相关的革兰氏阴性菌，可运动、有周鞭毛、兼性厌氧、没有荚膜，不形成芽孢，在普通培养基上生长良好，在麦康凯培养基上菌落无色。

本属细菌对干燥、腐败、日光等因素具有一定的抵抗力，在外界条件下可以存活数周、数月、甚至数年。细菌可被一般消毒药（酚类、氯制剂和碘制剂）杀灭。

（二）**流行特点**　本病主要发生于 4 个月龄以内的断乳仔猪。成年猪和哺乳猪很少发病。细菌可通过病猪或带菌猪的粪便、污染的水源和饲料等经消化道感染健康猪。鼠类也可传播本病。

本病一年四季均可发生，多雨潮湿季节更易发，在猪群中一般散发或呈地方流行。环境污秽、潮湿、棚舍拥挤、粪便堆积、饲料和饮水供应不及时等应激因素易促进本病的发生。

（三）临床症状　败血型沙门氏菌病主要发生于小于 4 月龄仔猪。常规饲养的哺乳仔猪中很少见。病猪表现为不安，食欲不振，体温升高。大群发病时，少数死猪尾部和腹部肢端发紫。败血型沙门氏菌病发病的第 3 或第 4 天，出现黄色水样粪便。本病暴发时，发病率很低（通常低于 10%），但死亡率很高。

结肠炎型沙门氏菌病以腹泻为主要特征。初期症状为黄色水样腹泻，不含血液或黏液。几天之内同群中多数发病，典型的腹泻症状是一种白色蜂蜡样腹泻，可在几周内复发 2~3 次。有时粪便带血。病猪发热，采食减少，并出现与腹泻的严重程度和持续时间对应的脱水。病猪的死亡率一般较低。纯系种猪群有时可发生异常高的死亡率。

（四）病理变化

1. 败血型沙门氏菌病　病猪耳、蹄、尾部和腹侧皮肤发绀。脾肿大，色暗带蓝，坚硬度似橡皮，切面蓝红色。肠系膜淋巴结索状肿大，其他淋巴结也有不同程度的增大，淋巴结软而红，类似大理石状。肝、肾也有不同程度的肿大、充血和出血。有时，肝实质可见糠麸状、极为细小的灰黄色坏死点。全身黏膜、浆膜均有不同程度的出血斑点。胃肠黏膜可见急性卡他性炎症。

2. 结肠炎型沙门氏菌病　特征性病变为局部的或弥散性坏死性结肠炎和盲肠炎。盲肠、结肠有时波及回肠后段，出现肠壁增厚，黏膜上覆盖一层弥散性、坏死性、腐乳状物质，剥开底部呈红色、边缘不规则的溃疡面。少数病例滤泡周围黏膜坏死，稍突出于表面，有纤维蛋白渗出物积聚，形成隐约可见的轮环状。淋巴结特别是回盲淋巴结高度肿胀、湿润。部分淋巴结干酪样变。肝脾不肿，只有末端性充血。

（五）**诊断**　猪副伤寒作为原发性疾病主要发生于 4 个月龄内的断乳仔猪，一般呈散发性，饲养管理不良，机体抵抗力降低时才出现地方流行性。特殊情况，如长途运输后易暴发。临床上除少数为急性败血性外，多数为肠炎型。典型特征是坏死性肠炎。确诊需进行细菌分离、鉴定。把肝、脾、回盲肠淋巴结等可疑病料接种到血液和麦康凯琼脂上培养，24 小时后生长出中等大小菌落，菌落在麦康凯琼脂上无色，接种到三糖铁琼脂上，斜面变成红色，柱为黄色，产 H_2S 的菌株可使培养基变成黑色。有条件的地方可进一步进行生化鉴定和血清学检查。综合临床症状、病理变化和细菌学检查即可确诊为沙门氏菌病。

（六）**鉴别诊断**　猪副伤寒与肠型猪瘟相似。临床上极易误诊。但肠型猪瘟可发生于各种年龄的猪，坏死性肠炎病灶从淋巴滤泡开始，向外发展，因而形成同心轮层状的纽扣状溃疡，突出于黏膜表面，色褐或黑，中央低陷，有的有剥脱现象。猪副伤寒的溃疡灶为表面粗糙，大小不一，边线不齐。二者可依此区别。

（七）**预防**

1. 加强饲养管理，消除发病原因。

2. 对常发本病的猪群，可在饲料中添加抗生素，但应注意地区抗药菌株的出现，发现对某种药物产生抗药性时，应改用另一种药。

3. 接种疫苗，防止沙门氏菌病。

4. 发现本病，立即隔离消毒。

（八）**治疗**　对病猪的治疗，应在隔离消毒、改善饲养管理的基础上及早进行。其疗效除决定于所有药物对细菌的作用强度外，还与用药时间、剂量和疗程长短有密切关系。同时要注意有一较长的疗程。因为坏死性肠炎需相当长时间才能修复，若中途停药，往往会引起复发而死亡。常用药物有磺胺类和喹诺酮类药物。

十八、猪链球菌病

猪链球菌病是由链球菌感染所引起的疾病。临床上以淋巴结脓肿较为常见，但以败血性链球菌病的危害最大。

链球菌呈球形或卵圆形，单个存在、成双或形成不同长度的链条，革兰氏染色为阳性。它对干燥及直射阳光的抵抗力不强，当加热到 60～70℃时经 15～30 分钟可将其灭活，用一般化学药品消毒也容易杀死。

（一）猪败血性链球菌病

引起猪败血性链球菌病的病原主要是兽疫链球菌、类马链球菌、猪链球菌以及 L 群的链球菌。

1. 流行特点　本病为一种急性、败血性传染病，各种年龄的猪一年四季都可感染发病。病猪的鼻液、唾液、尿、血液、肌肉、内脏、肿胀的关节内均可检出病原体。仔猪集散市场的接触、包装运输工具的污染、阉割和注射消毒不严格常造成本病的传染和散播。

2. 临床症状

（1）急性败血型　少数猪常不表现出任何临床症状而突然死亡。多数猪突然发病，体温升高，食欲不振或废食，精神沉郁，短时间内部分病猪出现多发性关节炎、跛行或不能站立。有的病猪出现共济失调、磨牙、转圈、仰卧等神经症状，继而后肢麻痹，前肢爬行，四肢作游泳状或昏迷不醒。少数病例颈背部皮肤广泛性充血、潮红。病的后期出现呼吸困难。病程急，常在 1～3 天内死亡，病死率高达 80%～90%，治疗不及时或药效不足则转为亚急性或慢性。

（2）亚急性和慢性型　由急性病例转化而来，病猪一个或多个关节肿大，跛行。精神、食欲时好时坏，病程较长，症状较缓和。

3. 病理变化　病猪鼻黏膜、喉头、气管充血，常见大量泡沫，肺充血肿胀。全身淋巴结不同程度地肿大、充血和出血。心包积液，淡黄色，出现有不同程度的纤维素性心包炎，心内膜有出血斑点。部分病例有纤维素性胸膜炎、腹膜炎。多数病例脾肿大，呈暗红色或紫蓝色，柔软而易脆裂，少数病例脾边缘有不同程度的充血和出血。脑膜有不同程度的充血，有时出血甚至溢血，少数病例脑膜下充满积液，脑切面可见有明显的小点出血。部分病例有多发性关节炎，关节肿大，关节囊内、外有黄色胶冻样液体或纤维素性脓性渗出物。

4. 诊断　通过临床症状和病理变化及病料涂片检查可初步确诊本病。

病例涂片检查：病猪的肝、脾、肺、血液、脑、关节囊液、腹、胸、脑积液等涂片染色镜检可见革兰氏染色阳性、单个、成对或短链球菌，偶见数十个长链的球菌，而且成对排列的往往占多数。对本病的确诊需要进行细菌的分离、培养和鉴定。

5. 鉴别诊断　本病应注意与猪气喘病、猪肺疫、猪嗜血杆菌病等进行鉴别诊断。

6. 预防

（1）减小饲养密度，加强通风等管理手段是有效控制本病的措施。

（2）加强猪场的消毒卫生制度，严格消毒。

（3）新购入的猪要隔离饲养。

（4）注意阉割、注射和接生断脐等手术的消毒，防止感染。

（5）发病猪群立即隔离。其他猪只原栏固定，停止放牧。猪身、栏舍、地面、通道、运动场、用具等严格消毒，发现可疑病猪立即隔离治疗。污染的地方进行严格消毒。

7. 治疗　常用的治疗药物有青霉素、四环素类抗生素、磺胺类药物。本菌对抗生素类药物易产生耐药性，因此，治疗药量要足，治疗必须彻底，可轮流使用敏感药物。

常用的消毒药如5％～10％生石灰乳、1％～2％烧碱、30％草木灰水都有良好的消毒效果。

（二）猪淋巴结脓肿

本病由E群链球菌引起，常见患猪的下颌淋巴结、咽部、颈部淋巴结发生化脓性炎症，形成脓肿。

1. 流行特点　本病一般发生于架子猪，6～8周龄的仔猪也发生，有明显的传染性，但传染缓慢，发病率较低，猪群中只有少数陆续发病。

病猪的脓汁污染饲料、饮水和环境，带菌猪吃食或饮水时污染饲料和水，可被易感猪摄入而感染发病。病愈猪本身获得免疫，但扁桃体带菌时间可长达6个月以上。这在本病的传播上起着重要作用。

2. 临床症状　以下颌淋巴结化脓性炎症最为常见，咽、耳下、颈部淋巴结有时也受侵害。受害的淋巴结发炎肿胀，触诊硬固，有热痛。病猪表现全身不适，局部的压迫和疼痛可影响采食、咀嚼、吞咽甚至使呼吸产生障碍。脓肿成熟，肿胀部中央变软，表面皮肤坏死，自行破溃流脓，脓排净后，长出肉芽组织结疤愈合，整个病程约3～5周，一般不引起死亡。

3. 预防　保持猪舍清洁干燥，定期进行卫生消毒。无本病的猪群禁止从有病猪群引进猪只。发现病猪时注意隔离消毒。饲料中添加金霉素可以预防淋巴结炎，减少脓肿数。

4. 治疗　表面脓肿可通过手术治疗。抗菌药物对已经出现脓肿的猪无效。当脓肿的数量多、部位较广泛时，为了防止病情恶化，可应用喹诺酮类药物磺胺嘧啶等有效药物进行全身性治疗。

十九、猪脑心肌炎

猪脑心肌炎是由脑心肌炎病毒引起的一种人兽共患的传染

病，可引起猪急性死亡。其特征为脑炎、心肌炎或心肌周围炎。

（一）**病原**　脑心肌炎病毒对酸稳定，碱性消毒剂可杀死该病毒。

（二）**流行特点**　仔猪主要由于采食被病毒污染的饲料、饮水而感染。20 周龄内的仔猪可发生致死性感染，病死率可达100%。怀孕母猪感染后，可经胎盘垂直传播。

（三）**临床症状**　大多数病猪没有见到任何症状突然死亡，有时可见短暂的震颤、步态不稳、麻痹、虚脱、呕吐或呼吸困难等症状。

（四）**病理变化**　病死猪腹下皮肤呈蓝紫色，右心室扩张，心肌柔软，呈弥散性灰白色，上有许多散在的白色病灶，呈条纹或圆形。肺充血、水肿；胃大弯水肿，胃黏膜充血；肠系膜水肿；脾脏缺血、萎缩；肾、肝脏皱缩。

（五）**诊断**　根据流行特点和临床症状一般难以做出诊断。确诊应进行动物接种实验和用中和试验方法鉴定病毒。

（六）**鉴别诊断**　本病引起的心肌病变与口蹄疫引起的病变较为相似，但根据流行特点和临床特征不难区别。同时要注意与白肌病、猪水肿病、败血性心肌梗死进行鉴别。

（七）**防治**　目前尚无有效药物和疫苗，主要依靠综合性防治。

二十、猪血凝性脑脊髓炎

猪血凝性脑脊髓炎是由血凝性脑脊髓炎病毒引起的猪的一种急性传染病。主要危害哺乳仔猪，临床上以呕吐、衰弱、进行性消瘦和中枢神经系统障碍为特征。

（一）**病原**　猪血凝性脑脊髓炎病毒对脂溶剂敏感，一般消毒剂可杀死该病毒。

（二）**流行特点**　本病多发生于 2 周龄以下的哺乳仔猪，通过呼吸道或消化道传播。多数是引进种猪后发病，仔猪发病率和死亡率都很高。

（三）**临床症状**　猪血凝性脑脊髓炎包括脑脊髓炎型和呕吐衰弱型，可同时存在于一个猪群中，也可发生在不同的猪群。

1. 脑脊髓炎型　多见于4～7日龄仔猪，开始厌食，随后出现嗜睡、呕吐、便秘。部分病猪打喷嚏、咳嗽、磨牙，1～3天后出现中枢神经症状，对响声过敏，共济失调，犬坐式，后肢麻痹，病死率为100％。

2. 呕吐衰弱型　病猪初期体温升高，表现反复呕吐，仔猪聚堆，不食，喜饮水，便秘，渐渐衰弱，危重的病猪因咽喉肌肉麻痹而吞咽困难，迅速消瘦，多在1～2周死亡。发病和死亡率差异很大，一般在20％～80％。

（四）**病理变化**　临床病变不明显，少数病猪可见鼻炎和胃肠炎的变化，但无诊断价值。

（五）**诊断**　送检病猪脑组织与脊髓上段，做病毒分离、组织学检查；送检血清，做血凝抑制试验、免疫荧光试验等，即可确诊。

（六）**防治**　目前尚无有效的药品和疫苗，主要依靠综合性防治措施。加强口岸检疫，防止引进种猪将病带入，严格检疫。发现可疑病猪，应隔离、封锁、消毒，迅速确诊，扑杀病猪。

二十一、猪圆环病毒感染

猪圆环病毒感染又称断奶仔猪多系统衰竭综合征，是近年来流行的新传染病。主要特征是进行性消瘦、呼吸困难、虚弱和淋巴结肿大，主要感染8～13周龄猪。

（一）**病原**　圆环病毒分为2个血清型，即1型和2型，2型病毒可引起猪发病。病毒对环境具有高度抵抗力，在流行病学和疾病防制中有重要作用。

（二）**流行特点** 断奶仔猪易感染发病，哺乳猪发病少，一般集中于断奶后 2～3 周和 5～8 周龄的仔猪。主要通过消化道、呼吸道传播，怀孕母猪感染后，可经胎盘传染给胎儿。

（三）**临床症状** 病猪发热，被毛粗乱，皮肤苍白，渐进性消瘦；病仔猪发育不良，体重减轻，呼吸困难和咳嗽。可能出现水样腹泻、进行性咳嗽和中枢神经系统障碍。

（四）**病理变化** 病死猪消瘦，淋巴结肿大 4～5 倍，切面坚硬，呈均匀的苍白色，腹股沟、肠系膜、支气管等器官或组织的淋巴结尤为突出。肺肿胀，呈暗红色，小叶间质增宽，有出血灶，质地坚实如橡皮，在正常的粉红色肺小叶间散在有棕黄色病灶或水肿，呈花斑状。脾严重肿大，充血，坏死。在胃靠近食管的区域常有大片溃疡形成。盲肠和结肠黏膜充血和出血。

（五）**诊断** 根据本病流行特点、主要病变等，可做出初步诊断。确诊需要进行实验室诊断，可用聚合酶链式反应（RT-PCR）检测圆环病毒核酸，也可用 ELISA 方法检测血清抗体。

（六）**防治** 本病尚无有效药物和疫苗，主要依靠综合性防治措施。加强饲养管理，增强猪群抵抗力，采用自繁自养，全进全出，建立严格的卫生和消毒制度。

二十二、副猪嗜血杆菌病

副猪嗜血杆菌病又称纤维素性浆膜炎和关节炎，是由副猪嗜血杆菌引起的一种急性呼吸道传染病。临床表现为发热、厌食、呼吸困难、跛行、关节肿胀、共济失调、疼痛等。

（一）**病原** 副猪嗜血杆菌是革兰氏阴性细菌，有 15 个以上血清型，其中血清型 5、4、13 最为常见。该菌对外界抵抗能力弱，一般消毒剂都有杀灭作用。

（二）**流行特点** 本病主要通过空气、直接接触传播，主要侵害断奶前后和保育阶段架子猪，5～8 周龄的猪多发，病毒性疾病发生时，会加剧和促进副猪嗜血杆菌的感染。

（三）临床症状

1. 急性型　病猪发热、体温升高，食欲下降或厌食不吃，咳嗽，呼吸困难，腹式呼吸，部分病猪发生关节炎，一个或几个关节肿胀、发热，行走缓慢或不愿站立，出现跛行或一侧性跛行，多见于腕关节、跗关节；严重的共济失调，有脑膜炎症状，临死前侧卧或四肢呈划水样。急性病例皮肤发红，有时无明显症状而突然死亡。严重时母猪流产。

2. 慢性型　多见于保育猪。主要表现是食欲下降，咳嗽，呼吸困难，四肢无力或跛行，生长不良，甚至衰竭而死亡。

（四）病理变化　主要表现多发性纤维素性或浆液性、纤维素性浆膜炎和关节炎。剖检可见胸膜炎、腹膜炎、脑膜炎、心包炎、关节炎等多发性炎症，有纤维素性或浆液性渗出。胸腔内有大量的淡红色液体及纤维性渗出物凝块，心脏和肺脏表面覆有大量纤维素渗出物与胸膜粘连。心包膜内有奶酪样渗出物，心包膜与心脏严重粘连，不能分离。肺肿胀、出血、瘀血，表面多处有化脓性病灶。腹水增多，腹膜也有纤维蛋白渗出物，肝脏、脾脏也可见纤维素性渗出物，这些现象常以不同组合出现，较少单独存在。腕关节和跗关节肿大，有波动感，关节腔内有红色渗出液或胶冻样渗出物。

（五）诊断　根据流行情况、临床症状和病变，可初步诊断；确诊需进行细菌学检查和血清学诊断。

（六）鉴别诊断　本病主要与传染性胸膜肺炎鉴别。副猪嗜血杆菌感染引起的病变包括脑膜炎、胸膜炎、心包炎、腹膜炎和关节炎，呈多发性；而传染性胸膜肺炎引起的病变主要是纤维蛋白性胸膜炎和心包炎，并局限于胸腔。

（七）预防　加强饲养管理和兽医防疫措施，消除诱因，合理管理好猪群，尽量避免应激，同时选择当地流行的血清型疫苗进行接种，也可选择敏感性药物进行预防。

（八）**治疗**　选用敏感抗生素，如氨苄西林、氟喹诺酮类、头孢菌素等对发病猪进行注射治疗，每隔6～8小时用药一次，同时选用泰妙菌素或氟苯尼考、泰乐菌素、林可霉素、环丙沙星等药物对全群猪进行预防。

二十三、猪附红细胞体病

猪附红细胞体病是由附红细胞体寄生于人、猪等多种动物的红细胞或血浆中引起的一种人兽共患传染病，国内外曾有人称之为黄疸性贫血病、类边虫病、赤兽体病和红皮病等。猪附红细胞体病主要以急性、黄疸性贫血和发热为特征，严重时导致死亡。

（一）**病原**　猪附红细胞立克次氏体是血液寄生性病原体，这种病原体大小为（0.3～1.3）微米×（0.5～2.6）微米，呈环形、卵圆形、逗点形或杆状等形态。虫体常单个、数个乃至10多个寄生于红细胞的中央或边缘，血液涂片姬姆萨染色呈淡红或淡紫红色。

（二）**流行特点**　本病主要发生于温暖季节，夏季发病较多，冬季较少，根据该病发生的季节性推测节肢动物可能是该病的传播者。国外有人用螫蝇等做绵羊附红细胞体感染试验已获成功。附红细胞体对宿主的选择并不严格，人、牛、猪、羊等多种动物的附红细胞体病在我国均有报道。实验动物小鼠、家兔均能感染附红细胞体。另外，经胎盘传播该病也已在临床得到证实，注射针头、手术器械、交配等也可能传播本病。

附红细胞体对干燥和化学药剂抵抗力弱，但对低温的抵抗力强。一般常用消毒药均能杀死病原，如在0.5%石炭酸中37℃3个小时就可以被杀死，但在5℃时可保存15天，在冰冻凝固的血液中可存活31天，在加15%甘油的血液中－70℃可保持感染力80天，冻干保存可活765天。

（三）**临床症状**　小猪最早3月龄发病，病猪发热、扎堆，步态不稳、发抖、不食，个别弱小猪很快死亡。随着病程发展，病猪皮肤发黄或发红，胸腹下及四肢内侧更甚。可视黏膜黄染或苍白。耐过仔猪往往形成僵猪。

母猪的症状分为急性和慢性两种：急性感染的症状为持续高热（40～41.7℃），厌食。妊娠后期和产后母猪易发生乳房炎，个别母猪发生流产或死胎。慢性感染母猪呈现衰弱，黏膜苍白、黄疸，不发情或屡配不孕，如有其他疾病或营养不良，可使症状加重甚至死亡。

（四）病理变化　特征性的病变是贫血及黄疸。可视黏膜苍白，全身性黄疸，血液稀薄。肝肿大、变性，呈黄棕色。全身性淋巴结肿大，切面有灰白色坏死灶或出血斑点。肾脏有时有出血点。脾肿大、变软。

（五）诊断　根据流行病学、临床症状和病理剖检不难进行初步诊断。确诊需查到病原，方法有如下几种。

1. **直接检查**　取病猪耳尖血一滴，加等量生理盐水后用盖玻片压片，置油镜下观察。可见虫体呈球形、逗点形、杆状或颗粒状。虫体附着在红细胞表面或游离在血浆中，血浆中虫体可以做伸展、收缩、转体等运动。由于虫体附着在红细胞表面有张力作用，红细胞在视野内上下震颤或左右运动，红细胞的形态也发生了变化，呈菠萝状、锯齿状、星状等不规则形状。

2. **涂片检查**　取血液涂片用姬姆萨染色，可见染成粉红或紫红色的虫体。

3. **血清学检查**　用补体反应、间接血凝试验以及间接荧光抗体技术等均可诊断本病。

4. **动物接种**　取可疑动物血清，接种小鼠后采血涂片检查。

（六）治疗　目前用于猪附红细胞体病治疗的药物主要有如下几种。

1. **贝尼尔**　在猪发病初期，采用贝尼尔疗效较好。按每千克体重5～7毫克肌内注射，间隔48小时重复用药1次，对病程较长和症状严重的猪无效。

2.对氨基苯胂酸钠　对病猪群，每吨饲料混入 180 克，连用 1 周，以后改为半量，连用 1 个月。

3.土霉素或四环素　按每千克体重 3 毫克肌内注射，24 小时即见临床改善，也可连续应用。

（七）预防　目前防制本病一般应着重抓好节肢动物的驱避。实践经验证明，在疥螨和虱子不能控制的情况下要控制附红细胞体病是不可能的。加强饲养管理，给予全价饲料，保证营养，增加机体的抗病能力，减少不良应激都是防止本病发生的条件。在发病期间，可用土霉素或四环素添加饲料中，剂量为 600 克/吨饲料，连用 2～3 周。

二十四、蛔 虫 病

猪蛔虫病是由猪蛔虫寄生在猪小肠内所引起的一种猪的线虫病。本病发生很普遍，一般 3～6 月龄的仔猪对此病最易感，危害最为严重。临床上以生长发育不良、增重缓慢、蛔虫性肺炎、胃肠道疾病为特征，严重感染时，仔猪发育停滞、成为僵猪，甚至死亡。

（一）病原与流行特点　本病的病原体为蛔虫科、蛔虫属的猪蛔虫。

猪蛔虫虫卵有四层卵膜，对外界环境具有强大的抵抗力，但对高温和干燥耐受力差，在 65℃ 以上的水中，经 5 分钟死亡；对一般消毒药有抵抗力，所以一般的消毒药消毒效果不好，消毒方法一般使用较高浓度的强碱溶液，或者使用火喷干燥的方法。

本病一般经口传染，一年四季均可发生。猪蛔虫病在养猪地区流行极广，几乎到处都有，在卫生条件差、饲料不足或品质差、缺乏微量元素或维生素、体质弱或者拥挤的猪群最易发生，饮水的不洁、母猪乳房污染均可增加仔猪的感染机会。这主要是由于蛔虫的生活史简单，排卵量大，虫卵对各种外界因素抵抗力强的缘故。

（二）临床症状及病理变化　猪蛔虫病常发生于3～6月龄的仔猪，患猪表现为咳嗽、体温升高、食欲减退、呼吸急促、心跳加快、精神沉郁、日渐消瘦、发育停滞、成为僵猪。严重感染时可出现伴发消耗的无热下痢。当大量幼虫侵袭肺脏时，出现蛔虫性肺炎。成虫寄生过多时，常常发生肠阻塞、腹痛，甚至造成肠破裂而死亡。

幼虫侵入肠壁，破坏肠黏膜，导致黏膜及黏膜下层小点出血、水肿，淋巴细胞和白细胞浸润，大量幼虫移行到肝脏，肝表面可见不规则的白色点状或融合成块的白色斑纹。幼虫转移到肺脏时，引起肺出血、水肿，严重时形成蛔虫性肺炎。成虫寄生于小肠，刺激小肠黏膜引起腹痛，虫体数量过多，常聚成团状，堵塞肠道，可引起肠破裂。成虫分泌毒素，作用于中枢神经，导致中毒症状，如阵发性痉挛，持续性兴奋、麻痹等。

（三）诊断　根据临床表现、流行病学、剖检变化进行综合判断。如果发现多数猪只消瘦、贫血、生长停滞，可疑为本病。粪便检查发现虫体或虫卵即可确诊。虫卵检查一般采取直接涂片法或饱和盐水漂浮集卵法。另外也可使用免疫学诊断方法。

（四）预防

1. 每年春秋两季各驱虫1次。平均间隔一个半月至两个月再驱虫1次，效果更好。

2. 加强饲养管理，注意环境卫生。对饲槽、圈舍及用具定期清扫、消毒，消毒药可采用4%热氢氧化钠溶液。饲料、饮水应洁净，防止粪便污染。

（五）治疗　可采用下列药物治疗。

1. *丙硫苯咪唑*　每千克体重10毫克，1次口服。

2. *左旋咪唑*　每千克体重10毫克，1次口服。

3. *伊维菌素注射液*　每50千克体重1毫升，皮下或肌内注射。

4. 0.2%虫克星粉剂 每千克体重 0.14 克，拌料，1 次喂服。

二十五、细颈囊虫病

猪细颈囊尾蚴病俗称猪细颈囊虫病，它是一种泡状带绦虫的幼虫——细颈囊尾蚴寄生于猪的肝脏、浆膜、网膜及肠系膜等处所引起的一种寄生虫病。主要影响幼龄及青年猪的生长和增重，严重感染可导致仔猪的急性死亡。

（一）病原及流行特点 本病的病原体为带科、带属、泡状带绦虫的幼虫——细颈囊尾蚴。细颈囊尾蚴俗称水铃铛、水泡虫，主要寄生在猪的肝脏和腹腔内。

细颈囊尾蚴在世界上分布很广，凡是有狗的地方，均有此病发生。其成虫寄生于犬的小肠，虫卵抵抗力很强，在外界环境中长期存在，导致本病广泛散布。

（二）临床症状及病理变化 本病多呈慢性经过，感染早期，成年猪一般无明显症状，幼猪可能出现急性出血性肝炎和腹膜炎症状。患猪表现为咳嗽、贫血、消瘦、虚弱，可视黏膜黄疸，生长发育停滞，严重病例可因腹水或腹腔内出血而发生急性死亡。肺部的蚴虫可引起支气管炎、肺炎。

剖检时可见肝脏肿大，表面有很多小结节和小出血点，肝脏呈灰褐色和黑红色。慢性病例，肝脏及肠系膜寄生有大量、大小不等的卵泡状细颈囊尾蚴。

（三）诊断 生前诊断尚无有效方法，剖检时发现肝脏、肠系膜上寄生有细颈囊尾蚴，结合临床症状及流行情况，方可确诊。

（四）预防

1. 严禁犬进入猪屠宰场，禁止将细颈囊尾蚴感染的肝脏及其他内脏喂犬。

2. 防止犬进入猪舍，避免犬粪污染饲料和饮水。

3. 家犬定期驱虫，捕杀病犬及野犬。

（五）治疗

1. 吡喹酮　每千克体重 50 毫克，以液体石蜡配成 20% 溶液，颈部肌内注射，两天后重复 1 次。

2. 丙硫苯咪唑　每千克体重 20 毫克，1 次口服，隔日 1 次，连服 3 次。

二十六、猪囊虫病

猪囊尾蚴病，俗称猪囊虫病，它是由猪带绦虫的幼虫——猪囊尾蚴寄生于猪的肌肉中的一种寄生虫病。由于幼虫在肌肉中呈白色的囊状，故称之为猪囊虫、米猪肉或豆猪肉。其成虫寄生于人的小肠，故成为我国重点防制的人兽共患的寄生虫病之一。

（一）病原及流行特点　本病的病原体为带科、带属的猪带绦虫的幼虫—猪囊尾蚴。猪囊虫病呈全球分布，现多见于温带与热带地区的一些国家，我国大多数地区均有本病发生，一般多为散发。有散养猪习惯、人无厕所的地区，猪囊虫病的发病率较高，人吃生猪肉或未煮熟的猪肉容易感染猪带绦虫病。

（二）临床症状及病理变化　患猪一般症状不明显，在某些器官强度感染或受损时，可见贫血、消瘦、水肿，生长发育迟缓、衰竭甚至死亡。寄生在肺及喉头时，出现呼吸困难、吞咽困难、声音嘶哑；寄生在眼内，可造成视觉障碍，甚至失明；寄生在大脑时，引起癫痫症状以至死亡。

严重感染的猪肉苍白、湿润，可在部分肌肉、脑、眼、舌下等处找到囊尾蚴，周围组织细胞浸润，纤维变性。

（三）诊断　生前诊断比较困难。可根据严重病例患猪表现出的特殊症状来加以判断，如猪眼突出，眼睑浮肿，呼吸粗厉，肩胛部增宽，屁股狭窄，舌下、眼结膜、股内侧肌、颊部等处触之有颗粒感等。

另外，可使用免疫学方法进行快速而准确的判断，如间接血凝反应炭素凝集法、皮内变态反应、环状沉淀试验等。

(四) 预防　扑灭本病的关键措施在于预防。一般从以下几个方面入手。

1. 严格肉品检验制度，严禁含囊虫的猪肉上市，含囊虫猪肉应进行销毁处理。检验重点是肉类联合加工厂、屠宰场、城乡农贸市场，做到有宰必检，并根据检验结果对囊虫寄生猪肉进行严格的处理。

2. 严格饲养管理制度。要求人有厕所，猪有圈，猪群和人厕严格分开，粪便集中发酵处理，禁止随地大便。

3. 对人体内的绦虫应彻底驱除，杜绝虫卵对环境的污染。

4. 应改变吃生肉的习惯，猪肉应熟吃。

(五) 治疗

1. 吡喹酮　每千克体重 50 毫克，1 次口服，连服 3 次，隔日 1 次。

2. 丙硫苯咪唑　每千克体重 40 毫克，1 次口服，连服 3 次，隔日 1 次。

二十七、旋毛虫病

猪旋毛虫病是由猪旋毛虫成虫寄生在猪的小肠、幼虫寄生于身体各部肌肉所引起的一种重要的寄生虫病。本病呈世界性分布，我国以华南、华中及东北地区流行较广，其中河南、湖北等地的旋毛虫感染率最高。除猪外，目前已知至少有数十种哺乳动物在自然条件下可以感染旋毛虫病。人由于生吃或者吃未煮熟的患病猪肉而发生严重感染，常常可以造成死亡，因此，本病是一种重要的人兽共患寄生虫病。

（一）**病原及流行特点** 本病的病原为毛形科、毛形属的旋毛虫。旋毛虫的成虫和幼虫寄生于同一个宿主，成虫寄生于猪的小肠，称为肠旋毛虫；幼虫寄生在猪的横纹肌中，称为肌旋毛虫，其中以膈肌脚、膈肌、腰肌、肋间肌、舌肌、咬肌等部位寄生数量为最多。幼虫移行到肌肉内，由于机械性和化学性的刺激作用，引起肌纤维变性、肿胀、增生，导致幼虫在横纹肌内形成包囊，包囊呈纺锤形，囊内有一条虫体，有时也含2～3条虫体，幼虫呈螺旋形卷曲，包囊长轴与肌纤维平行，肉眼可见，时间长久可形成钙化。

旋毛虫病在世界各地均有发生，常呈地方性流行，在自然条件下可以感染百余种动物，包括肉食兽、啮齿类和人。我国以华中地区较为普遍，是一种重要的人兽共患病。

旋毛虫有很强的抵抗力，在一般环境条件下存活时间很长，在人体中有经31年还保持感染力的报道，在猪体内约经11年还有感染性。肌肉中的幼虫在－10℃低温条件下能很好地耐受。盐腌和烟熏都不能杀死肌肉的幼虫，但是70℃以上的高温数分钟内可杀死虫体。

（二）**临床症状** 猪对旋毛虫病有很大的耐受性，自然感染的患猪无明显症状。严重感染时，患猪表现为食欲减退、呕吐、腹泻、体温升高，幼虫进入肌肉后，引起肌肉发炎、僵硬，肌肉疼痛或麻痹，运动障碍，声音嘶哑，并呈现不同程度的呼吸、咀嚼与吞咽障碍，尿频，眼睑和四肢水肿，逐渐消瘦、衰弱。

（三）**诊断** 自然感染的患猪无明显症状，故生前诊断比较困难，若怀疑猪生前感染旋毛虫病，可采1小片舌肌进行压片镜检。同时也可采用皮内变态反应、沉淀反应、酶联免疫吸附试验等血清学方法来加以诊断。

一般情况下猪旋毛虫病是在宰后肉检中发现的，即检查猪肌肉中的旋毛虫及其包囊。肉检时，一般以肉眼检查为主，并结合显微镜检查来进行确诊。检查方法为：取左右膈肌角各一块，撕去肌膜，在自然光线下检查肌纤维中是否含有针尖大小、半透明、乳白色的旋毛虫包囊。发现可疑病变时取样做压片镜检，一般从肉样的不同部位剪取 24 个麦粒大小的肉样，并排在玻片上压片，低倍镜下检查，对钙化的虫体包囊，必要时做透明和脱钙处理。

（四）治疗　目前对旋毛虫病尚无有效的治疗方法，可试用下列药物。

1. 噻苯咪唑　每千克体重 50～100 毫克，1 次口服，连服 5～10 天。

2. 康苯咪唑　每千克体重 20 毫克，1 次口服，连服 5～7 天。

3. 丙硫咪唑　每千克体重 100 毫克，1 次口服，连服 5～7 天。

（五）预防　由于本病无确切的治疗手段，因此，预防成为防制本病的关键措施。

1. 加强卫生宣传工作，普及旋毛虫预防知识。

2. 严格执行肉品卫生检验制度，禁止私宰生猪，做到有宰必检，加强市场检疫。对检出的屠体，应严格进行销毁处理。

3. 加强饲养管理，提倡圈养，搞好猪场的清洁卫生，防止猪吃患病动物的尸体、粪便和内脏，猪场应加强灭鼠。

4. 提倡熟食，改变吃生猪肉的习惯。厨房用具应生、熟分开，不能混用，并注意经常清洗和消毒，养成良好的卫生习惯，以防止寄生虫病的感染。

二十八、弓形虫病

猪弓形虫病又称弓浆虫病、弓形体病等，它是猪龚地弓形虫寄生于猪及其他动物组织及体液内而引起的一种重要的人兽共患的原虫病。本病呈世界性分布，我国各地均有本病流行，除猪外，可感染的哺乳动物和鸟类达数十种。患猪以高热为特征，常表现为突然暴发，流行快，发病率和死亡率都很高。

（一）病原及流行特点 本病的病原为肉孢子虫科、弓形虫属的龚地弓形虫。虫体在中间宿主、猪、人和其他动物体内有滋养体和包囊两种形式，滋养体呈香蕉形，游离于体液及各种细胞内；包囊呈圆形或椭圆形，内含许多香蕉形的滋养体。虫体在终末宿主猫体内进行有性繁殖，存在的形式有裂殖体、配子体和卵囊。

本病分布极广，感染动物多达200余种，多数为隐性感染。弓形虫病可通过口、眼、鼻、咽、呼吸道、肠道、皮肤等多种途径感染，严重感染期间还可通过母猪胎盘进行垂直传播。患猪的尸体、内脏、血液、分泌液、排泄物等中均含有弓形虫。其中自然感染的猪粪便中的卵囊，对猪有很大的感染力。卵囊的抵抗力很强，能抗酸、碱和普通消毒剂，在温暖潮湿的环境中存活一年仍有感染力，在猫粪便中可保持感染力达数月之久。但高温和10％氨水可以杀死卵囊。

不同品种、性别、年龄的猪均可发生，成年猪的发病率高于哺乳仔猪，3～6月龄的仔猪发病较多。本病主要发生于秋季，春、冬也可发生。

（二）临床症状及病理变化 本病多发生于3月龄左右的仔猪。急性暴发时，患猪体温突然升高到40～42℃，呈稽留热型，食欲减少或废绝，精神委顿，被毛逆立，流鼻涕、咳嗽，呼吸困难，呈犬坐姿势，小便黄，大便干燥，无腹泻，耳、尾端、四肢、胸腹部出现片状紫红色斑，全身淋巴结，尤其是腹股沟淋巴结明显肿大，后期出现步样蹒跚、共济失调等神经症状。

死后尸体解剖时可见全身淋巴结肿大、充血和出血，切面外翻、湿润，呈现髓样肿胀，有的有白色粟米大小坏死灶；两侧肺出血，被膜光滑、间质水肿，肺切面外翻，有多样液体流出；肝有点状出血和灰白色或灰黄色坏死灶，体表出现紫斑。主要的病理组织学变化为局部性坏死性肝炎和淋巴结炎、非化脓性脑膜炎、肺水肿和间质性肺炎。

（三）**诊断**　根据流行特点、临床症状及病理变化特征可进行初步诊断，但确诊必须依据发现虫体或检出特异性抗体。一般常用的实验室诊断方法有如下几种。

1. 涂片检查　可采取患畜和病尸的胸腹腔渗出液、血液或肝、肺、肺门淋巴结等直接抹片或涂片，自然干燥，甲醇固定，瑞士染色或姬姆萨染色，镜检，可发现虫体。其中以肺脏涂片和急性感染期的血液涂片检出率较高。

2. 动物接种试验　取病死猪肝、肺、淋巴结等病料，研碎后加 16 倍生理盐水，制成 1∶10 悬液，室温下沉淀，取上清液 0.5～1 毫升，接种于小鼠腹腔，接种后观察 4 周，小鼠发病死亡，腹腔液或脏器涂片镜检，可见弓形虫。

3. 血清学诊断　常用的诊断方法有皮内变态反应、染料试验。国内应用较广的有间接血凝试验，酶联免疫吸附试验。

（四）**预防**

1. 猪场内应禁止养猫，同时开展灭鼠活动，防止猫接近猪舍散布卵囊，应设法消灭野猫。

2. 加强饲料、饲草管理，严防被猫粪污染。定期对圈舍、运动场及生产用具等进行彻底消毒。

3. 对可疑病猪应进行严格预防和治疗，勿用屠宰废弃物作为猪的饲料，严格处理可疑病尸、流产胎儿及一切排出物。

4. 饲养管理人员应做好个人卫生和防护。

（五）**治疗**

1. 磺胺嘧啶（SD）每千克体重 70 毫克，甲氧苄氨嘧啶（TMP）每千克体重 14 毫克，每天口服 2 次，连用 3～5 天。

2. 磺胺六甲氧嘧啶（SMM）每千克体重 50 毫克，甲氧苄氨嘧啶（TMP）每千克体重 14 毫克，口服每天 1 次，连用 3～5

天，首次用量加倍。

3. 2-磺酰胺基-4,4'-二氨基联苯砜（SDDS）每千克体重15毫克，口服，每天1次，连用5～7天。

二十九、猪疥螨病

猪疥螨病俗称猪癞，是由猪疥螨寄生于猪的皮肤内所引起的一种慢性皮肤寄生虫病。本病是一种接触性感染的寄生虫病，有明显的季节性，其主要特征是剧痒、皮肤发炎。

（一）**病原及流行特点**　本病的病原为疥螨科、疥螨属的猪疥螨，虫体寄生在自身所挖凿的宿主皮肤隧道内，并在隧道内完成其卵、幼虫、若虫和成虫的生长发育史。

本病呈世界性分布，是一种接触性感染的外寄生虫病。凡是卫生条件差、饲养管理不善的猪场，本病较易发生，健康猪与患猪直接接触感染，或因接触被污染的猪栏、墙壁、用具等而感染。本病有明显的季节性，在秋冬季节，尤其是寒冬季节最为严重，蔓延最广，发病最烈。幼猪易遭受侵害，发病也较严重，随着年龄的增长，对螨的抵抗力也随之增强。

（二）**临床症状**　常见于5月龄以内的幼猪，成年猪往往没有明显症状而成为带虫者，本病从头部、眼下窝、耳壳等处开始，逐渐蔓延到颈部、背部、腹部及四肢内侧。疥螨在猪皮肤内挖隧道，刺激神经末梢，引起剧痒，患猪不安、不断摩擦，从而引起被毛脱落和皮肤发炎、出血，并伴有淋巴液渗出而形成痂皮。重症者皮肤脱屑，脱毛，皮肤角质层增厚、失去弹性，形成皱褶或龟裂，如有化脓菌感染时，可形成化脓灶，病程较长，患猪食欲不振，营养衰退，极度衰弱而死亡。

（三）**诊断**　根据疾病流行特点、临床特征，并结合虫体检查可进行确诊。虫体检查可用圆刃小刀刮取患猪患病皮肤与健康皮肤交界处的痂皮，直至刮出血为止，将刮取物加入适量10％

氢氧化钠溶液，捣碎，煮沸数分钟，除去粗渣，自然沉淀 5～10分钟或离心沉淀，取沉淀物镜检，发现虫体或虫卵即可确诊。当皮肤痂皮不严重者，可直接取刮取物放在玻片上，滴加 50％甘油水溶液，调匀后放于低倍镜下观察即可。

（四）预防

1. 加强饲养管理，搞好猪舍卫生，经常保持清洁、干燥、通风良好。

2. 发现病猪应立即进行隔离治疗，防止蔓延。引进种猪时，应隔离观察，防止引进疥螨病猪。

3. 应用杀螨药彻底消毒猪舍及用具等，病猪彻底清洗患部后使用高效杀螨药进行治疗。

4. 做好饲养员的个人卫生和防护。

（五）治疗

1. 害获灭（伊维菌素）注射液　每 50 千克体重 1 毫升，皮下注射，严重感染时，可重复用药 1 次。

2. 阿福丁（虫克星）粉剂　每千克体重 0.1 克，1 次口服或拌料，间隔半月后重复用药 1 次。

3. 20％氰戊菊酯乳油　配成 0.05％浓度喷洒，间隔 7 天，再用药 1 次。

三十、新生仔猪溶血病

新生仔猪溶血病是指新生仔猪吸吮初乳后而引起的红细胞溶解，呈现贫血、黄疸、血红蛋白尿等临床特征的一类急性溶血性疾病。它是由于新生仔猪的红细胞与不相合的母乳抗体相互结合而导致的一种同种免疫沉淀反应。

（一）病因　目前一般认为，本病的发生是由于含有特定抗原的种公猪与不含特定抗原的种母猪配种后，这种特定抗原遗传给胎儿，胎儿产生这种抗原后即刺激母体产生一种抗仔猪红细胞的抗体，这种抗体分子量很大，不能通过胎盘进入胎儿体内，只能通过血液进入乳汁，在初乳内蓄积，所以胎儿产前并不生病，而一旦出生后，吸吮了含有这种抗体的初乳，即发生免疫反应，导致溶血病的发生。

（二）**临床症状**　仔猪出生后完全正常，膘情良好，精神活泼，吸吮初乳后数小时至十几小时内发病。主要表现为停止吸吮乳汁，精神委顿，怕冷，震颤，被毛粗乱，后躯摇摆，继而出现严重贫血和黄疸，可见眼结膜和齿龈黏膜黄染，尿液透明，呈红棕色，心跳呼吸加快，一般经 2～3 天衰竭而死。

（三）**病理变化**　皮肤及皮下组织严重黄染，全身网状组织带黄色，肝脏呈现程度不同的肿胀，脾脏呈褐色，稍肿大，肾脏肿大充血，膀胱内积聚暗红色尿液。

（四）**诊断**　根据发病原因、临床症状、剖检变化，结合实验室诊断，基本上可以确诊。其中实验室诊断主要是血液检查及血清范登堡试验。患猪血液稀薄，不易凝固，血红蛋白含量降低至每 100 毫升 2 克，红细胞数降低，白细胞数正常，范登堡间接反应阳性。

（五）**防治**

1. 立即停喂母乳，寄奶于其他母猪或人工哺乳，同时补充 5％葡萄糖和 3％碳酸氢钠生理盐水，一般 3 日后可恢复正常，15 日后黄疸消失。

2. 了解引用的种公猪配种后所产仔猪的发病情况，改用其他种公猪配种。

三十一、亚硝酸盐中毒

猪亚硝酸盐中毒，又称白菜中毒、饱潲病或饱食瘟。它是由于猪饱食了储存、调制方法不当的菜类、青绿饲料后而引起的一种急性中毒病。临床上多见于猪，以腹痛、起卧不安、转圈、呕吐、口吐白沫、黏膜发绀为特征，短时间内造成猪大批死亡。

（一）**病因**　白菜、甜菜、甘蓝等青绿饲料都含有多量的硝酸盐，当青绿饲料贮存方法不当，如长期堆置，特别是经过雨淋、烈日曝晒、霉烂变质或者慢火焖煮、煮熟的青菜长久焖在锅内时，在适宜的温度和酸碱度的条件下，由于微生物的作用，使得青绿饲料中大量的硝酸盐转化为剧毒的亚硝酸盐。亚硝酸盐是一种强氧化剂，当经过胃肠黏膜吸收进入血液后，能使原来的氧合血红蛋白转化为高铁血红蛋白，而失去了携氧能力，导致全身组织器官缺氧，呼吸中枢麻痹而死亡。

（二）**临床症状**　猪群在采食后 1 小时左右突然发病，患猪突然不安，呼吸困难，精神委靡，呆立不动，四肢无力，走路摇摆，转圈，口吐白沫，流涎，皮肤、耳尖、鼻盘开始苍白，可视黏膜发绀，呈现紫色或紫褐色。针刺放出血液呈酱油色，凝固不良，体温低于正常，四肢和耳尖冰凉，随后四肢麻痹，神经紊乱，多在发病后 1～2 小时窒息而死。

（三）**病理变化**　血液呈酱油色，凝固不良，胃内充满食物，胃肠黏膜呈现不同程度出血、充血，肝、肾呈乌紫色，气管、支气管、肺充血，管腔内有红色泡沫状液体，严重病例，胃黏膜脱落或溃疡。

（四）**诊断**　根据发病情况调查、发病原因、临床特征以及剖检特点，结合毒物检查，可以确诊。目前常用的亚硝酸盐检验方法有联苯胺法、高锰酸钾法及试纸法。

（五）**防治**

1. 发现亚硝酸盐中毒，应立即抢救，常用特效解毒药为美蓝和甲苯胺蓝，同时配合使用维生素 C 和高渗葡萄糖溶液。对于轻症者需要安静休息，投服适量蛋清水或糖水。重症者必须对症治疗。

2. 改善饲养管理办法，青绿饲料应鲜喂，不要蒸煮，熟喂时应迅速煮熟，不要盖锅焖煮焖放。

3. 青绿饲料要摊开存放，切勿长期堆积，以免产生亚硝酸盐。

（六）治疗

1. 1%美蓝注射液　每千克体重0.1～0.2毫升，静脉注射，必要时可在2小时后重复注射1次。

2. 10%～25%葡萄糖注射液　每千克体重1～2毫升，维生素C注射液，每千克体重10～20毫克，混合静脉注射。

3. 5%甲苯胺蓝溶液　每千克体重0.5毫升，静脉注射或肌内注射。

4. 0.1%高锰酸钾　每千克体重2毫升，1次内服。

三十二、食盐中毒

猪食盐中毒是由于猪长期或者一次性食入大量食盐后而引起的一种中毒性疾病。猪食盐中毒后，可引起消化道炎症和脑组织水肿、变性乃至坏死，临床上以神经症状和一定的消化紊乱为特征。

（一）病因及发病机理　适量的食盐可增进食欲，促进消化。但猪对食盐特别敏感，饲喂过多，极易引起中毒。当给猪饲喂以食盐含量大的酱渣、盐卤菜及卤水、卤汤等或者饲喂食盐含量较多的饲料时，在供水不足的情况下，都可引起食盐中毒。食盐进入胃肠后，一部分进入血液，大部分存留于消化道内，直接刺激胃肠黏膜，引起胃肠道紊乱，同时由于胃肠内容物渗透压升高，导致组织脱水，血液浓缩，血液循环障碍，引起组织器官缺氧。另外，过量食盐进入血液导致钠离子中毒，从而引起一系列神经机能障碍。

（二）临床症状　病猪精神沉郁，极度口渴，口流泡沫状黏液，食欲减退、废绝，皮肤发痒，腹部便秘，继而出现呕吐和明显的神经症状，病猪兴奋不安，视觉和听觉机能障碍，无目的地徘徊，或向前直冲，口吐白沫，四肢痉挛，来回转圈，头向后仰，四肢出现游泳动作，严重病例出现癫痫样痉挛，心跳加速，呼吸困难，最后昏迷死亡，一般病程为1~4天。

（三）**病理变化** 胃黏膜充血、出血，有的出现溃疡，脑脊髓呈现不同程度充血、水肿，特别是脑膜和大脑皮质最明显，脑灰质软化，大脑显示出特征性的嗜酸性粒细胞血管套。肠系膜淋巴结充血、出血，心内膜有小出血点。

（四）**诊断** 根据发病情况调查、临床表现特点以及病理变化特征，结合实验室血钠和组织（肝、脑）中钠含量的检测，即可确诊。

（五）**防治**

1. 发现食盐中毒后，立即停止饲喂含盐饲料及卤水等，多次少量给予清水，同时使用药物进行治疗，以促进食盐排出和对症治疗。

2. 20%甘露醇注射液 每千克体重4毫升，缓慢静脉注射，重症猪12小时后可重复1次。

3. 10%硫酸镁注射液 60毫升，肌内注射。

4. 25%山梨醇或者50%葡萄糖溶液 50~100毫升，腹腔注射。

5. 强心尔注射液 10毫升，1次肌内注射。

6. 利用含盐分高的泔水、酱渣及卤水等喂猪时，需限制用量，同时配以其他饲料，并予以充分饮水。

7. 调整日粮中食盐的含量符合标准。

三十三、氢氰酸中毒

本病是猪只采食多量含有氰苷的植物或籽实，引起的以呼吸困难为主要特征的中毒病。

（一）**病因** 高粱苗、玉米苗、亚麻叶、亚麻饼、木薯、苦杏仁、海南刀豆、狗爪豆等植物含氰苷较多，氰苷本身无毒，但当它由氰苷水解酶水解成氢氰酸后，氢氰酸是剧毒物质，因而引起中毒。当氢氰酸进入猪体后，氰离子与血液中的三价铁相结合，破坏了血液对氧的正常输送，导致机体缺氧。这时动脉和静脉血液均呈鲜红色，引起组织内呼吸障碍。中枢神经系统对缺氧非常敏感，导致中枢麻痹而引起猪只死亡。

（二）临床症状　氢氰酸中毒发生快，病程短。当猪只采食含氰苷的饲料后，呼吸突然困难，张嘴伸颈，流涎，全身痉挛，四肢麻痹，有时出现腹痛不安，下痢，眼结膜潮红，心跳急促，呼出气带有苦杏仁味。体温下降，四肢和耳部变冷，最后因心脏和呼吸麻痹而死亡。

（三）病理变化　尸体血液凝固不良，色泽鲜红，尸体不易腐败。胃内充满气体，有特殊的苦杏仁味。气管、支气管及胃肠黏膜出血。

（四）诊断　根据病史、症状、剖检进行诊断。通过毒物学检验可确诊。

（五）治疗　中毒猪往往很快发生死亡，必须及早抢救。可用 0.5%～1% 亚硝酸钠液，每千克体重 1 毫升，静脉注射。随即再静脉注射 5%～10% 硫代硫酸钠溶液，每千克体重 2 毫升。同时用 0.1% 的高锰酸钾液洗胃，必要时采用强心、输液等抢救措施。

民间用甘草绿豆汤、生萝卜汁灌肠，也有一定效果。

（六）预防　用含氰苷的饲料喂猪时，一定要限量，并和其他饲料搭配。先将饲料放于流水中浸渍 24 小时，氰苷在 40～60℃ 条件下容易分解成氢氰酸，调制饲料时要敞开器皿，并加适当的醋，让氢氰酸在酸性环境下挥发。

三十四、猪黄曲霉毒素中毒

黄曲霉毒素中毒主要是谷物和饲料中黄曲霉菌所产生有毒代谢产物引起的猪的一种中毒性疾病，临床上以全身出血、黄疸和肝脏坏死为主要特征。

（一）**病因**　谷物和饲料长期贮藏会产生多种霉菌，主要是黄曲霉和寄生曲霉，产生多种霉菌毒素，进入猪体后，刺激消化道黏膜，导致出血和溃疡，对全身实质器官，特别是肝脏，产生严重的危害，导致全身器官出血和中毒性肝炎。其中常见的是霉玉米中毒。

（二）**临床症状**　猪采食霉变饲料后，精神委靡，后躯无力，走路蹒跚，黏膜苍白，后期黄染，粪便干燥，表面附有血液，有时出现过度兴奋、间歇性震颤、角弓反张等神经症状。

（三）**病理变化**　急性病例主要是贫血和出血。全身有不同程度的黄染，肝脏肿大，脂肪变性，呈红黄色，质地脆弱；胃肠黏膜出血，散在出血斑点。慢性病例，胃黏膜坏死，并形成大面积溃疡；肠黏膜出血，坏死脱落。肝脏严重增生，出现肝硬变。

（四）**诊断**　根据发病情况、临床症状、剖检变化，结合实验室黄曲霉毒素检验，即可确诊。

（五）**治疗**　目前尚无特效解毒剂，使用对症疗法。立即停喂发霉饲料，饲喂营养全面、易于消化的饲料。内服盐类泻剂排毒，使用强心剂，同时补充葡萄糖生理盐水等。

（六）**预防**　发霉饲料禁止喂猪。轻度发霉饲料，可经过浸泡、碱处理等法去毒，但饲喂量要限制。严重发霉饲料要全部废弃。

三十五、猪赤霉菌毒素中毒

赤霉菌毒素中毒又称玉米赤霉烯酮中毒，主要是小麦、玉米等谷物和饲料中赤霉病真菌毒素——玉米赤霉烯酮所引起的猪的一种中毒性疾病，临床上以母猪，尤其是 3～5 月龄雌仔猪假发情为主要特征。

（一）**病因**　镰刀菌的分生孢子感染小麦、玉米等谷物，谷物和饲料长期贮藏会产生多种霉菌毒素，主要是玉米赤霉烯酮。由于玉米赤霉烯酮是一种类雌激素物质，进入猪体后，会导致猪生殖器官发生一系列形态和机能变化。

（二）**临床症状**　病猪出现雌性发情、不育和流产，表现为小母猪阴户潮红、肿胀和水肿，严重中毒者，可见阴唇哆开，阴道垂脱，子宫脱出或子宫直肠同时脱出。母猪不孕，或怀孕母猪胎儿干尸化，流产。

（三）**病理变化**　病猪外阴部充血、水肿，阴门哆开，阴道黏膜肿胀、出血；排尿困难，不断努责，发生阴道垂脱，子宫脱出或子宫直肠同时脱出，子宫黏膜瘀血、水肿、坏死，呈紫红色。

（四）**诊断**　根据发病情况、临床症状、剖检变化，结合实验室玉米赤霉烯酮检验，即可确诊。

（五）**治疗**　目前尚无特效疗法，使用对症治疗。立即停喂发霉饲料，饲喂营养全面、易于消化的饲料。灌肠、洗胃，内服盐类泻剂排毒，同时补充青绿饲料等。

（六）**预防**　发霉饲料禁止喂猪。轻度发霉饲料，可经过浸泡、碱处理等法去毒，但饲喂量要限制。严重发霉饲料要全部废弃。

第十一章 猪场经营管理

随着商品经济的发展，许多规模化、现代化养猪企业在猪种、饲料、防疫、环境控制、饲养管理等方面，不同程度地采用了先进的科学技术，使养猪生产水平有了明显提高，但经济效益却高低不一，盈亏各异，其原因在很大程度上取决于经营管理水平的高低。因此，要使养猪生产获得更大经济效益，在注重科学技术、提高生产水平的同时，更要注重科学的经营管理。

第一节 猪场经营管理基本知识

一、经营管理的意义

1. 搞好经营管理是取得经济效益的前提。养猪企业投入资金大，技术性强，因此风险很大。要正常运行，必须组织严密，管理完善。养猪场最大的两项支出是饲料费和管理费，饲料费决定于饲粮配合和科学的饲养管理，而管理费则决定于经营管理水平。因此，要把科学的饲养管理和科学的经营管理结合起来。实践证明，只有经营管理水平高，饲养管理水平才能高。

2. 只有搞好经营管理，才能合理地用好人、财、物，提高企业的生产和生存能力。

3. 只有搞好经营管理，企业才有能力更新设备，采用新技术，参与激烈的市场竞争。

二、经营管理者应具备的能力

1. 经营者和管理者既要懂得国家有关法律，又要了解国家当前的方针政策，善于分析形势，抓住机遇。当前我国已加入WTO，应抓住这一机遇，既要看清国内市场，又要瞄准国际市场。

2. 市场具有多样性和可变性，谁能预测和应变，谁就能立于不败之地。

3. 在我国目前体制下，要处理好与社会各部门的关系，企业运行才能通畅。

4. 善于处理好人际关系和善于调动下属积极性，对增进企业凝聚力非常重要。下属的积极性要靠管理措施得力和经济利益来调动。

5. 场长是猪场经营好坏的关键人物，不但需要能力，而且需要事业心。有些敬业精神很强的场长，正常上班时间可能外出联系工作，但在非办公时间，尤其早晨和晚上，经常不定期检查生产车间，深得工人钦佩。

第二节　猪场人员管理

一、猪场管理机构

企业经营方针确定之后，需建立配套的管理体系，以实施经营方针、生产目标、计划等来保证生产正常进行。部门设置一般如下。

（一）生产技术部　负责全场各车间的生产技术工作，负责生产统计和饲养操作规程制定。常把兽医和化验工作划归此部。凡是生产技术工作都由此负责。在育种场设立育种部。

（二）后勤保障部　负责基本建设、设备更新维修、车辆运输管理、用品采购等。

（三）**行政部**　负责接待、后勤生活管理、党政、办公、人事、保卫等。

（四）**财务部**　负责财务管理、经济核算等。

（五）**销售部**　负责本场产品的销售和售后服务。

管理部门的机构设置和人员配备依本场规模、性质而定。这部分管理人员的工作效率是关键一环。若机构臃肿、人浮于事，那么猪场的经营管理是绝对搞不好的。

二、猪场目标责任制

实行目标责任制，能使猪场在生产中建立起正常的秩序，有效地进行计划领导和推行经济核算。完成目标拿工资，超产按规定给予奖金，完不成者按规定给予惩罚。双方签订责任书。按这种制度运行，需实行或有选择地实行以下措施。

（一）**定岗定编**

根据本场养猪生产过程阶段划分的实际情况，定出所设的岗位，并根据工作量大小定出所需的人数。

（二）**定任务、定指标**　对每个岗位定出全年或阶段生产任务及各项生产指标。任务和指标要明确，可操作性要强。对暂时没有条件操作的指标可待条件具备时再制定。

（三）**定饲料、定药费**　根据不同猪群情况定额供给饲料，种猪可按饲养天数、肉猪可按增重数供给饲料。要建立领料制度，专人发放，过秤登记，定期盘底。药费可限额供应。

（四）**定报酬、定奖罚**　任务完成、达到指标，可拿基本工资，若超额完成可领取奖金，完不成者则要按规定罚款。

生产实践证明，实行任务到车间，责任到人，定额核算，合理计酬，奖罚分明的目标责任制是一个行之有效的好办法，但各猪场情况不同，不可能千篇一律。一切指标和定额都应经调查研究制定出来才能切实可行，并且在执行过程中随着生产技术的提高及设备的改进还应不断调整和完善。但承包办法必须按期兑现，由于生产成绩突出而应该获得高额奖励的必须如数付给，如因指标确定不当也应兑现。承包指标不应经常修订，应在年初修订。场方与饲养人员签订合同，合同期至少一年或一个生产周期。

第三节　猪场猪群管理

在规模化猪场里，猪群是主要的生产条件，猪群管理的好坏，直接关系到生产效益的高低，因此，猪群管理是猪场管理的重要环节之一。

养猪场里繁殖猪群一般由母猪、公猪、后备母猪组成。这些猪在猪群中所占比例叫做猪群结构。规模化猪场以生产为主，按生产分工把猪群中母猪分为空怀、妊娠母猪群，分娩和哺乳母猪群，种公猪群，育成猪群和肉猪群。无论是多大规模的猪场，都需要按照生产要求科学地确定猪群结构，这是保证有计划地迅速增殖猪群、提高生产水平的重要措施。

一、猪群类别

要根据各类猪群特点进行饲养管理，就必须将不同年龄、体重、性别和用途的猪划分为不同的群体。划分的方法和名称均应统一，以便猪场间彼此交流和统计管理。

（一）乳猪　出生到断乳（生后28～42日龄）的仔猪。

（二）育成猪　一般指断乳至生后4月龄的幼猪。

（三）后备猪　生后5月龄至初配（8～9月龄）前留作种用的公母猪，公猪称为后备公猪，母猪称为后备母猪。

（四）鉴定公猪　从第一次配种至所配母猪生产的仔猪到断

乳阶段的公猪，年龄一般在 1.0～1.5 岁。它们虽然已经参加配种，但需根据子代成绩的鉴定，才能决定是否留作种用。

(五) 鉴定母猪 从初配妊娠开始到第一胎仔猪断奶的母猪 (1.2～1.4 岁)，根据其生产性能、外貌表现等鉴定其是否留种。鉴定合格的第一产母猪及第二产母猪开始参加组成成年母猪群。

(六) 成年种公猪 又称为基础公猪，是指经生长发育、体质外形、配种成绩、后裔生产性能等鉴定合格的 1.5 岁以上的种用公猪。

(七) 成年母猪 又称基础母猪，是指经产仔鉴定合格留作种用的 1.5 岁以上的母猪。

从成年母猪群中选出一些优秀个体，其具有较高的生产性能和育种价值，组成核心母猪群，其后代以供选育和生产上更新种猪用。核心母猪群一般年龄在 2～5 岁为宜。

(八) 生长育肥猪 专门用来生产猪肉的猪。一般在 20～60 千克称生长期，60 千克至出栏称育肥期。

二、猪群周转

猪群的变动一般称之为猪群周转。猪群周转遵守如下原则。

第一，后备猪达到体成熟 (8～10 月龄) 以后，经配种妊娠转为鉴定猪群。鉴定母猪分娩产仔后，根据其生产性能 (产仔数、初生重、泌乳力和仔猪育成率等情况)，确定转入一般繁殖母猪群或基础母猪群，或作核心母猪，或淘汰作肉猪 (一产母猪育肥)。鉴定公猪生产性能优良者转入基础公猪群，不合格者淘汰，去势育肥。

第二，一产母猪经鉴定符合基础母猪要求者，可转入基础母猪群，不符合要求者淘汰做商品肥猪。

第三，基础母猪 4～5 岁以后，生产下降者淘汰育肥。种公猪在利用 3～4 年后作同样处理。

三、养猪生产中的各项记录

猪群的各种生产记录，是规模化猪场生产不可缺少的工作内容。要搞好各类猪场，必须做好各项生产记录，并及时进行整理和分析，这有利于总结经验，评价每头猪的生产性能和每群猪的生产状况，不断提高生产水平和改进猪群的管理工作。重要的生产记录有配种记录、母猪产仔哺育记录、种猪生长发育记录等。

第四节　猪场计划管理

计划管理是对下一年猪场的生产进行规划，按可能达到的指标逐月、逐周落实计划。其内容有：生产计划、饲料供应计划、产品销售计划、疫病防疫计划、基建设备维修和更新计划、财务收支计划等。

一、生　产　计　划

现代养猪企业规模有大有小，按基础母猪数量说，少则百头，多则万头，存栏猪数量从千头到十几万头。规模化猪场的生产是按照一定的生产流程进行的，各个生产车间栏位数和饲养时间都是固定的，各流程相互连接，如同工业生产一样，所以，应制订出详尽的计划使生产按一定的秩序进行。

猪场的生产计划最主要的是配种分娩计划和猪群周转计划。由于现代养猪生产高度集约化和工厂化，为了充分利用猪舍和各种设备，降低生产成本，并能适应现代化企业大规模生产的要求，各生产环节均采用均衡生产方式，如母猪配种、分娩和其他作业均应采取均衡的并以周为单位的操作计划。

（一）周配种分娩计划　一个年产万头肉猪的养猪企业，一

般有种母猪 600 头，母猪配种受胎率要求在 90%。全年配种
1 200 胎，平均每周配种 23 头。全年分娩 980 胎，平均每周分娩
21 胎，平均每胎产仔猪 9 头，全年产仔猪 9 800 头。为了保证计
划的完成，大多数猪场在此基础上适当增加，大体上每周配种母
猪 28 头，保证受胎母猪有 21～24 头，周分娩母猪在 21～24 头，
即每周少则有 21 头母猪分娩，多则 24 头分娩，仔猪 4～5 周断
奶，断奶仔猪在分娩栏留栏 1 周。

由于按周安排配种分娩计划，采用通用的日历，在周日安排
对工作有所不便，为此采用与之相应的全年实有天数 365 天或
360 天，记为 52～53 周，以这样的方法计算，便于查看母猪的
具体分娩日期和做好母猪分娩前的各项准备工作，也有利于各种
物资消耗的原始记录和累计数的统计。

（二）猪群周转计划

周一：将怀孕舍产前 1 周的待产母猪调到分娩舍。分娩舍于
2 天前做好准备工作。

周二：将配种舍通过鉴定的妊娠母猪调到怀孕舍，怀孕舍于
前一天做好准备工作。

周三：将分娩舍断奶的母猪调到配种舍，配种舍于前一天做
好准备工作。

周四：将上一周断奶留栏观察 1 周的小猪调到保育舍（培育
舍），保育舍于前 2 天做好准备工作。

周五：将在保育舍保育 4 周的小猪调到育成舍，育成舍于前
一天做好准备工作。

周六：将生长舍饲养 5 周的中猪调到育成舍，育成舍于前一
天做好准备工作。

周日：生长育肥猪舍肉猪出栏。

此种周计划安排较详细，但在生长舍和育成舍时，工作量相
当大，且容易引起赶迁的应激反应。所以，也可以省去从生长舍
调到育成舍这一环节，把生长舍和育成舍合为生长育成舍亦可。

同时应当注意，所调到的每一批猪，都应随带其本身的原始档案资料。

为了及时了解掌握猪群每周的周转存栏动态情况，可采用与之相适应的生猪每周调动存栏表。本表的特点是按猪的生产流程将猪群分为配种舍、怀孕舍、分娩舍、保育舍、生长育成舍，每种舍是一个分表，按各舍的实际需要设计具体项目，将各分表联系起来，便成为猪场猪群每周的周转存栏动态总表，通过总表既可以反映出各类猪的周内变动情况的好坏，亦便于与周作业计划对比。

二、疫病防疫计划

养猪场除了做好每年春、秋各一次的全场性防疫工作外，还应该把每周的防疫工作做好，才能使养猪生产在兽医防疫卫生系统的安全保证下，顺利地发展。

周一：将保育舍9周龄的小猪接种猪瘟、猪肺疫、猪丹毒疫苗。

周二：将怀孕舍产前1个月的妊娠母猪注射五号病疫苗。

周三：将分娩舍进入4周龄的哺乳仔猪接种猪瘟和猪链球菌疫苗。

周四：将分娩舍要隔到保育舍的断奶仔猪先注射五号病疫苗，然后移到保育舍。

周五：各舍视具体情况进行如下工作：①驱除体内外寄生虫；②猪舍或环境消毒，更换践踏消毒液。

周六：视实际情况进行各种疫苗的补针。

三、饲料供应计划

猪生长发育所需要的营养物质主要来源于饲料，猪的各种产品实际上就是饲料的转化物，猪群质量和各种产品质量受饲料的影响。因此，饲料是养猪业的物质基础，是养猪场年度计划中最重要的计划之一。

饲料供应计划大致分如下步骤:

1. 饲料消耗指标 按猪只不同的生产阶段或饲养阶段,根据要求定出不同的饲料消耗指标。

2. 饲料供应量 根据饲料消耗指标和各类猪的计划饲养量,计算饲料供应量。具体做法是将各类猪的计划饲养量换算成各类猪全年计划饲养头日数,乘上各类猪的日饲料消耗指标,再将各类猪所需饲料量累加起来,即得猪场全年饲料供应计划数。饲料供应计划应增加一定的库存量,一般最少要有 7～9 天消耗量作库存饲料量。

四 、 产品成本计划

现代化养猪场分车间进行生产,产品生产成本也按各个不同的车间定出车间的成本计划,猪场再将各车间的生产成本计划汇总处理后便得出产品生产成本计划。车间生产成本计划主要内容包括工资、药费、工具费、折旧费、管理费、饲料费、种猪费等。也可先计算出各车间猪群的每头生产成本,定出各车间的成本计划。

第五节 猪场成本管理与利润核算

猪场产品成本的高低决定能否取得更高的赢利以及产品竞争能力的大小、利润多少,又关系到企业自我积累能力,故加强成本管理和效益核算具有重要意义。

一 、 成本管理

养猪生产中的各项消耗有的直接与产品生产有关,这种开支叫直接生产费,如饲养人员的工资和福利费、饲料费、猪舍折旧费等；另外还有一些间接费用，如场长、技术员和其他管理人员的工资、各项管理费等。

（一）成本项目与费用

1. 劳务费　指直接从事养猪生产的饲养人员的工资和福利费。

2. 饲料费　指饲养各类猪群直接消耗的各种精饲料、粗饲料、动物性饲料、矿物质饲料、多种维生素、微量元素和药物添加剂等的费用。

3. 燃料和动力费　指供电、供水、供暖、车辆使用等费用。

4. 医药费　指猪群直接消耗的药品和疫苗费用。

5. 固定资产折旧费　指生产设备使用周期内每年折算费用。

6. 固定资产维修费　指生产设备损坏后维修、替换费用。

7. 低值易耗品费　指当年报销的低值工具和劳保用品的价值。

8. 其他直接费　不能直接列入以上各项的直接费用，如接待费和推销费等。

9. 管理费　指间接生产费，如领导人员的工资及其他管理费等。

以上各项生产费用的总和，就是猪场的生产总成本。

（二）成本分析　根据成本项目核算出各类猪群的成本后，再计算出各猪群头数、活重、增重、主副产品产量等资料，便可以计算出各类猪群的饲养成本和产品成本。在养猪生产中，一般要计算猪群的饲养日成本、增重成本、活重成本和主产品成本等。

二、利润核算

利润的核算，可从利润和利润率两个方面进行考核。利润额是指利润的绝对数量，它包括产品销售利润和总利润两个指标。

销售利润和利润总额只说明利润的多少，不能反映利润水平的高低，因此，考核利润时还要计算利润率。利润率包括成本利润率、产值利润率、资金利润率和投资利润率四个指标。

1. **成本利润率**　是销售利润与销售的产品成本的比率。

$$成本利润率 = \frac{销售利润}{销售产品成本} \times 100\%$$

2. **产值利润率**　是总利润与总产值的比率。它是用利润占产值的百分比来反映利润水平的高低。

$$产值利润率 = \frac{总利润额}{总产值} \times 100\%$$

3. **资金利润率**　是总利润与占用资金总额的比率。占用资金总额包括固定资金与流动资金。

$$资金利润率 = \frac{总利润额}{占用资金总额} \times 100\%$$

4. **投资利润率**　是企业全年利润额与基本建设投资总额的比率。通常以每万元投资所创造的利润来表示，是衡量投资经济效果的主要指标之一。

$$投资利润率 = \frac{年利润额}{基本建设投资总额} \times 100\%$$

附录一

美国 NRC 猪的饲养标准（1998 年，第十次修订）及营养需要

表 1　生长猪日粮氨基酸需要量（自由采食，日粮含 90% 干物质）[a]

指　　标	单位	体　重　（kg）					
		3～5	5～10	10～20	20～50	50～80	80～120
平均体重	kg	4	7.5	15	35	65	100
消化能	kcal/kg	3 400	3 400	3 400	3 400	3 400	3 400
代谢能	kcal/kg[b]	3 265	3 265	3 265	3 265	3 265	3 265
消化能进食量	kcal/kg	855	1 690	3 400	6 305	8 760	10 450
代谢能进食量	kcal/kg[b]	820	1 620	3 265	6 050	8 410	10 030
采食量	g/d	250	500	1 000	1 855	2 575	3 075
粗蛋白质	%[c]	26.0	23.7	20.9	18.0	15.5	13.2
回肠末端真可消化氨基酸需要量[d]							
精氨酸	%	0.54		0.42	0.33	0.24	0.16
组氨酸	%	0.43	0.38	0.32	0.26	0.21	0.16
异亮氨酸	%	0.73	0.65	0.55	0.45	0.37	0.29
亮氨酸	%	1.35	1.20	1.02	0.83	0.67	0.51
赖氨酸	%	1.34	1.19	1.01	0.83	0.66	0.52
蛋氨酸	%	0.36	0.32	0.27	0.22	0.18	0.14
蛋氨酸＋胱氨酸	%	0.76	0.68	0.58	0.47	0.39	0.31
苯丙氨酸	%	0.80	0.71	0.61	0.49	0.40	0.31
苯丙氨酸＋酪氨酸	%	1.26	1.12	0.95	0.78	0.63	0.49
苏氨酸	%	0.84	0.74	0.63	0.52	0.43	0.34
色氨酸	%	0.24	0.22	0.18	0.15	0.12	0.10
缬氨酸	%	0.91	0.81	0.69	0.56	0.45	0.35
回肠末端表观可消化氨基酸需要量							
精氨酸	%	0.51	0.46	0.93	0.31	0.22	0.14
组氨酸	%	0.40	0.36	0.31	0.25	0.20	0.16
异亮氨酸	%	0.69	0.61	0.52	0.42	0.34	0.26

指　　标	单位	体　重（kg）					
		3～5	5～10	10～20	20～50	50～80	80～120
亮氨酸	％	1.29	1.15	0.98	0.80	0.64	0.50
赖氨酸	％	1.26	1.11	0.94	0.77	0.61	0.50
蛋氨酸	％	0.34	0.30	0.26	0.21	0.17	0.13
蛋氨酸＋胱氨酸	％	0.71	0.63	0.53	0.44	0.36	0.29
苯丙氨酸	％	0.75	0.66	0.56	0.46	0.37	0.28
苯丙氨酸＋酪氨酸	％	0.18	1.05	0.89	0.72	0.58	0.45
苏氨酸	％	0.75	0.66	0.56	0.46	0.37	0.30
色氨酸	％	0.22	0.19	0.16	0.13	0.10	0.08
缬氨酸	％	0.84	0.74	0.63	0.51	0.41	0.32
总氨基酸需要量[e]							
精氨酸	％	0.59	0.54	0.46	0.37	0.27	0.19
组氨酸	％	0.48	0.43	0.36	0.30	0.24	0.19
异亮氨酸	％	0.83	0.73	0.63	0.51	0.42	0.33
亮氨酸	％	1.50	1.32	1.12	0.90	0.71	0.54
赖氨酸	％	1.50	1.35	1.15	0.95	0.75	0.60
蛋氨酸	％	0.40	0.35	0.30	0.25	0.20	0.16
蛋氨酸＋胱氨酸	％	0.86	0.76	0.65	0.54	0.44	0.35
苯丙氨酸	％	0.90	0.80	0.68	0.55	0.44	0.34
苯丙氨酸＋酪氨酸	％	1.41	2.35	1.06	0.87	0.70	0.55
苏氨酸	％	0.98	0.86	0.74	0.61	0.51	0.41
色氨酸	％	0.27	0.24	0.21	0.17	0.14	0.11
缬氨酸	％	1.04	0.92	0.79	0.64	0.52	0.40

注：a. 公母按 1：1 混养，从 20～120kg 体重，每天沉积无脂瘦肉 325g；

b. 消化能转化为代谢能的效率为 96％，在本表中所列玉米—豆粕型日粮的粗蛋白质条件下，消化能转化为代谢能的效率为 94％～96％；1kcal＝4.18kJ，后表同；

c. 本表中所列粗蛋白质含量适用于玉米—豆粕型日粮，对于采食含血浆或奶产品的 3～10kg 仔猪，粗蛋白质水平可以降低 2％～3％；

d. 总氨基酸的需要量基于以下日粮：3～5kg 仔猪，玉米—豆粕日粮，含 5％的血浆制品和 25％～50％的奶制品；5～10kg 仔猪，玉米—豆粕日粮，含 5％～25％的奶制品；10～120kg 生长猪，玉米—豆粕型日粮；

e. 3～20kg 体重猪的总赖氨酸需要量是根据经验数据计算出来的，其他氨基酸是根据它们和赖氨酸的比例（真可消化基础）计算出来的，不过也有极个别数据是通过经验数据计算出来的；20～120kg 体重猪的氨基酸需要量是通过生长模型计算出来的。

＊ 千卡（kcal）为非法定单位，1kcal＝4.18kJ。

表2 生长猪每天氨基酸需要量（自由采食，日粮含 90％干物质）ᵃ

指　标	单位	体　重（kg）					
		3～5	5～10	10～20	20～50	50～80	80～120
平均体重	kg	4	7.5	15	35	65	100
消化能	kcal/kg	3 400	3 400	3 400	3 400	3 400	3 400
代谢能	kcal/kgᵇ	3 265	3 265	3 265	3 265	3 265	3 265
消化能进食量	kcal/kg	855	1 690	3 400	6 305	8 760	10 450
代谢能进食量	kcal/kgᵇ	820	1 620	3 265	6 050	8 410	10 030
采食量	g/d	250	500	1 000	1 855	2 575	3 075
粗蛋白质	％ᶜ	26.0	23.7	20.9	18.0	15.5	13.2
回肠末端真可消化氨基酸需要量ᵈ							
精氨酸	g/d	1.4	2.4	4.2	6.1	6.2	4.8
组氨酸	g/d	1.1	1.9	3.2	4.9	5.5	5.1
异亮氨酸	g/d	1.8	3.2	5.5	8.4	8.4	8.8
亮氨酸	g/d	3.4	6.0	10.3	15.5	7.2	15.8
赖氨酸	g/d	3.4	5.9	10.1	15.3	17.1	15.8
蛋氨酸	g/d	0.9	1.6	2.7	4.1	4.6	4.3
蛋氨酸＋胱氨酸	g/d	1.9	3.4	5.8	8.8	10.0	9.5
苯丙氨酸	g/d	2.0	3.5	6.1	9.1	10.2	9.4
苯丙氨酸＋酪氨酸	g/d	3.2	5.5	9.5	14.4	16.1	15.1
苏氨酸	g/d	2.1	3.7	6.3	9.7	11.0	10.5
色氨酸	g/d	0.6	1.1	1.9	2.8	3.1	2.9
缬氨酸	g/d	2.3	4.0	6.9	10.4	11.6	10.8
回肠末端表观可消化氨基酸需要量							
精氨酸	g/d	1.3	2.3	3.9	5.7	5.7	4.3
组氨酸	g/d	1.0	1.8	3.1	4.6	5.2	4.8
异亮氨酸	g/d	1.7	3.0	5.2	7.8	8.7	8.0
亮氨酸	g/d	3.2	5.7	9.8	14.8	16.5	15.3
赖氨酸	g/d	3.2	5.5	9.4	14.2	15.8	14.4
蛋氨酸	g/d	0.9	1.5	2.6	3.9	4.4	4.1
蛋氨酸＋胱氨酸	g/d	1.8	3.1	5.3	8.2	9.3	8.8
苯丙氨酸	g/d	1.9	3.3	5.7	8.5	9.4	8.6

指　　标	单位	体　重　（kg）					
		3～5	5～10	10～20	20～50	50～80	80～120
苯丙氨酸＋酪氨酸	g/d	3.0	5.2	8.9	13.4	15.0	13.9
苏氨酸	g/d	1.9	3.3	5.6	8.5	9.6	9.1
色氨酸	g/d	0.5	1.0	1.6	2.4	2.7	2.5
缬氨酸	g/d	2.1	3.7	6.3	9.5	10.6	9.8
总氨基酸需要量e							
精氨酸	g/d	1.5	2.7	4.6	6.8	7.1	5.7
组氨酸	g/d	1.2	2.1	3.7	5.6	6.3	5.9
异亮氨酸	g/d	2.1	3.7	6.3	9.5	10.7	10.1
亮氨酸	g/d	3.8	6.6	11.2	16.8	18.4	16.6
赖氨酸	g/d	3.8	6.7	11.5	17.5	19.7	18.5
蛋氨酸	g/d	1.0	1.8	3.0	4.6	5.1	4.8
蛋氨酸＋胱氨酸	g/d	2.2	3.8	6.5	9.9	11.3	10.8
苯丙氨酸	g/d	2.3	4.0	6.8	10.2	11.3	10.4
苯丙氨酸＋酪氨酸	g/d	3.5	6.2	10.6	16.1	18.0	16.8
苏氨酸	g/d	2.5	4.3	7.4	11.3	13.0	12.6
色氨酸	g/d	0.7	1.2	2.1	3.2	3.6	3.4
缬氨酸	g/d	2.6	4.6	7.9	11.9	13.3	12.4

注：a. 公母按 1：1 混养，从 20～120kg 体重，每天沉积无脂瘦肉 325g；

b. 消化能转化为代谢能的效率为 96%；在本表中所列玉米—豆粕型日粮的粗蛋白条件下，消化能转化为代谢能的效率为 94%～96%；

c. 本表中所列粗蛋白质含量适用于玉米—豆粕型日粮，对于采食含血浆或奶产品的 3～10kg 仔猪，粗蛋白质水平可以降低 2%～3%；

d. 总氨基酸的需要量基于以下日粮：3～5kg 仔猪，玉米—豆粕日粮，含 5% 的血浆制品和 25%～50% 的奶制品；5～10kg 仔猪，玉米—豆粕日粮，含 5%～25% 的奶制品；10～120kg 生长猪，玉米—豆粕型日粮；

e. 3～20kg 体重猪的总赖氨酸需要量是根据经验数据计算出来的，其他氨基酸是根据它们和赖氨酸的比例（真可消化基础）计算出来的，不过也有极个别数据是通过经验数据计算出来的；20～120kg 体重猪的氨基酸需要量是通过生长模型计算出来的。

表3 瘦肉生长速度不同的阉公猪和母猪日粮氨基酸需要量（自由采食，日粮含90%干物质）a

体重范围瘦肉(kg)	50~80						80~120					
生长速度(g/d)	300		325		350		300		325		350	
性别	阉公猪	母猪	阉公猪	母猪	阉公猪	母猪	阉公猪	母猪	阉公猪	母猪	阉公猪	母猪
平均体重(kg)	65	65	65	65	65	65	100	100	100	100	100	100
消化能(kcal/kg)	3 400	3 400	3 400	3 400	3 400	3 400	3 400	3 400	3 400	3 400	3 400	3 400
代谢能(kcal/kg[b])	3 265	3 265	3 265	3 265	3 265	3 265	3 265	3 265	3 265	3 265	3 265	3 265
消化能进食量(kcal/kg)	9 360	8 165	9 360	8 165	9 360	8 165	11 150	9 750	11 150	9 750	11 150	9 750
代谢能进食量(kcal/kg[b])	8 985	7 840	8 985	7 840	8 985	7 840	10 705	9 360	10 705	9 360	10 705	9 360
采食量(g/d)	2 755	2 400	2 755	2 400	2 755	2 400	3 280	2 865	3 280	2 865	3 280	2 865
粗蛋白质(%[c])	14.2	15.5	14.9	16.3	15.6	17.1	12.2	13.2	12.7	13.8	13.2	14.4
回肠末端真可消化氨基酸需要量(%)[d]												
精氨酸	0.20	0.23	0.22	0.26	0.25	0.28	0.13	0.15	0.15	0.17	0.16	0.19
组氨酸	0.18	0.21	0.20	0.23	0.21	0.24	0.14	0.16	0.15	0.18	0.17	0.19
异亮氨酸	0.32	0.36	0.34	0.39	0.37	0.42	0.25	0.29	0.27	0.31	0.29	0.33
亮氨酸	0.58	0.66	0.62	0.72	0.67	0.77	0.45	0.51	0.48	0.55	0.52	0.59
赖氨酸	0.58	0.66	0.62	0.71	0.67	0.76	0.45	0.51	0.48	0.55	0.52	0.59
蛋氨酸	0.16	0.18	0.17	0.19	0.18	0.21	0.12	0.14	0.13	0.15	0.14	0.16
蛋氨酸+胱氨酸	0.34	0.39	0.36	0.42	0.39	0.44	0.27	0.31	0.29	0.33	0.31	0.35
苯丙氨酸	0.34	0.39	0.37	0.42	0.40	0.46	0.27	0.30	0.29	0.33	0.31	0.35

体重范围瘦肉 生长速度 (g/d)	50~80						80~120					
	350	350	325	325	300	300	350	350	325	325	300	300
苯丙氨酸＋酪氨酸	0.72	0.63	0.67	0.59	0.62	0.54	0.56	0.49	0.52	0.46	0.49	0.43
苏氨酸	0.49	0.43	0.46	0.40	0.43	0.37	0.39	0.34	0.37	0.32	0.34	0.30
色氨酸	0.14	0.12	0.13	0.11	0.12	0.11	0.11	0.10	0.10	0.09	0.10	0.08
缬氨酸	0.52	0.45	0.48	0.42	0.45	0.39	0.40	0.35	0.38	0.33	0.35	0.30

回肠末端表观可消化氨基酸需要量（%）

体重范围瘦肉 生长速度 (g/d)	50~80						80~120					
	350	350	325	325	300	300	350	350	325	325	300	300
精氨酸	0.26	0.23	0.24	0.21	0.21	0.19	0.17	0.15	0.15	0.13	0.13	0.12
组氨酸	0.23	0.20	0.21	0.19	0.20	0.17	0.18	0.16	0.17	0.15	0.15	0.14
异亮氨酸	0.39	0.34	0.36	0.31	0.34	0.29	0.30	0.26	0.28	0.24	0.26	0.23
亮氨酸	0.74	0.65	0.69	0.60	0.64	0.56	0.57	0.50	0.53	0.47	0.50	0.43
赖氨酸	0.71	0.61	0.66	0.57	0.61	0.53	0.54	0.47	0.51	0.44	0.47	0.41
蛋氨酸	0.20	0.17	0.18	0.16	0.17	0.15	0.15	0.13	0.14	0.13	0.13	0.12
蛋氨酸＋胱氨酸	0.41	0.36	0.39	0.34	0.36	0.31	0.33	0.29	0.31	0.27	0.29	0.25
苯丙氨酸	0.42	0.37	0.39	0.34	0.36	0.32	0.32	0.28	0.30	0.26	0.28	0.24
苯丙氨酸＋酪氨酸	0.67	0.58	0.62	0.54	0.58	0.50	0.52	0.45	0.49	0.42	0.45	0.39
苏氨酸	0.43	0.37	0.40	0.35	0.37	0.32	0.34	0.30	0.32	0.28	0.30	0.26
色氨酸	0.12	0.10	0.11	0.10	0.10	0.09	0.09	0.08	0.09	0.07	0.08	0.07
缬氨酸	0.47	0.41	0.44	0.38	0.41	0.36	0.37	0.32	0.34	0.30	0.32	0.28

总氨基酸需要量 (%)c

体重范围瘦肉 生长速度 (g/d)	50~80						80~120					
	300	300	325	325	350	350	300	300	325	325	350	350
精氨酸	0.24	0.27	0.26	0.29	0.28	0.32	0.16	0.18	0.18	0.20	0.19	0.22
组氨酸	0.21	0.24	0.23	0.26	0.24	0.28	0.17	0.19	0.18	0.20	0.19	0.22
异亮氨酸	0.36	0.41	0.39	0.45	0.42	0.48	0.29	0.33	0.31	0.35	0.33	0.37
亮氨酸	0.61	0.71	0.67	0.77	0.72	0.83	0.46	0.54	0.50	0.58	0.54	0.63
赖氨酸	0.67	0.76	0.72	0.82	0.77	0.88	0.53	0.60	0.57	0.64	0.60	0.69
蛋氨酸	0.17	0.2	0.19	0.21	0.20	0.23	0.14	0.15	0.15	0.17	0.16	0.18
蛋氨酸＋胱氨酸	0.38	0.44	0.41	0.47	0.44	0.50	0.31	0.35	0.33	0.38	0.35	0.40
苯丙氨酸	0.38	0.44	0.41	0.47	0.44	0.51	0.29	0.34	0.32	0.36	0.34	0.39
苯丙氨酸＋酪氨酸	0.61	0.70	0.65	0.75	0.70	0.80	0.48	0.54	0.51	0.59	0.55	0.63
苏氨酸	0.44	0.50	0.47	0.54	0.51	0.58	0.36	0.41	0.38	0.44	0.41	0.46
色氨酸	0.12	0.14	0.13	0.15	0.14	0.16	0.10	0.11	0.10	0.12	0.11	0.13
缬氨酸	0.45	0.51	0.48	0.55	0.52	0.59	0.35	0.40	0.38	0.43	0.40	0.46

注：a. 从 20~120kg体重，每日沉积 300g，325g 和 350g 无脂瘦肉，依次相当于瘦肉生长速度一般、较高和最高；

b. 消化能转化为代谢能的效率为96%；

c. 粗蛋白质和总氨基酸需要量基于玉米—豆粕型日粮；

d. 根据生长模型的计算值。

表4 瘦肉生长速度不同的阉公猪和母猪日氨基酸需要量（自由采食，日粮含90%干物质）ª

体重范围适用瘦肉	50~80						80~120					
生长速度 (g/d)	300		325		350		300		325		350	
性别	阉公猪	母猪	阉公猪	母猪	阉公猪	母猪	阉公猪	母猪	阉公猪	母猪	阉公猪	母猪
平均体重 (kg)	65	65	65	65	65	65	100	100	100	100	100	100
消化能 (kcal/kg)	3 400	3 400	3 400	3 400	3 400	3 400	3 400	3 400	3 400	3 400	3 400	3 400
代谢能 (kcal/kgᵇ)	3 265	3 265	3 265	3 265	3 265	3 265	3 265	3 265	3 265	3 265	3 265	3 265
消化能进食量 (kcal/kg)	9 360	8 165	9 360	8 165	9 360	8 165	11 150	9 750	11 150	9 750	11 150	9 750
代谢能进食量 (kcal/kgᵇ)	8 985	7 840	8 985	7 840	8 985	7 840	10 705	9 360	10 705	9 360	10 705	9 360
采食量 (g/d)	2 755	2 400	2 755	2 400	2 755	2 400	3 280	2 865	3 280	2 865	3 280	2 865
粗蛋白质 (%ᶜ)	14.2	15.5	14.9	16.3	15.6	17.1	12.2	13.2	12.7	13.8	13.2	14.4
回肠末端真可消化氨基酸需要量 (g/d)ᵈ												
精氨酸	5.6	5.1	6.2	5.5	6.8	5.9	4.2	4.7	4.8	5.1	5.3	5.4
组氨酸	5.1		5.5		5.9		4.7		5.1		5.4	
异亮氨酸	8.7		9.4		10.1		8.2		8.8		9.4	
亮氨酸	15.9		17.2		18.5		14.6		15.8		16.9	
赖氨酸	15.9		17.1		18.4		14.7		15.8		17.0	
蛋氨酸	4.3		4.6		5.0		4.0		4.3		4.6	
蛋氨酸+胱氨酸	9.3		10.0		10.7		8.9		9.5		10.1	

体重范围 瘦肉 生长速度（g/d）	50~80			80~120		
	300	325	350	300	325	350
苯丙氨酸	9.4	10.2	10.9	8.7	9.4	10.1
苯丙氨酸＋酪氨酸	15.0	16.1	17.3	14.0	15.1	16.1
苏氨酸	10.3	11.0	11.8	9.9	10.5	11.2
色氨酸	2.9	3.1	3.4	2.7	2.9	3.2
缬氨酸	10.8	11.6	12.5	10.0	10.8	11.5
回肠末端表观可消化氨基酸需要量（g/d）						
精氨酸	5.1	5.7	6.3	3.8	4.3	4.8
组氨酸	4.8	5.2	5.5	4.4	4.8	5.1
异亮氨酸	8.0	8.7	9.3	7.5	8.0	8.6
亮氨酸	15.3	16.5	17.7	14.2	15.3	16.4
赖氨酸	14.6	15.7	16.9	13.4	14.4	15.5
蛋氨酸	4.1	4.4	4.7	3.8	4.1	4.4
蛋氨酸＋胱氨酸	8.6	9.3	9.9	8.3	8.8	9.4
苯丙氨酸	8.7	9.4	10.1	8.0	8.6	9.3
苯丙氨酸＋酪氨酸	13.9	15.0	16.1	12.9	13.9	14.9
苏氨酸	8.9	9.6	10.3	8.5	9.1	9.7
色氨酸	2.5	2.7	2.9	2.3	2.5	2.6
缬氨酸	9.8	10.6	11.4	9.1	9.8	10.5

(续)

体重范围用瘦肉	50~80			80~120		
生长速度 (g/d)	300	325	350	300	325	350
	总氨基酸需要量 (g/d)c					
精氨酸	6.4	7.1	7.7	5.1	5.7	6.3
组氨酸	5.8	6.3	6.7	5.5	5.9	6.3
异亮氨酸	10.0	10.7	11.5	9.4	10.1	10.7
亮氨酸	16.9	18.4	19.8	15.3	16.6	17.9
赖氨酸	18.3	19.7	21.1	17.3	18.5	19.7
蛋氨酸	4.8	5.1	5.5	4.4	4.8	5.1
蛋氨酸+胱氨酸	10.5	11.3	12.1	10.1	10.8	11.5
苯丙氨酸	10.5	11.3	12.2	9.7	10.4	11.2
苯丙氨酸+酪氨酸	16.7	18.0	19.3	15.6	16.8	18.0
苏氨酸	12.2	13.0	13.9	11.8	12.6	13.3
色氨酸	3.3	3.6	3.8	3.2	3.4	3.6
缬氨酸	12.4	13.3	14.3	11.5	12.4	13.2

注：a. 从 20~120kg 体重，每日沉积 300g，325g 和 350g 无脂瘦肉，依次相当于瘦肉生长速度一般、较高和最高；

b. 消化能转化为代谢能的效率为 96%；

c. 粗蛋白质和总氨基酸需要量基于玉米—豆粕型日粮；

d. 根据生长模型的计算值。

表 5　生长猪日粮矿物质、维生素和亚油酸需要量

（自由采食，日粮含 90% 干物质）ᵃ

指　　　标	单位	体　重 (kg)					
		3～5	5～10	10～20	20～50	50～80	80～120
平均体重	kg	4	7.5	15	35	65	100
消化能	kcal/kg	3 400	3 400	3 400	3 400	3 400	3 400
代谢能	kcal/kgᵇ	3 265	3 265	3 265	3 265	3 265	3 265
消化能进食量	kcal/kg	855	1 690	3 400	6 305	8 760	10 450
代谢能进食量	kcal/kgᵇ	820	1 620	3 265	6 050	8 410	10 030
采食量	g/d	250	500	1 000	1 855	2 575	3 075
矿物质需要量							
钙	%ᶜ	0.90	0.80	0.70	0.60	0.50	0.45
总磷	%	0.70	0.65	0.60	0.50	0.45	0.40
有效磷	%	0.55	0.40	0.32	0.23	0.19	0.15
钠	%	0.25	0.20	0.15	0.10	0.10	0.10
氯	%	0.25	0.20	0.15	0.08	0.08	0.08
镁	%	0.04	0.04	0.04	0.04	0.04	0.04
钾	%	0.30	0.28	0.26	0.23	0.19	0.17
铜	mg/kg	6.00	6.00	5.00	4.00	3.50	3.00
碘	mg/kg	0.14	0.14	0.14	0.14	0.14	0.14
铁	mg/kg	100	100	80	60	50	40
锰	mg/kg	4.00	4.00	3.00	2.00	2.00	2.00
硒	mg/kg	0.30	0.30	0.25	0.15	0.15	0.15
锌	mg/kg	100	100	80	60	50	50
维生素需要量							
维生素 A	IUᵈ	2 200	2 200	1 750	1 300	1 300	1 300
维生素 D₃	IUᵈ	220	220	200	150	150	150
维生素 E	IUᵈ	16	16	11	11	11	11
维生素 K₃	mg/kg	0.50	0.50	0.50	0.50	0.50	0.50
生物素	mg/kg	0.08	0.05	0.05	0.05	0.05	0.05
胆碱	g/kg	0.60	0.50	0.40	0.30	0.30	0.30
叶酸	mg/kg	0.30	0.30	0.30	0.30	0.30	0.30
烟酸（可利用）	mg/kgᵉ	20.00	15.0	12.50	10.00	7.00	7.00
泛酸	mg/kg	12.00	10.00	9.00	8.00	7.00	7.00
核黄素	mg/kg	4.00	3.50	3.00	2.50	2.00	2.00
硫胺素	mg/kg	1.50	1.00	1.00	1.00	1.00	1.00
维生素 B₆	mg/kg	2.00	1.50	1.50	1.00	1.00	1.00

指　标	单位	体　重（kg）					
		3～5	5～10	10～20	20～50	50～80	80～120
维生素 B_{12}	μg/kg	12.00	17.50	15.00	10.00	5.00	5.00
亚油酸	％	0.10	0.10	0.10	0.10	0.10	0.10

注：a. 瘦肉生长速度较高（每天无脂瘦肉沉积大于325g）的猪对某些矿物元素和维生素的需要量可能会比表中所列数值略高；

b. 消化能转化为代谢能的效率为96％；对玉米—豆粕型日粮，这一转化率为94％～96％，依粗蛋白质含量而定。

c. 体重50～100kg的后备公猪和后备母猪日粮中钙、磷、可利用磷的含量应增加0.05％～0.10％；

d. 1IU维生素 A＝0.344μg乙酸视黄酯；1IU维生素 D_3＝0.05μg胆钙化醇；1IU维生素＝0.67mg D-α-生育酚＝1mg DL-α-生育酚乙酸酯；

e. 玉米、饲用高粱、小麦和大麦中的烟酸不能为猪所利用。同样，这些谷物副产品中的烟酸利用率也很低，除非对这些副产品进行发酵处理或湿法粉碎。

表6　生长猪每天矿物质、维生素和亚油酸需要量

（自由采食，日粮含90％干物质）[a]

指　标	单位	体　重（kg）					
		3～5	5～10	10～20	20～50	50～80	80～120
平均体重	kg	4	7.5	15	35	65	100
消化能	kcal/kg	3 400	3 400	3 400	3 400	3 400	3 400
代谢能	kcal/kg[b]	3 265	3 265	3 265	3 265	3 265	3 265
消化能进食量	kcal/kg	855	1 690	3 400	6 305	8 760	10 450
代谢能进食量	kcal/kg[b]	820	1 620	3 265	6 050	8 410	10 030
采食量	g/d	250	500	1 000	1 855	2 575	3 075
矿物质需要量							
钙	％[c]	2.25	4.00	7.00	11.13	12.88	13.84
总磷	g/d[c]	1.75	3.25	6.00	9.28	11.59	12.30
有效磷	g/d[c]	1.38	2.00	3.20	4.27	4.89	4.61
钠	g/d	0.63	1.00	1.50	1.86	2.58	3.08
氯	g/d	0.63	1.00	1.50	1.48	2.06	2.46
镁	g/d	0.10	0.20	0.40	0.74	1.03	1.23
钾	g/d	0.75	1.40	2.60	4.27	4.89	5.23
铜	mg/d	1.50	3.00	5.00	7.42	9.01	9.23
碘	mg/d	0.04	0.07	0.14	0.26	0.36	0.43

指 标	单位	体 重 （kg）					
		3～5	5～10	10～20	20～50	50～80	80～120
铁	mg/d	25.00	50.00	80.00	111.30	129.75	123.00
锰	mg/d	1.00	2.00	3.00	3.71	5.15	6.15
硒	mg/d	0.08	0.15	0.25	0.28	0.39	0.46
锌	mg/d	25.00	50.00	80.00	111.30	129.75	153.75
维生素需要量							
维生素 A	IU[d]	550	1 100	1 750	2 412	3 383	3 998
维生素 D_3	IU[d]	55	110	200	278	386	461
维生素 E	IU[d]	4	8	11	20	28	34
维生素 K_3	mg/d	0.13	0.25	0.50	0.93	1.29	1.54
生物素	mg/d	0.02	0.03	0.05	0.09	0.13	0.15
胆碱	g/d	0.15	0.25	0.40	0.56	0.77	0.92
叶酸	mg/d	0.08	0.15	0.30	0.56	0.77	0.92
烟酸（可利用）	mg/kg[e]	5.00	7.50	12.50	18.55	18.03	21.53
泛酸	mg/d	3.00	5.00	9.00	14.84	18.03	21.53
核黄素	mg/d	1.00	1.75	3.00	4.64	5.15	6.15
硫胺素	mg/d	0.38	0.50	1.00	1.86	2.58	3.08
维生素 B_6	mg/d	0.50	0.75	1.50	1.86	2.58	3.08
维生素 B_{12}	μg/d	5.00	8.75	15.00	18.55	12.88	15.38
亚油酸	g/d	0.25	0.50	1.00	1.86	2.58	3.08

注：a. 瘦肉生长速度较高（每天无脂瘦肉沉积大于 325g）的猪对某些矿物元素和维生素的需要量可能会比表中所列数值略高；

b. 消化能转化为代谢能的效率为 96%；对玉米—豆粕型日粮，这一转化率为 94%～96%，依粗蛋白质含量而定；

c. 体重 50～100kg 的后备公猪和后备母猪日粮中钙、磷、可利用磷的含量应增加 0.05%～0.10%；

d. 1IU 维生素 A ＝0.344μg 乙酸视黄酯；1IU 维生素 D_3 ＝0.05μg 胆钙化醇；1IU 维生素＝0.67mg D-α-生育酚＝1mg DL-α-生育酚乙酸酯；

e. 玉米、饲用高粱、小麦和大麦中的烟酸不能为猪所利用。同样，这些谷物副产品中的烟酸利用率也很低，除非对这些副产品进行发酵处理或湿法粉碎。

表7 瘦肉型生长肥育猪每千克饲粮养分含量（NRC）

指　标	体　重（kg）					
	3～5	5～10	10～20	20～50	50～80	80～120
消化能（kJ/kg）	14 232	14 232	14 232	14 232	14 232	14 232
代谢能（kJ/kg）	13 667	13 667	13 667	13 667	13 667	13 667
粗蛋白质（%）	26.0	23.7	20.9	18.0	15.5	13.2
消化能摄入量（kcal/日）	855	1 690	3 400	6 305	8 760	10 450
日采食风干料量（g/日）	500	500	1 000	1 855	2 575	3 075
钙（%）	0.90	0.80	0.70	0.60	0.50	0.45
总磷（%）	0.70	0.65	0.60	0.50	0.45	0.40
有效磷（%）	0.55	0.40	0.32	0.23	0.19	0.15
钠（%）	0.25	0.20	0.15	0.10	0.10	0.10
氯（%）	0.25	0.20	0.15	0.08	0.08	0.08
镁（%）	0.04	0.04	0.04	0.04	0.04	0.04
钾（%）	0.30	0.28	0.26	0.23	0.19	0.17
铜（mg）	6.00	6.00	5.00	4.00	3.50	3.00
碘（mg）	0.14	0.14	0.14	0.14	0.14	0.14
铁（mg）	100	100	80	60	50	40
锰（mg）	4.00	4.00	3.00	2.00	2.00	2.00
硒（mg）	0.30	0.30	0.25	0.15	0.15	0.15
锌（mg）	100	100	80	60	50	50
维生素 A（IU）	2 200	2 200	1 750	1 300	1 300	1 300
维生素 D（IU）	220	220	200	150	150	150
维生素 E（IU）	16	16	11	11	11	11
维生素 K（mg）	0.50	0.50	0.50	0.50	0.50	0.50
生物素（mg）	0.08	0.05	0.05	0.05	0.05	0.05
胆碱（g）	0.60	0.50	0.40	0.30	0.30	0.30
叶酸（mg）	0.30	0.30	0.30	0.30	0.30	0.30
可利用尼克酸（mg）	20.00	15.00	12.50	10.00	7.00	7.00
泛酸（mg）	12.00	10.00	9.00	8.00	7.00	7.00
核黄素（mg）	4.00	3.50	3.00	2.50	2.00	2.00
维生素 B_1（mg）	1.50	1.00	1.00	1.00	1.00	1.00
维生素 B_6（mg）	2.00	1.50	1.50	1.00	1.00	1.00
维生素 B_{12}（μg）	20.00	17.50	15.00	10.00	5.00	5.00
以总氨基酸为基础（%）						
精氨酸	0.59	0.54	0.46	0.37	0.27	0.19
组氨酸	0.48	0.43	0.36	0.30	0.24	0.19

指 标	体 重（kg）					
	3～5	5～10	10～20	20～50	50～80	80～120
异亮氨酸	0.83	0.73	0.63	0.51	0.42	0.33
亮氨酸	1.50	1.32	1.12	0.90	0.71	0.54
赖氨酸	1.50	1.35	1.15	0.95	0.75	0.60
蛋氨酸＋胱氨酸	0.86	0.76	0.65	0.54	0.44	0.35
苯丙氨酸＋酪氨酸	1.41	1.25	1.06	0.87	0.70	0.55
苏氨酸	0.98	0.86	0.74	0.61	0.51	0.41
色氨酸	0.27	0.24	0.21	0.17	0.14	0.11
缬氨酸	1.04	0.92	0.79	0.64	0.52	0.40
以真回肠可消化氨基酸为基础（%）						
精氨酸	0.54	0.49	0.42	0.33	0.24	0.16
组氨酸	0.43	0.38	0.32	0.26	0.21	0.16
异亮氨酸	0.73	0.65	0.55	0.45	0.37	0.29
亮氨酸	1.35	1.20	1.02	0.83	0.67	0.51
赖氨酸	1.34	1.19	1.01	0.83	0.66	0.52
蛋氨酸＋胱氨酸	0.76	0.68	0.58	0.47	0.39	0.31
苯丙氨酸＋酪氨酸	1.26	1.12	0.95	0.78	0.63	0.49
苏氨酸	0.84	0.74	0.63	0.52	0.43	0.34
色氨酸	0.24	0.22	0.18	0.15	0.12	0.10
缬氨酸	0.91	0.81	0.69	0.56	0.45	0.35
以表观回肠可消化氨基酸为基础（%）						
精氨酸	0.51	0.46	0.39	0.31	0.22	0.14
组氨酸	0.40	0.36	0.31	0.25	0.20	0.16
异亮氨酸	0.69	0.61	0.52	0.42	0.34	0.26
亮氨酸	1.29	1.15	0.98	0.80	0.64	0.50
赖氨酸	1.26	1.11	0.94	0.77	0.61	0.47
蛋氨酸＋胱氨酸	0.71	0.63	0.53	0.44	0.36	0.29
苯丙氨酸＋酪氨酸	1.18	1.05	0.89	0.72	0.58	0.45
苏氨酸	0.75	0.66	0.56	0.46	0.37	0.30
色氨酸	0.22	0.19	0.16	0.13	0.10	0.08
缬氨酸	0.84	0.74	0.63	0.51	0.41	0.32

表8 瘦肉型生长肥育猪每日每头营养需要量（NRC）

指　标	体　重（kg）					
	3～5	5～10	10～20	20～50	50～80	80～120
消化能（kJ/kg）	14 232	14 232	14 232	14 232	14 232	14 232
代谢能（kJ/kg）	13 667	13 667	13 667	13 667	13 667	13 667
粗蛋白质（%）	26.0	23.7	20.9	18.0	15.5	13.2
消化能摄入量（kcal/日）	855	1 690	3 400	6 305	8 760	10 450
代谢能摄入量（kcal/日）	820	1 620	3 265	6 050	8 410	10 030
日采食风干料量（g/日）	250	500	1 000	1 855	2 575	3 075
钙（g）	2.25	4.00	7.00	11.13	12.88	13.84
总磷（g）	1.75	3.25	6.00	9.28	11.59	12.30
有效磷（%）	1.38	2.00	3.20	4.27	4.89	4.61
钠（g）	0.63	1.00	1.50	1.86	2.58	3.08
氯（g）	0.63	1.00	1.50	1.48	2.06	2.46
镁（g）	0.10	0.20	0.40	0.74	1.03	1.23
钾（g）	0.75	1.40	2.60	4.27	4.89	5.23
铜（mg）	1.50	3.00	5.00	7.42	9.01	9.23
碘（mg）	0.04	0.07	0.14	0.26	0.36	0.43
铁（mg）	25.00	50.00	80.00	111.3	129.8	123.0
锰（mg）	1.00	2.00	3.00	3.71	5.15	6.15
硒（mg）	0.08	0.15	0.25	0.28	0.39	0.46
锌（mg）	25.00	50.00	80.00	111.3	129.3	153.8
维生素 A（IU）	550	1 100	1 750	2 412	3 348	3 998
维生素 D（IU）	55	110	200	278	386	461
维生素 E（IU）	4	8	11	20	28	34
维生素 K（mg）	0.13	0.25	0.50	0.93	1.29	1.54
生物素（mg）	0.02	0.03	0.05	0.09	0.13	0.15
胆碱（g）	0.15	0.25	0.40	0.56	0.77	0.92
叶酸（mg）	0.08	0.15	0.30	0.56	0.77	0.92
可利用尼克酸（mg）	5.00	7.50	12.5	18.55	18.03	21.53
泛酸（mg）	3.00	5.00	9.00	14.84	18.03	21.53
核黄素（mg）	1.00	1.75	3.00	4.64	5.15	6.15
维生素 B_1（mg）	0.38	0.50	1.00	1.86	2.58	3.08

（续）

指　标	体　重　（kg）					
	3～5	5～10	10～20	20～50	50～80	80～120
维生素 B_6 （mg）	0.50	0.75	1.50	1.86	2.58	3.08
维生素 B_{12} （μg）	5.00	8.75	15.00	18.55	12.88	15.38
以总氨基酸为基础（g/日）						
精氨酸	1.5	2.7	4.6	6.8	7.1	5.7
组氨酸	1.2	2.1	3.7	5.6	6.3	5.9
异亮氨酸	2.1	3.7	6.3	9.5	10.7	10.1
亮氨酸	3.8	6.6	11.2	16.8	18.4	16.6
赖氨酸	3.8	6.7	11.5	17.5	19.7	18.5
蛋氨酸＋胱氨酸	2.2	3.8	6.5	9.9	11.3	10.8
苯丙氨酸＋酪氨酸	3.5	6.2	10.6	16.1	18.0	16.8
苏氨酸	2.5	4.3	7.4	11.3	13.0	12.6
色氨酸	0.7	1.2	2.1	3.2	3.6	3.4
缬氨酸	2.6	4.6	7.9	11.9	13.3	12.4
以真回肠可消化氨基酸为基础（g/日）						
精氨酸	1.4	2.4	4.2	6.1	6.2	4.8
组氨酸	1.1	1.9	3.2	4.9	5.5	5.1
异亮氨酸	1.8	3.2	5.5	8.4	9.4	8.8
亮氨酸	3.4	5.9	10.3	15.5	17.2	15.8
赖氨酸	3.4	5.9	10.1	15.3	17.1	15.8
蛋氨酸＋胱氨酸	1.9	3.4	5.8	8.8	10.0	10.8
苯丙氨酸＋酪氨酸	3.2	5.5	9.5	14.4	16.1	15.1
苏氨酸	2.1	3.7	6.3	9.7	11.01	10.5
色氨酸	0.6	1.1	1.9	2.8	3.1	2.9
缬氨酸	2.3	4.0	6.9	10.4	11.6	10.8
以表观回肠可消化氨基酸为基础（g/日）						
精氨酸	1.3	2.3	3.9	5.7	5.7	4.3
组氨酸	1.0	1.8	3.1	4.6	5.2	4.8
异亮氨酸	1.7	3.0	5.2	7.8	8.7	8.0
亮氨酸	3.2	5.7	9.8	14.8	16.5	15.3
赖氨酸	3.2	5.5	9.4	14.2	15.8	14.4
蛋氨酸＋胱氨酸	1.8	3.1	5.3	8.2	9.3	8.8
苯丙氨酸＋酪氨酸	3.0	5.2	8.9	13.4	15.0	13.9
苏氨酸	1.9	3.3	5.6	8.5	9.6	9.1
色氨酸	0.5	1.0	1.6	2.4	2.7	2.5
缬氨酸	2.1	3.7	6.3	9.5	10.6	9.8

附录二
猪用疫苗种类及使用程序表

疫苗名称	作　用	种类	免疫途径	免疫期	备　注
猪瘟兔化弱毒疫苗	预防或紧急接种	弱毒	肌内注射	1年	8℃以下保存
抗猪瘟血清	紧急预防或治疗	血清	皮下/静脉注射	—	2～15℃保存3年
猪丹毒氢氧化铝甲醛菌苗	预防	灭活	皮下/肌内注射	半年	
猪肺疫弱毒菌苗	预防	弱毒	口服	半年	
猪肺疫 EO-630 弱毒菌苗	预防	弱毒	皮下/肌内注射	半年	
猪肺疫氢氧化铝菌苗	预防	灭活	皮下/肌内注射	半年	
猪丹毒 GC42 弱毒菌苗	预防	弱毒	口服/肌内注射	半年	
猪丹毒 G_4T（10）弱毒菌苗	预防	弱毒	肌内注射	半年	
仔猪副伤寒弱毒菌苗	预防	弱毒	口服/肌内注射	半年	只用于1月龄以上哺乳或断奶健康仔猪（体弱、有其他疾病、副伤寒症状不能使用）
猪丹毒、肺疫氢氧化铝二联菌苗	预防	灭活	肌内注射	半年	
猪瘟、丹毒、肺疫弱毒三联冻干苗	预防	弱毒	肌内注射	猪瘟1年，其他半年	凡初生仔猪、体弱、病者不注射；注射前后不喂抗生素类药

疫苗名称	作 用	种类	免疫途径	免疫期	备 注
布鲁氏菌猪型2号弱毒菌苗	预防	弱毒	口服	1年	本苗有一定残余毒力，工作人员应戴口罩、手套工作，完毕后服用四环素
第二代K$_{88}$ac-LTB双价基因工程菌苗	预防	活苗	口服/肌内注射	—	怀孕母猪须产前15～25天免疫
猪链球菌氢氧化铝菌苗	预防	活苗	肌内注射	半年	
仔猪红痢菌苗	预防	活苗	肌内注射	—	孕猪分娩前1月/半月接种2次
猪水疱病猪肾传代细胞弱毒苗	预防或紧急接种	弱毒	肌内注射	半年	
猪细小病毒灭活疫苗	预防	死苗	肌内注射	半年	青年猪间隔14天注两次
破伤风抗毒素	紧急预防及治疗	毒素	肌内注射	—	
抗炭疽血清	紧急预防及治疗	血清	肌内注射	—	静脉注射效果好，先把血清在35℃加温后注射，不摇起沉淀
猪口蹄疫BEI灭能苗	预防	灭活	肌内注射	4个月	病、弱、临产哺乳猪不注，康复后不注射
Ⅱ号炭疽芽孢苗	预防	弱毒	皮内注射	1年	用前充分振荡
无毒炭疽芽孢苗	预防	活苗	皮下注射	1年	天气冷、体温不正常时不用。用后14天方可屠宰

疫苗名称	作　用	种类	免疫途径	免疫期	备　注
抗猪肺疫血清	预防/治疗	血清	皮下、静脉注射	14 天	
抗猪丹毒血清	预防/治疗	血清	皮下、静脉注射	14 天	
猪瘟结晶紫苗	预防	灭毒	皮下、皮内注射	半年	不健康猪忌用
14-2 株猪乙型脑炎弱毒疫苗	预防	弱毒	肌内注射	—	蚊蝇季节到来前 1～2 月免疫
伪狂犬病弱毒疫苗（冻干苗）	预防	弱毒	肌内注射	1 年	

附录三

猪允许使用的兽药指南表

名　称	制　剂	用法与用量	休药期（天）
阿苯达唑	片剂	内服，一次量，5～10毫克	
双甲脒	溶剂	药浴、喷洒、涂擦，配成0.025％～0.05％的溶液	7
硫双二氯酚	片剂	内服，一次量，每千克体重75～100毫克	
非班太尔	片剂	内服，一次量，每千克体重5毫克	14
芬苯达唑	粉片剂	内服，一次量，每千克体重5～7.5毫克	0
氰戊菊酯	溶液	喷雾，加水以1：1 000～2 000倍稀释	
氟苯咪唑	预混剂混饲	每1 000千克饲料，30克，连用5～10天	14
伊维菌素	注射液预混剂混饲	皮下注射，一次量，每千克体重0.3毫克，每1 000千克饲料330克，连用7天	18 5
盐酸左旋咪唑	片剂注射液	内服，一次量，每千克体重7.5毫克，皮下、肌内注射，一次量，每千克体重7.5毫克	3 28
奥芬达唑	片剂	内服，一次量，每千克体重4毫克	
丙氧苯咪唑	片剂	内服，一次量，每千克体重10毫克	14
枸橼酸哌嗪	片剂	内服，一次量，每千克体重0.25～0.3克	21
磷酸哌嗪	片剂	内服，一次量，每千克体重0.2～0.25克	21

（续）

名　称	制　剂	用法与用量	休药期（天）
吡喹酮	片剂	内服，一次量，每千克体重10～30克	
盐酸噻咪唑	片剂	内服，一次量，每千克体重10～15克	3
氨苄西林钠	注射用粉针注射液	肌内、静脉注射，一次量，每千克体重10～20毫克，1日2～3次，连用2～3天，皮下或肌内注射，一次量，每千克体重5～7毫克	15
硫酸安普（阿普拉）霉素	预混剂可溶性粉	混饲，每1 000千克饲料，80～100克，连用7天；混饮，每升水，每千克体重12.5毫克，连用7天	21
阿美拉霉素	预混剂	混饲，每1 000千克饲料，0～4月龄，20～40克；4～6月龄，10～20克	0
杆菌肽锌	预混剂	混饲，每1 000千克，4月龄以下，4～10克	0
杆菌肽锌、硫酸黏杆菌素	预混剂	混饲，每1 000千克，4月龄，2～20克；2月龄以下，2～40克	7
苄星青霉素	注射用粉针	肌内注射，一次量，每千克体重3万～4万国际单位	
青霉素钠（钾）	注射用	肌内注射，一次量，每千克体重2万～3万国际单位	
硫酸小檗碱	注射液	肌内注射，一次量，50～100毫克	
头孢噻呋钠	注射用液针	肌内注射，一次量，每千克体重3～5毫克，每日1次，连用3日	
硫酸黏杆菌素	预混剂可溶性粉剂	混饲，每1 000千克饲料，仔猪2～20克；混饮，每1升水40～200毫克	7 7
甲磺酸达氟沙星	注射液	肌内注射，一次量，每千克体重1.25～2.5毫克，1日1次，连用3天	25

名　称	制　剂	用法与用量	休药期（天）
越霉素 A	预混剂	混饲，每 1 000 千克饲料，5～10 克	15
盐酸二氟沙星	注射液	肌内注射，一次量，每千克体重 5 毫克，1 日 2 次，连用 3 天	45
盐酸多西环素	片剂	内服，一次量，每千克体重 3～5 毫克，1 日 1 次，连用 3～5 天	
恩诺沙星	注射液	肌内注射，一次量，每千克体重 2.5 毫克，每日 1～2 次，连用 2～3 天	10
乳糖酸红霉素	注射用粉针	静脉注射，一次量，每千克体重 3～5 毫克，1 日 2 次，连用 2～3 天	
黄霉素	预混剂	混饲，每 1 000 千克饲料，生长、育肥猪 5 克，仔猪 10～25 克	0

附录四
食品动物禁用的兽药及其他化合物

兽药及其他化合物名称	禁止用途
β-兴奋剂类：克仑特罗、沙丁胺醇、西马特罗及其盐、酯及制剂	所有用途
性激素类：己烯雌酚及其盐、酯及制剂	所有用途
具有雌激素样作用的物质：玉米赤霉醇、去甲雄三烯醇酮、醋酸甲孕酮及制剂	所有用途
氯霉素及其盐、酯（包括琥珀氯霉素）及制剂	所有用途
氨苯砜及制剂	所有用途
硝基呋喃类：呋喃唑酮、呋喃它酮、呋喃苯烯酸钠及制剂	所有用途
硝基化合物：硝基酚钠、硝呋烯腙及制剂	所有用途
催眠、镇静类：安眠酮及制剂	所有用途
各种汞制剂：氯化亚汞、硝酸亚汞、醋酸汞、吡啶基醋酸汞	杀虫剂
性激素类：甲基睾丸酮、苯丙酸诺龙、丙酸睾酮、苯甲酸雌二醇及其盐、酯及制剂	促生长
催眠、镇静类：氯丙嗪、地西泮（安定）及其盐、酯及制剂	促生长
硝基咪唑类：甲硝唑、地美硝唑及其盐、酯及制剂	促生长

附录五

主要猪病参考免疫程序

病名和疫苗名称	猪的阶段	疫苗接种时间和次数
猪瘟（猪瘟兔化弱毒疫苗）	种公猪	每年春、秋各免疫1次
	种母猪	产前30天接种1次；或春、秋各接种1次；全部种母猪于空怀期大剂量（5头剂）免疫1次；妊娠母猪，尤其是怀孕早期，应禁用活疫苗，以免引起死产、流产
	仔猪	无疫情时20日龄（3周龄）、70日龄（2月龄）各接种1次，有疫情时，出生后吮初乳前1小时内接种，接种后2小时哺乳；断奶时再免疫1次
	后备种猪	8月龄配种前大剂量（5头剂）免疫1次；产前1个月接种一次；选留种用后立即接种一次
猪丹毒、猪肺疫	种猪	春、秋分别用猪丹毒和猪肺疫疫苗各接种1次
	仔猪	断奶上网时（30～35日龄），2种疫苗分别接种1次；70日龄再次接种；肉猪疫苗注射到此为止
仔猪副伤寒	仔猪	断奶上网时（30～35日龄）口服或注射1个头份；或不注射
仔猪大肠杆菌病（黄痢）	妊娠母猪	产前40～42天和15～20天分别接种大肠杆菌腹泻菌苗（含 K_{88}、K_{99}、987P）；或者母猪配种前注射基因工程苗或红黄痢二联灭活疫苗1次，产前15～20天再注射1次
仔猪红痢（红痢菌苗）	妊娠母猪	产前30天和产前15天分别接种1次

病名和疫苗名称	猪的阶段	疫苗接种时间和次数
猪细小病毒（细小病毒苗）	种公猪、种母猪	每年 1 次
	后备母猪、种母猪	7～8 月龄初配前 1 个月免疫 1 次
猪气喘病（猪气喘病弱毒菌苗）	种猪	成年猪每年接种 1 次（右侧胸腔注射）
	仔猪	7～15 日龄接种 1 次
	后备种猪	配种前再接种 1 次
猪乙型脑炎（乙型脑炎弱毒疫苗）	种猪	种猪于每年 4～5 月份或蚊虫猖獗前，肌内注射疫苗 1 次 1 毫升
	后备母猪	青年公、母猪应注射 2 次（间隔 2～3 周）
猪传染性萎缩性鼻炎	公猪、母猪	春、秋各注射 1 次
	仔猪	70 日龄注射 1 次
伪狂犬病（伪狂犬病灭活苗）	种猪	受威胁场后备公猪和母猪于配种前及产前 15～20 天各注射 1 次基因缺失苗
猪链球菌病（多价灭活疫苗）	种猪	每年注射多价灭活疫苗 1 次
	仔猪	2～3 月龄注射 1 次

附录六

规模化猪场主要传染病参考免疫程序

群别	程序号	免疫时间	本场该病情况	疫苗名称	推荐厂家	剂量	第二次注苗时间
后备种母猪	1	配种前3～4月龄	阴	猪伪狂犬病毒基因缺失乳剂浓缩苗	华中农业大学	3毫升	产前1个月再加强免疫1次（可选用美国先灵葆雅猪伪狂犬病毒基因缺失苗）
			阳	猪伪狂犬病弱毒冻干疫苗	哈尔滨兽医研究所	2毫升	产前1个月再加强免疫1次
	2	配种前3～4月龄	阴（不免或选用此苗）	猪蓝耳病油乳剂灭活苗	华中农业大学	3毫升	产前2个月再加强免疫1次
				猪蓝耳病油乳剂灭活苗	哈尔滨兽医研究所	4毫升	配种前5～7天首免间隔3周二次注射，以后每6个月免疫1次
			阳	猪蓝耳病弱毒苗	上海奉贤	1头份	
	3	配种前3～4月龄	阳	进中佐剂猪O型口蹄疫高效苗	兰州生物药品厂	4毫升	产前1～1.5个月再加强免疫1次
	4	配种前4～5月龄	阴	猪细小病毒油乳剂灭活疫苗	华中农业大学	1头份	第一次注苗后，间隔2～3周于配种前1个月第二次注苗
		6～7月龄	阳	猪细小病毒灭活疫苗	中国兽医药品监察所	1毫升	第一次注苗后，间隔2周再加强免疫1次

群别	程序号	免疫时间	本场该病情况	疫苗名称	推荐厂家	剂量	第二次注苗时间
后备种母猪	5	配种前5～6月龄	阳	猪乙型脑炎活疫苗	上海奉贤	1头份	间隔2周第二次注射
	6	配种前6～7月龄	阳	猪瘟弱毒细胞活疫苗	南京生物药品厂	4头份	
后备种公猪	1	配种前3～4月龄	阳	进口佐剂猪O型口蹄疫高效苗	兰州生物药品厂	4毫升	间隔3～4周再加强免疫1次
	2	配种前3～4月龄	阴	猪蓝耳病油乳剂灭活苗	华中农业大学	3毫升	间隔3周第二次注射，以后每6个月免疫1次
				猪蓝耳病油乳剂灭活苗	哈尔滨兽医研究所	4毫升	间隔3周第二次注射，以后每6个月免疫1次
			阳	猪蓝耳病弱毒苗	上海奉贤	1头份	
	3	配种前4～5月龄	阴	猪伪狂犬病毒基因缺失浓缩苗	华中农业大学	3毫升	间隔3周第二次注射
			阳	猪伪狂犬弱毒冻干疫苗	哈尔滨兽医研究所	2毫升	间隔3周第二次注射
	4	配种前5～6月龄	阴	猪细小病毒油乳剂灭活疫苗	华中农业大学	1头份	间隔2～3周于配种前1个月第二次注射
			阳	猪细小病毒油苗	中国兽医药品监察所	1毫升	间隔2周于配种前1个月第二次注射
	5	配种前5～6月龄	阳	猪乙型脑炎活疫苗	上海奉贤	1头份	间隔2周第二次注射
	6	配种前6～7月龄	阳	猪瘟弱毒细胞活疫苗	南京生物药品厂	4头份	

群别	程序号	免疫时间	本场该病情况	疫苗名称	推荐厂家	剂量	第二次注苗时间
仔猪保育猪	1	乳前免疫	阳	猪瘟弱毒细胞活疫苗	南京生物药品厂	1.5～2头份	于60～65日龄第二次注苗4头份
	2	1～4日龄	阳	猪三或四联苗（萎鼻、支原体肺炎、巴氏和嗜血杆菌感染）	英特威、罗曼	三联1毫升或四联2毫升	间隔2～3周第二次注射
			阳	或猪伪狂犬基因缺失疫苗	德国勃林格殷格翰	2毫升	滴鼻1头份、每鼻孔1毫升，8～10周龄肌内注射1头份
	3	7日龄	阳	猪支原体肺炎（瑞倍适）	辉瑞	2毫升	间隔2周第二次注射
	4	10日龄	阳	猪蓝耳病弱毒苗	上海奉贤	0.5头份	于20日龄二免1头份
	5	20日龄	阴	猪瘟弱毒细胞活疫苗	南京生物药品厂	3～4头份	于60～65日龄第二次注苗4头份或于65日龄一次性注射5头份
	6	28～35日龄	阳	猪伪狂犬病毒基因缺失冻干苗	哈尔滨兽医研究所	1毫升	若母猪未在产前接种过此苗或正在暴发此病，则在2～6日龄先接种0.5毫升
	7	3～4周龄	阴	猪伪狂犬病毒基因缺失冻干疫苗或猪伪狂犬病毒基因缺失油乳剂浓缩苗	德国勃林格殷格翰、华中农业大学	2毫升	肌内注射或鼻内接种，于10周龄再各肌内注射2毫升

群别	程序号	免疫时间	本场该病情况	疫苗名称	推荐厂家	剂量	第二次注苗时间
经产母猪	1	配种前或产后20天	阳	猪瘟弱毒细胞活疫苗	南京生物药品厂	5头份	
			阴	同后备种母猪，猪伪狂犬病苗			
	2	仅产前1个月免疫1次	阳	同后备种母猪，猪伪狂犬病苗			也可1年注苗免疫3次
			阴	同后备种母猪，猪蓝耳病苗			
	3	产后6天和配种后60天各1次	阳	同后备种母猪，猪蓝耳病弱毒苗			
	4	配种前	阳	进口佐剂猪O型口蹄疫高效苗	兰州生物药品厂	4毫升	产前30天再加强免疫1次
	5	产前1个月	阳	猪萎缩性鼻炎三联灭活疫苗	美国富道	2毫升	产前2周再接种1次

参 考 文 献

陈焕春.2000.规模化猪场疫病控制与净化〔M〕.北京：中国农业出版社.

陈清明，王连纯.1997.现代养猪生产〔M〕.北京：中国农业大学出版社.

李德发.1997.现代饲料生产〔M〕.北京：中国农业大学出版社.

李德发.1998.猪营养需要〔M〕.北京：中国农业大学出版社.

李铁坚.1999.养猪使用新技术〔M〕.北京：中国农业大学出版社.

李同洲.2007.猪饲料手册〔M〕.北京：中国农业大学出版社.

李文刚.2003.瘦肉型猪生产加工技术〔M〕.北京：中国农业大学出版社.

罗安治.2006.养猪全书〔M〕.成都：四川科学技术出版社.

NRC.1998.猪营养需要〔M〕.北京：中国农业大学出版社.

苏振环.2007.肥育猪科学饲养技术〔M〕.北京：金盾出版社.

田有庆.1999.养猪手册〔M〕.北京：中国农业大学出版社.

王爱国.2006.现代实用养猪技术〔M〕.北京：中国农业出版社.

王连纯.2004.养猪与猪病防治〔M〕.北京：中国农业大学出版社.

许益民.2005.安全优质生猪的生产与加工〔M〕.北京：中国农业出版社.

杨文科.1998.养猪场生产技术与管理〔M〕.北京：中国农业大学出版社.

于桂阳.2007.无公害生态养猪技术〔M〕.北京：中国农业科学技术出版社.

郑世军.1995.猪病免疫与防治技术〔M〕.北京：中国农业大学出版社.

赵雁青.2000.现代养猪技术〔M〕.北京：中国农业大学出版社.

图书在版编目（CIP）数据

瘦肉型猪快速饲养与疾病防治／陈明勇，王宏辉主编 . —2 版 . —北京：中国农业出版社，2013.10
（最受养殖户欢迎的精品图书）
ISBN 978 - 7 - 109 - 18133 - 5

Ⅰ. ①瘦…　Ⅱ. ①陈… ②王…　Ⅲ. ①肉用型-猪-饲养管理②猪病-防治　Ⅳ. ①S828.9②S858.28

中国版本图书馆 CIP 数据核字（2013）第 171017 号

中国农业出版社出版
（北京市朝阳区农展馆北路 2 号）
（邮政编码 100125）
责任编辑　颜景辰

中国农业出版社印刷厂印刷　　新华书店北京发行所发行
2014 年 1 月第 2 版　　2014 年 1 月第 2 版北京第 1 次印刷

开本：850mm×1168mm　1/32　印张：9.875
字数：242 千字
定价：26.00 元
（凡本版图书出现印刷、装订错误，请向出版社发行部调换）